나는

곧

세계

Then I Am Myself the World
: What consciousness is and how to expand it

Copyright © 2024 by Christof Koch
All rights reserved.

This Korean edition was published by Book21 Publishing Group in 2025
by arrangement with Hachette Book Group
through EYA Co.,Ltd

이 책의 한국어판 저작권은 EYA Co.,Ltd를 통해
저작권자와 독점계약한 (주)북이십일에 있습니다.
저작권법에 의해 한국 내에서 보호를 받는 저작물이므로
무단 전재 및 복제를 금합니다.

나는 곧 세계

Then I Am Myself the World

의식, 어떻게 확장할 것인가

크리스토프 코흐
박제윤 옮김

arte

시간의 강에서 함께 여행하는 그 모든 동료들
울부짖는, 짖는, 우는, 비명 지르는, 낑낑거리는, 울음소리 내는, 지저귀는
날카로운 소리를 질러대는
윙윙거리는, 노래하는, 말하는, 또는 소리를 못 내는
그들 모두에게 이 책을 바친다.
왜냐하면 모든 생명에 대한 연민 속에서만 오직
우리는 자신을 구원할 수 있기 때문이다.

참고   『나는 곧 세계』를 쓰게 된 계기는, 어린 시절부터 갈망했지만 칠십 대가 된 근래에 서야 접하게 된 특별한 사건〔환각제 체험〕때문이었다. 그럼에도 경고해 둘 것이 있다. 해외 공동체들에서 복용하는 고대 약물의 도움을 받아 이러한 고봉에 오르는 길은 혹독하고 위험할 수 있다. 중세 지도 제작자들은 곧잘 여기 용이 있다(*hic sunt dracones*), 또는 "위험이 도사리고 있다"라고 표현했다.

이 책은 오직 정보제공을 위한 저작이다. 이 책의 특정 단원은 환각제를 다루며, 이러한 물질에 대한 저자의 의견과 경험을 포함하고 있다. 그렇지만 이 책의 어떤 내용도 의학적 조언을 의도한 것이 아니며, 의학적 조언을 해 주지도 않는다. 독자는 이 책에서 논의된 연구 결과와 아이디어, 또는 제안에 의존하거나 그것들을 채택하기 전에, 본인 건강에 관한 모든 문제는 의료 전문가와 상의하길 바란다. 미국에서 환각제를 제조, 소지, 유통하는 것은 불법이며, 이 책의 어떤 내용도 연방, 주 또는 지방법을 위반하는 활동을 장려하거나 옹호하는 것으로 해석해서는 안 된다. 저자와 출판사는 이 책의 내용을 활용하거나 적용함으로써 발생하는 개인적 또는 여타 장애, 손실, 위험에 대한 모든 책임과 무관함을 명확히 밝힌다.

일러두기

- 국립국어원의 한글맞춤법과 외래어표기법을 따르되, 일부는 현실발음과 관용을 고려하여 표기했다.
- 책은 겹낫표(『』), 정기간행물은 겹화살괄호(《》), 단편소설, 시, 논문 등 짧은 글은 홑낫표(「」), 영화, 음악, 게임 등은 홑화살괄호(〈〉)로 묶었다.
- 원문에서 이탤릭으로 강조된 부분은 볼드로 옮겼다.
- 원주는 원문과 같이 후주로 두었으며, 저자가 인용문 원문에 더해 부연한 내용이나 이중 괄호 사용인 경우 대괄호([ ])로 묶었다.
- 옮긴이 주는 해설이 필요한 경우 각주로 두었으며, 본문 이해를 돕기 위한 옮긴이의 부연 설명은 사선대괄호(〔 〕)로 묶었다.

차례

서론　　10

1장 | 의식의 시작　　27

최초의 빛
태아의 의식
꿈꿀 기회를 위해 잠들기

2장 | 의식 경험의 다양성　　43

다양한 지각 경험
감정의 세계
의식의 흐름
자아 상실과 신비적 체험

3장 | 우리는 각자 자신만의 실재를 경험한다　　71

수십억 맞춤형 실재
지각은 설명을 구성하는 과정이다
물질을 지배하는 마음

4장 | 의식과 물리적인 것   95

정신적인 것은 무엇인가
데카르트 이원론
모든 것이 물리적이다
계산적 마음
경험은 어디에나 있다

5장 | 무엇이 진실로 존재하는가   125

오직 인과적 힘을 지닌 것만 존재한다
모든 경험의 속성
물리적 존재의 속성
존재의 대분기점

6장 | 의식과 뇌   151

의식의 흔적을 추적하기
많은 뇌 영역이 의식을 지원하지 않는다
신피질을 보라
손상된 뇌 안에 갇힌 마음

7장 | 확장하는 의식   181

종교적·신비적·심미적 체험
환각제 체험
꺼져 가는 빛
공통의 신경생물학적 기질

8장 | 전환적 체험으로 바뀌는 삶　　　211

환각제와 삶을 변화시킬 잠재력
우리의 지각 상자 확장하기

9장 | 의식의 종말　　　235

사마라에서의 약속
현대의 죽음
죽어 가는 뇌의 특이한 전기적 격동

10장 | 의식의 미래　　　251

마인드 업로드하기: 그 모든 것이 커넥톰학에 달려 있다
실제와 시뮬레이션의 차이에 대해

11장 | 컴퓨터가 절대 할 수 없는 것　　　271

모방만으로는 충분치 않다
진실로 존재하는 것만이 자유롭게 결정할 수 있다

감사의 말　　　286
주석　　　289
옮긴이의 말　　　339
찾아보기　　　361

서론

일순간 내 눈앞의 모든 것들이 캄캄하고 소용돌이치는 연기로 가려졌다. 나를 둘러싼 공간은 무수한 파편으로 산산조각 나서 흩어졌다. 이런 일이 너무 빨리 일어나서, 나는 자신이 처한 상황을 후회할 수조차 없었다. 내가 블랙홀로 빨려 들어가면서 드는 생각은 이 빛과 함께 나도 죽는다는 것이었다. 실제로 그러했다.

나는 알아볼 수 있을 어느 방식이나 모양이나 형태로도 존재하지 않게 되었다. 더는 크리스토프가 아니었고, 어떤 자아 또는 자신도 아니었다. 나는 더 이상 어떤 기억, 꿈, 욕망, 희망, 두려움도 갖지 못하며, 자신이라고 말할 모든 것들이 사라졌다. 아무것도 남아있지 않은 무(無)였다. 이렇게 남은 실체는 남자도 여자도 어린이도 동물도 영혼도, 또는 그 밖의 무엇도 아니었다. 그것은 아무것도 원하지도 기대하지도 생각하지도 기억하지도 두려워하지도 않았다.

다만 경험했다. 언제까지든 경험했다.

강렬하고 차가운 백색 광원을 보았으며 그곳에 어떤 '멀어짐'도 없었으므로 멀리 내다본다는 것조차 있을 수 없었다. 그곳에는 전혀 공간이 없으므로 왼쪽과 오른쪽, 위쪽과 아래쪽, 그리고 앞쪽과 뒤쪽조차 없었다. 공간이 전혀 없으므로 빛이 존재할 어떤 배경도 없었다. 그곳에는 어떤 다른 특징들, 즉 어떤 색깔, 움직임, 질감, 소리나 침묵, 냄새, 신체, 기쁨, 고통도 없었다. 존재하는 것은 오직 밝게 빛나는 빛으로 전환된, 시간이 정지한 우주뿐이었다. 그러한 공포와 황홀경의 깊은 느낌, 극단의 순수한 체험은 무한히 지속되었는데, 그건 시간에 대한 어떤 지각조차 존재하지 않기 때문이었다. 그 체험은 짧거나 길지 않았다. 단지 경험이 있을 뿐이었다.

산산이 조각난 내 마음의 잔해는 숭고한, 뜨겁게 달궈진 존재의 용광로를 지각했다.

나는 이런 (환각제) 체험에서 무엇이 존재하는지에 관한 중요한 통찰을 얻었다. 과학은 몇 가지 물리학 및 화학 법칙으로부터 물질과 에너지의 세계, 원자와 은하계의 세계를 설명해 왔으며, 유기체를 설명할 때는 자연선택에 의한 진화라는 아이디어로 보완했다. 이런 입장은 인간으로 하여금 우주 전체, 그 거주자들 그리고 그들이 어떻게 존재하게 되었는지를 매우 잘 설명하도록 해 주었다. 이런 장엄한 설명을 확장함으로써, 과학은 "주관적" 경험의 세계를 이런 "객관적" 세계로 다시 설명하려 든다. 다시 말해서, 자체의 세계관에 다른 어느 것도 첨가하지 않은 채 과학은 의식

(consciousness)이 무수한 분자들의 무심한 활동에서 비롯되었다고 애써 설명하려 든다. 그러나 여기에서 과학은 형이상학적 곤란에 빠져 버린다.

정말로 이런 접근법은 잘못이다. 우선권은 의식에 있지 객관적 세계에 있지 않기 때문이다. [위의 체험에서] 그렇게 시간이 정지한 순간, 나에게는 어떤 세계, 신체, 사물조차 존재하지 않게 되었다. 나의 벌거벗겨진 마음에 남겨진 것은 자아의 중력장, 즉 우리가 평생 삶을 살아가는 힘의 장이었다. 그런 점에서 이 경험은 지금과 마찬가지로 나의 유일한 실재(reality)이며, 내가 직접 마주하는 유일한 실재이다. 그밖에 모든 것들은 경험에서 나오며, 나의 경험과 무관한, 사물의 존재를 주장하는 실재론자(realist)의 가정조차 "경험"에서 나온다.

고대 그리스인들은 자신들 세계의 중심을 델포이(Delphi) 신탁, 옴팔로스(*omphalos*), 또는 배꼽이라고 불렀다. 유대교에게 옴팔로스가 신전이라면, 기독교인들에게는 가까운 성묘교회가 있다. 나의 옴팔로스는 의식이며, 이것은 내가 다른 모든 것들을 가추(abduce)하는 출발점이다. 지루함, 배부름, 공포 등과 같은 것

✢ 아리스토텔레스는 과학에서 사용하는 추론의 종류를 크게 귀납법(Induction)과 연역법(Deduction)으로 구분했다. 현대 미국 수학자이며 프래그머티즘 창시 철학자인 찰스 퍼스는, 증거 또는 관찰로부터 과학적 가설을 얻어 내는 추론을 가추법(Abduction)으로 구분했다. 예를 들어 뉴턴은 프리즘을 통과하는 빛의 무지개 색깔을 보면서 "빛은 여러 광선들의 종합이다"라고 가추했다. 또한 갈릴레이 갈릴레오는 망원경으로 목성의 둘레를 도는 위성을 관찰하면서 "목성 주위를 회전하는 천체들이 있다"라고 가추했다. 이런 가추 능력을 프래그머티즘 철학자들은 "최선의 설명을 향한 추론"이라고 말해 왔다.

들을 경험하는 의식 말이다.✝

당연히 이 책은 우선적으로 〔1장에서〕 의식의 여명, 우리의 '첫 주관적 경험'을 다룬다. 우리는 첫 주관적 경험을 자궁 속에서 체험할까, 아니면 출산 중에 체험하는가? 그것도 아니면 유아기에 체험하는가? 이런 질문에 대한 대답은 특히 낙태〔허용 여부〕 문제를 둘러싼 치열한 논쟁에서 놀라운 결론에 이르게 만든다.

다음으로〔2장에서〕 나는 다양한 삶의 느낌(feelings of life)을 구성하는 아주 다양한 경험들을 조사해 본다. 단지 고전적 다섯 감각인 시각, 청각, 후각, 미각, 촉각이란 현상적 내용은 물론, 여러 신체감각을 조사해 볼 것이다. 신체감각은 관절, 힘줄, 근육, 장기 등의 정보, 그리고 그것들이 변형된 즐거움과 고통의 정보, 또 감정, 생각, 자아 등의 세계 정보를 매개한다.

그런 "자아" 경험은 격렬한 신체적, 정신적 활동 중에 약화되는데, 운동선수, 군인, 낚시꾼 등은 그런 활동 중에 **몰입, 집중, 또는 고조**되는 느낌에 빠지기도 한다. 자아 느낌의 완전한 상실은 역사적으로 많은 사람에 의해 보고되어 왔다. 그들은 밝은 빛이나 광활한 공간을 경험하거나, 신체감각을 잃어버리거나, 특별한 역사적 임무를 지닌 사람이 되거나, 시간 흐름이 느려지거나 심지어 완전히 정지하는 느낌을 가졌다. 그러한 여러 체험은 깊은 만족감과 경외감을 주고 심지어 황홀감을 느끼게 해 주기도 한다. 우리를 개인으로 한정 짓는 정신적 장벽이 흐릿해질 때, 자아의 중력장이 의식에 대한 지배력을 잃어버릴 때, 마음은 우주 그 자체와 통합된다. 개인과 세계의 구분이 사라진다. 개인과 세계는 하나로 합체된다. 이런 광활한 무한의 느낌은 이 책의 제목 『나는 곧 세계』에 표현되어 있으며, 리하르트 바그너(Richard Wagner)의 곡 〈트리스탄과 이졸데(Tristan and Isolde)〉에서 가져왔다. 이 오페라는 서양 문화유산에서 작곡된 음악과 노래로서 가장 열광적인 작품 중 하나로, 작품 속 연인들은 일상적 경험의 한계를 초월하고, 죽음을 통해 궁극적인 존재와 결합하려는 열망을 표현한다. 내가 그 작품을 처음 만난 것은 낡은 라디오를 통해서였으며, 황홀한 충격이었다. 나는 완전히 사로잡혀서 수일 동안 멍한 상태로 돌아다녔다.

〔3장에서〕 또한 나는 마음이 세계와 어떻게 상호작용하는지에 대해서도 고려할 것이다. 마음은 눈, 귀, 다른 감각기관으로 들어오는 감각 정보를 수동적으로 받아들이지 않으며, 그런 정보로부터 있는 그대로를 명확히 묘사하지도 않는다. 전혀 아니다. 오히려 마음은, 우리 주변과 내부의 통계적 규칙성에 관한 명시적 및 암묵적 가정하에 특정 의자를 보고 음악을 듣고 죄의식을 느끼는 것을 '실재'라고 받아들이도록 구성한다. 이러한 가정들을 베이즈 추론(Bayesian reasoning)〔확률추론〕의 언어로 **사전확률**(priors)이라 부르며, 일상의 용어로 **기대치**(expectations)라 부른다. 이러한 가정들 중 일부는 우리의 유전적 유산이며, 다른 일부는 삶의 초기에 우리가 학습한 것들이다. 우리는 일반적으로 이러한 사전확률들을 의식적 자기반성(introspection, 내성)으로 접근하지 못한다.

우리들 각자는 서로 다른 뇌를 지니며, 서로 다른 물리적, 사회경제적, 정치적, 언어적, 문화적 환경에서 자란다. 그러므로 각자의 마음은 자신만의 미묘하게 다른 버전의 실재를 구성한다. 그 누구도 '참인' '객관적인' '불변의' 실재에 우선적으로 접근할 수 없지만, 일반적으로 어떤 것이 '외부의 것'인지에 관해 우리가 충분히 합의에 이를 수는 있다. 나는 중앙분리대 없는 고속도로에서 반대 차선을 통과해 빠르게 추월할 때, 실재의 이러한 임시적이고도 공공적인 측면을 항시 떠올린다. 운전대를 살짝 움직이는 것만으로도 충분히 삶과 죽음을 갈라놓을 것이기 때문이다. 더구나 당신의 뇌에 적은 화학물질, 대략 소금 한 알갱이 1000분의 1 분량의 리세르그산디에틸아미드(lysergic acid diethylamide, LSD로 불리는 강한 환각제)만을 넣어도 이런 공유된 실재와 근본적으로 다른 실재를 갈라놓기에 충분하다.

마음이 알 수 있는 것에 대한 이런 근본적 한계는, 3장에서 제시했듯이, 우리가 어떻게 자신을 생각하고 다른 사람의 행동을 해석하는지에 관해 중요한 결말을 말해 준다. 실제로 마음은 불안, 우울, 다른 정신적 조건들에 대한 경험을 형성한다. 그러나 이런 한계는 또한 커다란 이점도 가져다준다. **신경 가소성**(neuroplasticity), 즉 뇌가 스스로 재연결할 능력을 가진다는 현대적 이해는, 우리로 하여금 자신을 해석하고 이해하는 방법을 적극 형성하도록 해 준다. 우리는 단지 무력한 운명의 희생자가 아니며, 좋든 싫든 승리이든 패배이든 자기 삶의 이야기를 책임지는 행위자이다. 이렇게 자신의 통제를 넘어서는 사건들에 대한 우리의 강력한 태도 형성은 행복과 질병에 깊은 영향을 미친다.

4장에서 나는 정신과 육체가 어떻게 관련되는지 이해하려 한 여러 철학자의 노력에 대해 알아본다. '경험이 어떻게 세계에 〔처음〕 나타났는지'는 최초 기록된 사상(thought) 이후로 변함없는 비밀이다. 아리스토텔레스는 2000년 전에 자신의 독자들에게 "영혼에 대해 어떤 확실한 지식을 얻어 내기란 세상에서 가장 어려운 일 중 하나"라고 충고했다. 마음은 뇌와 다른 모든 것들을 구성하는 요소와 근본적으로 다르다. 양자역학과 일반상대성이론, 화학원소의 주기율표, 우리의 유전자를 구성하는 뉴클레오티드 ATGC의 끝없는 연결 등은 정신이 아닌 육체를 설명하는 것처럼 보인다(나는 여기서 "~처럼 보인다"라고 썼다. 양자역학이 '관찰자로부터 독립적인 사건은 없다'라는 것을 논증한다는 측면에서, 실재의 기초 수준에서, 의식의 문을 열면서 그렇게 표현했다). 그렇지만 우리는 매일 스스로의 주관적 경험의 세계에서 깨어난다.

현대 영미 철학에서 가장 존중받아 온 지적 입장은 주관성을 훨씬 더 거칠게 폄훼하거나 심지어 노골적으로 부정하기도 한다. 사실상 사람들은 자신들의 경험을 강박적으로 말하며, 경험에 기대어 행동한다. 오직 이러한 언어 행동과 다른 의도된 또는 실제적 행동 말고 다른 어떤 것도 없다고 하며, 이런 의식적 느낌 부분, **현상적 의식**(phenomenal consciousness)이라 불리는 것은 큰 환각이라고 말한다. 철학자들은, 마치 크리스마스에 에베네저 스크루지가 "뭐가 문제야!"라고 말하듯이 "내 치통의 끔찍한 통각"을 지워 버린다.✝ 더구나 마주친 갈림길에서 심사숙고한 후 어떤 길을 선택할 것인지 결정하는 우리의 능력, 즉 자유의지 역시 이런 "환영"의 버스에 실려 있다. 생생한 경험의 실재를 이렇게 부정하는 것은, 우리에게 즉각적이고 명확히 주어진 것에 대한 당치 않은 거부이다. 그 입장은 또한 심각하게도 반인간주의적이기도 하다. 우리를 기계와 구별 짓는 그런 속성들을 제거해서 우리를 기계와 일치시킨다.

이것은 코타르증후군(Cotard's delusion)의 망상과 유사한 터무니없는 단언이다. 그 희귀한 병을 지닌 환자들은 신체가 건장하나 종종 심하게 우울증을 앓으며, 자신의 팔다리 일부가 사라졌다거나 몸 안쪽이 썩어 간다거나 심지어 자신이 죽었다고 격렬하게 주장한다. 지금 자신이 의사와 대화를 나누고 있다는 사실에 직면하면 상황이 약간 이상하다는 것을 인정하지만, 그럼에도 사실은 자기가 죽었다는 것이라며 다른 이야기는 받아들이지 않는다. 현대 사상가들도 마찬가지이다. 그들은 자신들의 감각적 증거를 거부하며 경험이 존재하지 않는다고 주장한다. 우리 모두에게 자신들의 경험이 가짜라고 믿으라고 가스라이팅한다는 것은 정말 놀랍다!

다행히도 의식은 영원히 취소될 수 없다. 양보를 거부했던 정신은 복수심에 돌아오고 있다. 사실 이 회귀는 경험에 대한 훨씬 오랜 이해로 돌아가는 중이다. 이 회귀는 궁극적으로 물질

✢ 찰스 디킨스의 소설 『크리스마스 캐럴』에서 스크루지의 조카 프레드가 '메리 크리스마스'라고 한 말에 스크루지가 거칠게 냉소한 말. 저자가 보기에 현대의 일부 철학자들은 아무렇지도 않게 "의식은 환영이다"라고 너무 쉽게 말한다. 그렇게 말하면 우리가 자유의지를 갖는다는 것조차 부정하게 된다고 저자는 염려한다.

서론

과 에너지조차 정신적 표현이라는 제안인 **관념론**(idealism), 그리고 모든 생명체, 심지어 물질 자체도 영혼을 갖는다는 **범심론**(panpsychism), 즉 인간만이 아니라 심지어 박쥐도 무엇을 감각한다고 주장하는 학파를 포함한다. 현대 과학은 이 놀라운 회귀 사건의 여러 국면을 지지해 주고 있다.

다음으로는 (5장에서) 근본적이고도 놀라운 주제, 즉 존재와 그것을 어떻게 정의할지에 관해 간략히 요약한다. 이 주제는 경험을 정의하는 문제와 긴밀히 연관된다. 또 의식에 대한 정량적, 인과적 설명인 **통합정보이론**(integrated information theory, IIT)도 논할 것이다. 지난 20년 동안 이 이론의 발달은 신경과학자, 신경학자, 물리학자, 컴퓨터 공학자, 철학자 등에 의해 이루어졌다. 이 이론은 논란의 여지가 (약간) 있지만, 누가 무엇을 왜 의식하는지에 관해 놀랍고도 검증 가능한 주장을 내놓는다. 이 이론에 따르면 의식은 전개되는 내재적 인과의 힘(intrinsic causal power), 즉 변화를 일으키는 능력이다. 다시 말해서, 여러 구성 요소(뉴런 또는 트랜지스터)가 상호작용하는 특정 시스템의 속성이다. 그러므로 의식은 구조이지 기능이나 과정 또는 계산이 아니다.

그렇지만 이 이론은 의식이 '존재하는 것'에 대한 실재의 가장 밑바닥 수준의 근본적 설명을 내놓아야 한다고 주장한다. 이런 주장은 반대자들로부터 상당한 비난을 불러일으켰다.

이 이론은 특정 시스템의 의식 정도를 통합 정보(Φ)로 정량화하며, 그 시스템의 환원불가능성을 규정한다. 한 시스템은 더 많은 통합 정보를 가질수록 더 많은 의식을 갖는다. 성인의 뇌처럼 많이 통합된 시스템은 선택의 자유를 가지며, 자유의지를 가진다.

6장은 우리를 경험의 물리적 기관인 뇌로 안내한다. 전 세계적 연구는 중추신경계의 울창한 밀림 속에서 의식의 흔적을 찾으려 탐색 중이다. 1953년 영국의 분자생물학자 프랜시스 크릭(Francis Crick)은 유전 분자인 DNA의 나선구조를 공동 발견하고 유전암호를 해독했다(그 공로로 그는 노벨상을 수상했다). 그리고 나는 여러 해 동안, 특정한 의식적 지각을 위해 충분한 뉴런의 조건을 알아내려 노력했다. 우리는 비물질적 마음과 물질적 신체 사이의 신비한 관계인 심신관계문제(mind-body problem)에 대한 실용적이고 조작 가능한 접근법을 옹호했으며, 그 접근법은 매우 유익하다고 입증되었다. 30년 이상 지난 오늘날, 나와 수많은 과학자와 임상의는 다수의 실험 자원자, 환자, 실험동물 등에게서 이러한 의식의 신경상관물(neural correlates of consciousness, NCC)을 다양한 도구와 장비로 찾고 있으며, 신경피질의 뒤쪽(후방, posterior) 영역, 즉 뇌의 가장 바깥층을 가로질러 (반죽처럼) 겹겹이 접힌 거대한 주름에 초점을 맞추고 있다. 이런 탐구는 내가 철학자 데이비드 차머스(David Chalmers)를 상대로 '의식의 어려운 문제', 즉 뇌와 마음 사이의 좁혀질 수 없는 간극을 두고 한 25년짜리 내기에서 최근 패배하며 분명해졌듯, 아직 그 성배를 찾지는 못했다. 그러나 차머스가 인정했듯이 이러한 상관물의 발견은 그것이 이루어질지가 문제가 아니라, 언제 발견되느냐의 문제일 뿐이다.

사실상 이런 발자취를 추적하는 일은 심신관계문제의 교두보, 즉 의식 검출기를 역사적으로 처음 구축하는 데 도움이 되었다. 외상성뇌손상, 뇌졸중, 또는 심장마비 이후, 그 피해자들의 뇌는 심하게 손상되어 자신들의 의식 상태를 말하거나 다른 신호로 표현하지 못한다. 그들의 손상된 신체도 여전히 마음을 품고 있을까, 아니면 "그곳에는 마음이 없을까?" 임상의들은 통합정보이론에 기초한 장치를 실험하는 중에 있다. 환자의 뇌에 자기 파동(magnetic pulse)으로 충격을 가하고, 그 결과 두피 위의 그물망 전극으로 전기적 반향을 기록한 후, 그 전기적 패턴의 복잡성 정도를 계산해 환자에게 의식이 있는지를 추론한다. 이것은 마치 벨이 울릴 때 내는 소리의 음색을 분별하는 것과 같다. 의식 여부를 진단하고 뇌의 회복 가능성을 예측해서 환자의 가족들을 안심시키고, 연명치료를 중단할지 여부를 결정 내릴 수 있게 도와준다.

이 책 『나는 곧 세계』의 가장 방대한 두 장(7장, 8장)은 전환적 체험(transformational experiences)에 관해 다룬다. 이 두 장에서는 종교적이며 신비적인 죽음에 가까운 임사체험 등을 언급하고 있다. 이런 체험은 개인을 극도로 변화시킨다. 이러한 특별한 에피소드는 의식을 변화시키거나 확장시키고, 자아의 의미(sense of self)를 내려놓거나 심지어 완전히 부정함으로써 촉발되기도 한다. 그리하여 한 개인의 정체성, 핵심 믿음, 가치 등에 지속적이며 광범위한 변화를 불러일으키는 깨달음을 주기도 한다. 자아 해체(ego dissolution)를 체험한 사람들은 세계관과 인생관이 영구적으로 변한다. 즉, 그들은 죽음을 두려워하지 않게 되며, 물질적 욕구에 대한 집착에서 벗어나 더 큰 선(good)을 지향하게 된다.

종교적, 신비적 임사체험은 드물며 갑작스럽게, 어쩌면 가톨릭교회에서 말하듯이 은총을 입듯 찾아온다. 어떤 사람들은 그러한 사건이 우연히 일어나기를 기다리는 대신, 정신적 죽음이나 우주와 합쳐지는 것과 같은 다른 방법으로는 접근할 수 없는 체험 영역에 의도적으로 접근하기 위해 어떤 물질을 먹기도 한다. 21세기의 첫 20년 동안 의식을 근본적으로 변화시키는 환각제, 예를 들어 '마술 버섯(magic mushroom)'의 활성 성분인 실로시빈(psilocybin) 사용이 현저하게 증가하기도 했다.

이러한 환각제의 부흥은 여러 치료법을 병용할 경우 광범위한 정신과 질환, 예를 들어 중증 우울증, 외상후스트레스장애, 일반적인 불안장애 등을 개선하거나 심지어 치유할 수 있다는 인식의 증가에 근거한다. 이러한 환각제를 적절한 조건에서 책임감 있게 복용한다면, 때로는 끔찍하지만, 사람들이 매우 의미 있고 부작용이 거의 없이 궁극적으로 생명을 긍정하는 경험을 할 수 있다. 이러한 경험은 신경 가소성의 창을 열어 주고 몇 주 동안 지속되며, 이 기간 동안 뇌가 배선을 변경해 마음에 깊이 뿌리박힌 태도를 수정할 수 있도록 해 준다. 끈적거리는 생각과 장기적인 반추, 우울증과 낮은 자존감 및 불안의 특징인 "모든 사람이 나를 싫어해" "모든 것이 나를 두렵게 해" "나는 다시는 사랑을 찾지 못할 거야" 등이 사라지고, 삶에 대한 훨씬 건강한 태도와 새로운 전망이 자리 잡는다. 환각제는 우리에게 마음과 그 기반에 대해 많은 것을 가르쳐 줄 수 있으며, 인간의 번영을 촉진한다.

환각과 신비적 체험은 우리가 피할 수 없는 의식 흐름의 썰물, 경험의 황혼과 평화롭게 지내도록 도와줄 수 있다. 임상 의술의 발전으로 우리가 죽는 방식이 지난 세기 동안 진화해 왔다. 9장에서는 현대의 죽음이 전통적인 죽음과 어떻게 다른지를 설명하고, 뇌가 돌이킬 수 없이 종료되는 마지막 몇 시간 동안 일어나는 몇 가지 특이한 종류의 사건을 짤막하게 다룬다.

과학기술이 죽음을 아득한 미래로 미룰 수단을 우리에게 제공해 줄 수 있을까? 노화된 자신의 뇌를 소프트웨어로 재구성하고 그것을 컴퓨터에서 시뮬레이션함으로써 우리 마음을 디지털 왕국에서 되살려 내, 사실상 영원히 살게 할 수 있을까? 이어지는 10장에서는 이 같은 인간 의식의 미래에 대해 논의한다. 마인드 업로딩(mind-uploading)은 오직 계산적 기능주의(computational functionalism), 즉 컴퓨터에서 실행되는 계산이 충분히 의식적이라는 형이상학적 가정을 지지할 경우에만 성립한다. 이런 관점에서 의식이란 단지 정확한 알고리즘 발견의 문제일 뿐이다. 다른 형이상학적 가정에서는 의식은 복잡계 물리학과 관련된 구조이므로 단순 계산만으로 성취될 수 없다. 만약 그런 방식으로 실재가 구조화되어 있다면 "마음"을 디지털컴퓨터에 업로드한다는 생각은 심각한 가짜로 판명 날 것이다. 즉, 모든 행동이 우리가 가장 소중히 여기는 주관적인 경험 없이 나오는 것이라고 귀결된다.

인간이 아닌, 우리와 경쟁하거나 심지어 우리를 능가하는 인공적 마음은 어떠할까? 이 주제는 마지막 장(11장)에서 다룬다.

지각 분별력이 있는 기계(sentient machines)는 SF 소설에서 반복해서 다뤄지는 주제이다. 2022년 이 주제가 대중에게 주목받은 것은 구글의 소프트웨어 엔지니어가 회사의 '대규모 언어 모델(large language model, LLM)'이 지각 분별력을 지니고, 관련 법적 권리를 지닌 사람으로 고려되어야 한다고 주장하면서부터이다. 이런 모델이 가진 언어적 재능(skills)과 지식 그리고 그 경쟁자들, 즉 가장 유명한 것으로 오픈AI에서 발표한 챗GPT의 GPT-4는 사람이 평생 읽을 수 있는 것보다 훨씬 많은 책과 온라인 문서를 가지고 훈련받는데, 심지어 수년 전 기술 수준에 비춰 보더라도 놀랄 만하다. 그것들은 [문서 내용을] 요약하고 전자메일을 쓰며, 농담하고 (엉터리) 시를 쓰고 컴퓨터코드를 작성해 주며, 추천서도 써 주고 그럴듯한 소리 조합을 포함해 대화도 하는데, 그런 것들은 인간이 만들어 낸 자료들과 구별하기 어렵다. 그것들은 놀라운 속도로 진화하고 있으며, 근본적인 방식으로 사회를 변화시킬 것이다.

이러한 챗봇은 불안정한 근대성의 지배적 서사를 생생한 증거로 보여 주는 것처럼 보인다. 마치 육체(flesh, 뇌) 안에서 그렇듯, 마음이 실리콘웨이퍼[하드웨어]에서 쉽게 구현될 수 있는 소프트웨어라는 치명적인 데카르트 이원론을 울리고 있다. 실리콘밸리의 스마트머니[투자자]는 그렇게 생각하며 대부분의 공학자들과 많은 철학자들도 그렇게 생각하고, 인기 있는 영화와 티브이쇼는 이러한 믿음을 강화시키고 있다.

안타깝게도 통합정보이론은 근본적으로 이러한 기능주의 관점에 동의하지 않는다. 이 관점은 제1원칙으로, 디지털컴퓨터가 (원리적으로) 인간이 할 수 있는 모든 것을 할 수 있으며, 결국에는 훨씬 더 빠르고 더 잘할 수 있다고 주장한다. 그러나 컴퓨터는 결코 인간이 될 수 없다. 지능(intelligence)은 계산 가능하지만 의식은 그렇지 않다. 뇌가 어떤 초자연적 특성을 갖기 때문이 아니다. 뇌와 디지털컴퓨터의 결정적 차이는 하드웨어 수준에 있으며 그 차이는 아주 다르다. 즉, (뇌 안에) 활동전위(action potentials)가 수만 개 수용 뉴런으로 전달되는 반면, (컴퓨터 내에는) 전자 덩어리들이 소수의 트랜지스터 사이를 왕래할 뿐이다. 앞으로 보게 되겠지만 디지털컴퓨터의 통합 정보는 하찮을 정도이다. 그리고 그것은 매우 큰 차이를 만든다.

이것은 다음을 의미한다. 이런 기계들은 아무리 똑똑해지더라도 결코 지각 분별력을 갖지 못한다는 것. 더구나 디지털컴퓨터는 우리가 가진 능력, 즉 앞으로 있을 선택에 대해 숙고하고 자유롭게 선택하는 능력을 결코 가질 수 없다.

뇌는 우주 내에서 자기조직화된(self-organized) 활동적인 물질 중 가장 복잡한 조각이다. 결코 우연의 일치가 아니지만 뇌는 또한 의식의 기관이기도 하다. 유전학이나 천체물리학에서의 과학적 발전과 달리 뇌와 마음을 이해하는 연구의 발전은 우리가 누구인지, 우리의 강점과 약점, 우리가 어떻게 만족스러운 삶을 살 수 있는지, 그리고 우리가 더 큰 궁극적 실재에 속한다는 체험을 갖는 것과 직접적으로 관련이 있다. 인간성(humanity)은 인식론적 안개 속에서 영원히 방황할 운명에 있지 않다. 우리는 알 수 있고 밝혀낼 것이다.

이 책은 독자에게 몸과 마음의 미개척지에 관한 최신 발달 동향을 안내하려 한다. 나를 왜 믿어야 하는가? 나는 직관적 훈련과 공인된 훈련을 겸비한, 부전공으로 철학을 공부한 물리학자이다. 지난 40년 동안 신경과학을 연구해 왔고 패서디나의 캘리포니아공과대학교(Caltech)에서 생물학과 공학 교수로 25년 재직했다. 그 후, 나는 시애틀에 있는 앨런뇌과학연구소(Allen Institute for Brain Science)의 수석 과학자로 있었고, 이어서 소장까지 지냈다. 나는 이 연구소에서 계속 근무 중이며, 지금은 조사관이다. 또한 나는 샌타모니카에 있는 타이니블루닷재단(Tiny Blue Dot Foundation)의 대표이기도 하다. 이 재단은 신경과학 기반 치료법 연구를 지원하며, 치료를 통해 스스로 만든 정신세계에서 살아가는 사람들이 그 한계와 편견을 스스로 극복할 수 있다는 것을 이해하도록 돕는다.

내 연구의 기본 원칙은 런던왕립학회의 모토인 눌리우스 인 베르바(*nullius in verba*), 즉 "누구의 말도 믿지 말라"이다. 다시 말해서 누군가의 해석보다 본래의 자료에 의존하라는 것이다. 이러한 이유에서 사람들이 춤, 달리기, 명상, 또는 환각제를 통해 의식의 상태 변화를 경험한다는 보고를 듣게 되면, 나는 그것을 직접 체험해 본다. 그렇게 함으로써 나는 그러한 현상들에 대한 나의 이해가 직접경험에 근거하며, 소문이 아닌 과학으로 강화된다는 것을 확신할 수 있다.

어떤 사람들은 나를 의식 전문가라고 부른다. 그러나 나는 항상 지나치게 확신하거나 내 견해에 독단적이지 않도록 늘 경계해 왔다. 그래서 호기심과 겸손, 즉 선불교에서 말하는 "초심을 잃지 말라"라는 태도를 유지하려 노력한다. 나는 새로운 생각과 전망을 펼치면서 우리가 아는 유일한 실재인 의식을 계속 탐구할 것이다.

1
의식의 시작

Then
I Am Myself
the World

통증 없는 의식의 탄생은 없다.
— 카를 구스타프 융(Carl Gustav Jung)

1 의식의 시작

당신의 첫 주관적 경험은 무엇이었는가? 오늘 아침 말고, 아주 오래전 당신 삶의 시작에서 첫 경험은 무엇이었는가? 당신 어머니의 자궁 속에서 느꼈던 희미한 온기, 멀리서 들리는 소리, 어머니가 걸어 다닐 때 흔들리는 움직임이었는가? 아니면 그 어둡고 좁은 낙원으로부터 좁은 터널을 통해 차가운 세상으로 고통스럽게 밀려 나올 때, 밝은 빛과 시끄러운 소리, 숨을 쉬고 싶은 절박한 충동이었나? 아니면 신생아 시절 어머니의 젖을 맛보고, 어머니의 체취를 맡고, 이해할 수 없는 얼룩이 눈앞에 어른거리는 것을 보면서 앎이 시작되었는가?✣

✣ 이 책에서 "experience"는 맥락에 따라서 "경험" 또는 "체험"으로 번역한다. 일상적이고 보편적 의식 상태를 칭할 경우 "인간 경험" "주관적 경험" "지각 경험" 등으로, 비범하고 특수한 의식 상태를 칭할 경우 "전환적 체험" "환각체험" "신비적 체험" "임사체험" 등으로 구분해 번역했다.

최초의 빛

생애 첫 인식이 그 시작을 알리고, 첫 재잘거림은 결국 의식의 흐름으로 바뀌며, 사고, 상상, 불안, 후회, 회상, 걱정, 반성, 염려, 항의, 회고, 묵언, 이미지 등 끊임없는 흐름이 삶 그 자체의 소리와 걱정을 형성한다.

"의식의 흐름(stream of consciousness)"이란, 미국 심리학의 아버지로서 소설가 헨리 제임스(Henry James)의 형이자 19세기 후반에 활동한 하버드대학교의 심리학자 윌리엄 제임스(William James)가 제시한 흥미로운 은유이다. 의식의 흐름이 미성숙한 태아 뇌의 습지에서 비롯된 것일까, 아니면 신생아나 유아의 더 발달된 뇌의 상류에서 비롯된 것일까? 이런 질문에 대답하기란 무척 어려운데, 그것은 **아동기 기억상실**(childhood amnesia), 즉 성인이 3~4세 이전의 어린 시절에 대해 신뢰할 만한 기억을 갖지 못한다는 보편적인 관찰 때문이다. 어떤 사람들은 형제자매의 탄생이나 다른 주목할 만한 일을 기억한다고 강력히 주장하지만, 일반적으로 그러한 사건에 대한 자서전적 또는 "삽화적(episodic)" 기억은 (그 사건이 일어났다는) 지식이나 사진과 혼동하는 경우가 많다. 어린이도 분명 기억을 형성할 수 있지만 십대가 되면서 그런 기억은 희미해진다. 신체적, 정서적, 성적 학대 등으로 형성된 트라우마 기억은 무의식적으로라도 마음속 깊은 곳에 그 흔적을 남긴다. 그러나 유아기의 명백하고 명료한 기억은 시간이 지나면서 영원히 사라진다. 지크문트 프로이트

(Sigmund Freud)가 아동기 기억상실은 불안한 성적인 내용을 지닌 초기 기억을 스스로 억압하기 때문이라고 주장한 것으로 유명하지만, 오늘날 심리학자들은 이러한 기억상실이 유아가 언어와 추상적 사고 모두를 갖지 못하기 때문이라고 본다.[1] 이러한 인지 과정이 성숙해짐에 따라서 당신의 명시적 기억을 저장하고 회상하는 능력 또한 좋아지며, 자서전적 자아가 출현하게 된다.

그러나 당신이 과거 사건을 기억하지 못한다고 그것이 곧 당신에게 의식이 없었음을 의미하지는 않는다. 당신이 마치 어떤 상황에 빠진 것처럼 느꼈을 최초의 꿈을 기억하지 못하듯, 의식의 초기 희미한 불꽃도 그러했을 것이다. 바로 그런 순간이 의식적 삶의 시작이며 경이로운 존재가 되는 순간이다. 의식적 주체인 자신을 위한 이런 존재는 절대적이거나 내재적인(intrinsic) 존재, 즉 내가 앞으로 확장하고 자주 언급할 주제를 구성한다.[2]

삶은 의식에 앞서 시작된다. 당신은 살아 있지만 아직 무의식적일 수 있으며, 자신에게 주체(절대적 존재)라기보다 타자에게 대상(상대적 존재)일 수 있다.

인간의 출산은 다른 유성생식 동물과 마찬가지로 암컷 난자와 수컷 정자의 수정, 즉 접합체(zygote) 형성에서 시작된다. 이런 단일 세포에 새 생명을 구성하는 모든 유전정보가 담기며, 이것은 80억 생명체 중 고유한 유전 정체성을 지닌 개체가 창조되는 기반이다.

이런 미천한 시작에서 출발한 접합체는 두 개 세포로 나뉘고, 이어서 네 개 세포, 여덟 개 세포 등으로 연속 분열 증식해, 배아를 구성하는 다양한 세포와 조직(외배엽, 내배엽, 중배엽 등)으로 분화해 태아로 변하고, 유아로 태어난 후, 아기, 아동, 청소년으로 성장하고, 마침내 다음 생애 주기를 시작하는 성적으로 성숙한 성인으로 성장한다. 발달은 엄청 복잡하며, 30조 개 세포로 이루어진 한 사람, 즉 당신이 형성될 때까지 분열과 분화를 거듭하며 증식한다.

 이런 과정을 이해하려면 진화의 시간을 돌아보아야 한다. 그러면 당신을 탄생시킨 과정의 경이적인 우연적 본성이 드러난다. 당신은 끊임없이 이어진 10억 개 원소로 구성된 유기체 연쇄의 종착지이다. 즉, 부모, 조부모, 증조부모 등으로 계속 이어지는 이전 세대에서 더 과거로 거슬러 올라가다 보면, 당신은 약 40억 년 전 심해〔화산가스〕분출구에서 번성했던 단세포 유기체의 공동체, 모든 생명체의 마지막 보편적 공통 조상, 루카(LUCA)라는 애칭으로 알려진 것에 이른다.

 이제 이런 연쇄를 따라 모든 유기체를 시각화해〔진화의〕동영상을 앞으로 재생해 보자. 그러면 루카에서 시작해 막으로 둘러싸인 세포(membrane-bound cell)로, 그리고 진핵생물(eukaryote)로 변화한 뒤 다세포 생명체(multicellular life)로 도약한다. 그리고 벌레(worm, 환형동물)가 되고 나서 등뼈가 발달해 물고기로 변신한 후, 네 발로 땅을 기어다니고 곤충을 먹는 작은 야행성 포유류로 진화하고, 그것은 소행성의 지구 충돌 후에도 살아남아 영장류, 대형 유인원, 그리고 침팬지와 인간의 마지막 공통 조상인 **오스트랄로피테쿠스 아파렌시스**(Australopithecus afarensis)로 변신하고, **호모하빌리스**(Homo habilis)를 거쳐, **네안데르탈인**(Neanderthals)과 교배해, 마침내 **호모사피엔스**(Homo sapiens)의 일원인 당신에 이른다. 이런 유기체들의 연쇄, 즉 시공간에 존재하는 초유기체(hyperorganism)를 초당 24프레임에 담는다면, 그 영화는 지구 생명체의 놀라운 기록을 1년 이상 상영해야 할 것이다! 그렇지만 그 영화에서는 거의 사건이 일어나지 않을 것이므로 흥행에는 좋지 않겠다. 또 문명화의 이야기는 1년이라는 긴 영화 속에서 마지막 10초로 압축될 것이다. 즉, 당신과 당신의 부모, 조부모는 눈 깜짝할 사이인 마지막 세 프레임에 등장할 것이다. 이것이 바로 이해할 수 없이 깊은 진화의 시간, 숨 막히는 장엄한 이야기이다.[3] 찰스 다윈은 1859년 『종의 기원(On the Origin of Species)』에서 이렇게 결론 내렸다. "생명에 대한 이러한 관점에는, 여러 가지 힘이 처음부터 몇 가지 또는 한 가지 형태로 불어넣은 장엄함이 있었다. 그리고 이 지구가 고정된 중력 법칙에 따라 순환하는 동안, 지극히 단순한 시작에서부터 가장 아름답고 가장 놀라운 형태로 끊임없이 진화해 왔고 지금도 진화하는 중이다."

본론으로 돌아가자.

기억해야 할 것은, 성인으로서 자의식이 담긴 멋진 3파운드짜리 뇌는 물론이고, 발달한 신경계를 가지기 훨씬 전부터 당신은 살아 있었다. 의식을 위한 장치가 무엇일지 고려하는 건 차치하더라도, 우선 살아 있는 유기체라야 의식도 가질 수 있다. 그러나 그것만으로는 충분치 않다. 한 유기체의 중추신경계(central nervous system)는 특정한 방식으로 구조화되어야만 한다. 그것은 우리가 익히 아는 유형의 의식을 뒷받침할 만큼 충분하게 분화(differentiation)되어 있어야 하고 복잡성을 띠고 있어야 하며, "무언가"를 가져야만 한다. 이 "무언가"가 무엇일지는 조금 후 더 명확해질 것이다.

태아의 의식

의식의 여명을 파헤치는 것은 단순히 자기애(narcissistic)의 노력이나 잃어버린 기억을 찾는 프루스트식(Proustian) 탐색이 아니다. 이는 사회적으로 엄청난 영향을 미친다.✛

2022년 미국 대법원이 **돕스 대 잭슨여성건강기구**(Dobbs v. Jackson Women's Health Organization) 재판에서 내린 기념비적 판결을 생각해 보자. 이 판결은 낙태에 관한 두 오랜 법적 판례(Roe v. Wade 및 Planned Parenthood v. Casey)를 무효화시켰다. 즉, 태아가 자궁 밖에서 적절한 의료 지원을 받으면 생존할 수 있는 임신 23주에서 24주 전에 이루어지는 낙태는 합법이라는, 오래된 태아생존력에 기반한 판결(fetal-viability rule)을 뒤집었다.[4]

법원의 결정은 오랜 기간, 양측의 법률적, 종교적, 역사적, 철학

✛ 프랑스 소설가 마르셀 프루스트는 『잃어버린 시간을 찾아서』에서 시간과 기억의 심층적 탐구를 통해 자신의 삶을 돌아보고, 과거 기억을 통해 새로운 인식을 얻으며, 자기 자신과 타인에 대한 이해와 용서를 얻는다.

적, 정치적 입장을 성심성의껏 고려한 끝에 이루어졌다. 그 태아 생존력 판결을 뒤집는 한 가지 근거는, 태아가 빠르면 임신 14주부터 의식이 있어서 낙태 중 극심한 고통을 겪을 것이라는 주장이었다. 이것은 과학적, 임상적 문제로 내가 잭슨여성건강기구를 지원하기 위해 대법원에 제출한 법정 자문(amicus brief)에 참여해 언급한 내용이다.[5] 이런 놀라운 주장의 증거는 자궁 내 태아의 초음파 영상이었으며, 그 영상에서 태아가 엄마의 배를 만지거나 목소리를 듣고 심지어 고통스러운 수술 절차에 얼굴을 찡그리고 사지를 움직여 반응하는 것을 볼 수 있었다. 이러한 행동은 의식이 있음을 의미하며, 따라서 태아도 고통을 느낀다는 걸 의미한다.[6]

6개월 된 태아에게 고통스러운 자극에 움츠리는 것 같은 초보적인 행동 능력이 있다는 것은 사실이다. 그러나 이런 행동은 **통각 반응**(nociceptive responses)이라는 제한적이고 전형적인 반사 반응으로, 성인은 의식적 앎이 없이 반응한다. 통각 반응과 통증은 모두 스트레스호르몬의 방출과 혈압상승을 포함하는 행동을 일으킬 수 있지만, 후자(통증)만이 주관적이고 혐오스러운 의식적 경험을 유발한다. 통각 반응은 깊은 수면 중에도 일어나는데, 잠에서 깨지 않은 채 팔다리를 움츠리는 경우가 그렇다. 마찬가지로 심각한 뇌 손상을 입어 거의 혼수상태(near coma)에 빠진 환자도 손끝을 세게 꼬집히면 자기 손을 움츠릴 수 있다. 실제로 작은 초파리 유충은 열이 나는 불꽃을 마주하면 몸을 움츠리는 반응을 보인다. 그렇지만 유충이 지각 분별력을 지닌다고 주장할 사람은 거의 없을 것이다.

 태아도 다른 발생기 유기체와 마찬가지로 위험에서 자신을 보호하는 전형적 감각운동(sensory-motor) 행동을 지원하는 조절 피드백 루프(feedback loops)를 지닌 생명체임은 분명하다. 그렇지만 어떤 자극을 통증의 경험으로 의식하려면 "아야, 아파"라는 반사만으로 충분치 않다. 왜냐하면 사람이 유해한 자극을 의식하려면, 피부의 통각수용체에서 신호를 받아 척수(spinal cord)와 시상(thalamus)을 통해서 신피질(neocortex)로 신호를 전달하고, 그것이 고통스럽다고 지각되는 경보를 울려야 한다. 그러기 위해서는 신피질 세포와 그 협력자인 보조 구조물들(예를 들어, 신피질과 밀접하게 관련된 시상)의 복잡하고 정교한 연결망이 있어야 한다.

 신경발생(neurogenesis)이라 불리는 뉴런(neurons)의 탄생은 임신 5주 무렵 시작되어 16주 말에 대부분 완료된다. 대부분의 경우 우리는 완전한 신경세포를 지닌 채 태어난다.[7] 그러나 이러한 신경세포는 미성숙해서 성체가 될 때까지 계속 성장하고 분화하며, 다른 뉴런들과 접촉하기 위해 덩굴손(수상돌기)을 확장해 나갈 것이다. 예를 들어, 태아의 신피질 뉴런은 약 30주까지 말초 신호를 수신할 수 있도록 온전히 연결되지 않는다. 이 무렵의 태아는 발뒤꿈치 찌르기(발에서 피를 뽑기 위해 피부를 빠르게 찌르는 것)와 같은 자극에 반응하지만, 그것을 경험할 가능성은 거의 없다. 실제로 임신 30주에 태어난 조산 유아(preterm infant)(더 이상 태아가 아닌)는 발뒤꿈치 찌르기에도 깨어나지 못한다.

신경 회로는 이처럼 서서히 발달하기 때문에, 말초 통증 신호는 반사를 유발할 수 있지만, 임신 3기(9개월)까지는 의식적 경보를 울리지 못한다. 이것은 생존 가능한 태아가 통증을 경험하지 못하며, 고통스러워하지 않는다는 것을 의미한다. 태아는 미경험과 경험을 나누는 커다란 존재의 대분기점(Great Divide of Being)을 넘어서야만 한다. 전자는 그 자체로 아무것도 아니지만, 후자는 아직 미완성이긴 해도 엄연한 주체이다.

  결국 대법원은 과학적 근거가 아닌 헌법적 근거를 들어 **돕스 대 잭슨여성건강기구 건**을 판결했고, 낙태를 규제할 권한을 개별 주로 돌려보냈다.

꿈꿀 기회를 위해 잠들기

  의식과 관련한 신생아 학자들의 발견에 따르면, 태아는 자체 격리된 탱크에 떠 있고, 태반과 연결되어 혈액, 영양분, 호르몬 등을 성장하는 신체와 뇌로 공급받고, 진정 촉진물질이 주입된다. 이때 태아는 잠든 상태에 있다.[8] 임신 3개월이 되면, 태아는 보통 두 가지 상태 중 하나에 놓인다. 한 상태는 빠른 호흡, 높고 불규칙한 심장박동, 삼키기, 핥기, 눈 움직이기, 얼굴과 몸의 움직임이 분리되는 게 특징이며, 이 상태를 **활동성 수면**(active sleep)이라 부른다. 반면에 다른 상태에서는 호흡이 느리고 심장박동이 규칙적이며 눈을 감고 있고 거의 행동이 정지되는데, 이 상태를 **조용**

한 수면(quiet sleep)이라 부른다. 활동성 수면과 조용한 수면은 출생 후 1년 이내에 급속안구운동수면 또는 역설적 수면(rapid-eye movement or paradoxical sleep)으로, 그리고 깊은 수면(deep sleep)으로 바뀐다. 태아는 거의 깨어 있지 않다. 산발적으로 잠깐 깨어 있는 사이에는 눈을 크게 뜨고, 근육의 긴장도가 높고 움직임이 많다.[9]

태아의 장시간 수면은 흥미로운 의문을 불러일으킨다. 당신이 성인으로서 특정 국면의 수면 단계, 특히 이른 아침 급속안구운동수면 중 깨어날 때, 당신은 최근 사건과 먼 기억, 특히 가족, 연인, 친구, 적과의 감정적인 만남 등의 생생하고 다면적인 체험을 회상한다. 태아가 활동성 수면 중에 꿈을 꿀까? 만약 그렇다면, 태아는 삶의 기억이 백지상태인데 무엇에 대한 꿈을 꿀까?

유치원 및 미취학 아동을 대상으로 한 종단연구에 따르면, 꿈은 시각적 상상력, 언어능력 및 기타 시공간 인지능력 등과 밀접히 연관되어 점진적으로 발달한다고 밝혀졌다. 4~5세 아이들의 꿈은 정적이고 평범하며 일상적이며, 움직이거나 활동하는 캐릭터가 거의 없고 감정이 거의 없으며 기억이 희박하다.[10] 이를 역추적해서 시각적 상상력의 기반인 시각피질이 아직 미성숙한 상태인 따뜻하고 어두운 동굴에 갇힌 임신 3기 태아에게 꿈은 어떤 모습일까? 내 예감으로는 태아는 당신과 내가 꿈꾸는 방식으로 꿈꾸지 않을 것 같다. 그렇지만 확실히 알지도 못한다.

산모의 배에 민감한 기기를 부착하고, 발달 중인 태아 뇌에서 생성되는 약한 자기 신호를 탐지해 보면, 약 35주 이상의 태아는 자궁으로 전달되는 일련의 소리에서 통계적 규칙성에 민감하게 반응하는 것을 보여 준다. 태아는 네 가지 음의 4중주(삐-삐-삐-**밥**, 삐-삐-삐-**밥**, 삐-삐-삐-**밥**, 삐-삐-삐-**밥**)로 구성된 규칙적인 시퀀스와 약간 벗어난 시퀀스(삐-삐-삐-**밥**, 삐-삐-삐-**밥**, 삐-삐-삐-**밥**, 삐-삐-삐-**삐**)를 구별할 수 있다. 성인의 경우, 이것은 의식의 징후로 간주된다.[11]

임신 3기(9개월) 태아는 자신을 세계로부터 구분할 것 같지 않다. 즉, 아직 자아를 갖지 못한다. 태아가 어느 범위까지 원시적인 신체의 앎을 갖는지, 예를 들어 태반을 통한 온기나 영양에 대해서 기분 좋은 또는 고통스러운 감각을 갖는지, 이 단계에서는 확인이 불가능하다. 그러나 그 가능성을 완전히 배제할 수도 없다.

이러한 관찰은 자궁 개복 또는 봉합수술을 수행하는 외과 전문 분야인 태아 수술에 실질적인 영향을 미친다. 이런 수술은 20세기 말까지 연약하고 미성숙한 태아에 대한 위험을 최소화하기 위해 마취 없이 시행되었다. 그러다가 임신 3기 후반 태아가 통증을 경험할 가능성으로 인해, 이러한 관행은 바뀌었다.[12]

자연스러운 질분만(vaginal birth, 자연분만)에 따른, 극적이고 심한 스트레스로 인해 상황은 급격히 바뀐다. 태아는 잠에서 깨어나며, 자신이 알던 유일한 집에서 낯선 세계로 내몰린다. 뇌간(brainstem)의 깊은 청반(locus coeruleus)에서 분출되는 노르아드레날린(noradrenaline)의 갑작스러운 상승은, 수십 년 후 성인이 되어 스카이다이빙이나 노출 등반(exposed climb)을 할 때 분비되는 노르아드레날린보다 더 강력해, 모체의 태반에서 분리될 때 그 진정제의 중단은 신생아를 각성시킨다. 이 각성이 첫 호흡을 이끌어 내서 태아는 눈을 뜨고 울게 되며, 시끄러운 소리와 새로운 냄새 그리고 밝은 빛처럼 자신의 감각을 공격하는 공기의 세계를 경험하게 된다.[13]

신생아는 주변의 소리와 광경에 주의를 기울이며, 시선은 여러 눈과 얼굴에 이끌린다. 시력은 상당히 낮지만, 단순한 감각적 지각을 지원하는 데 필요한 기본적인 시상피질회로(thalamocortical circuitry)는 제대로 갖추어져 있다. 그들의 청각 능력은 언어적 환경에 따라 예민하게 다듬어졌으며, 앞으로도 계속 그러할 것이다. 자궁 속에서 엄마의 음성에 노출되면, 발달 중인 신경계가 모국어와 다른 언어를 구별하는 통계적 규칙성을 포착한다. 가장 인상적인 것은 생후 2주 또는 3주 된 유아의 얼굴 및 손동작 모방 능력인데, 엄마가 혀를 내밀면 몇 초 후 아기도 똑같이 따라 한다는 것이다. 이게 가능하려면 시각 정보의 동적인 저장(dynamic storage, 정기적으로 내용을 업데이트하는 능력)과 혀를 제어할 수 있는 능력 모두 필요하다. 성인에게 마치 온라인 정보 저장 같은 이런 능력은 또 다른 앎의 특징이며, 유아가 어느 정도 감각운동 의식을 가진다는, 즉 자신의 몸을 보고 듣고 느낄 수 있다는 것을 의미한다.[14]

자기 인식(self-awareness)과 조용한 내면의 언어는 훨씬 늦게 발달한다. 이것은 꿈과 마찬가지로 언어 처리(linguistic processing)와 관련된 복잡한 인지과정(cognitive processes)으로 성숙해지려면 수년이 걸리며, 일반적으로 남자아이는 여자아이에 비해 늦게 발달한다. 만약 아들을 하나 또는 그 이상 키워 보았다면, 아들에게 어리석은 행동을 했던 이유를 물어볼 때 그가 보이는 십대 특유의 무표정한 얼굴을 자주 보았을 것이다. 기껏해야 어깨를 으쓱하며 "글쎄요, 그때는 좋은 생각인 줄 알았어요"라는 대답을 들었을 것이다.[15]

어린 시절에는 극히 제한적으로만 자기 행동에 대한 이유를 이해할 수 있다. 성인은 적어도 그럴듯한 설명을 할 수 있다. 그렇지만 프로이트의 지속적인 통찰 중 하나에 따르면, 성인도 자신의 동기에 대한 내적 자원을 진정으로 이해하는 데 더 나을 것이 없다. 당신은 자신의 마음을 잘 모른다.

의식의 흐름을 이루는 실제적 내용은 아이가 날마다 성인으로 커 가면서, 즉, 연애와 성관계, 소셜미디어, 스포츠, 게임, 음악, 영화, 문학, 술, 마약, 예술, 일을 접하면서 성장한다. 이 모든 것들이 새로운 종류의 의식 경험을 낳고, 이제껏 가지던 지금까지의 경험에 뉘앙스, 구별, 관계를 추가한다. 이어서는 이런 놀라운 다양성에 대해 살펴볼 것이다.

2

Then
I Am Myself
the World

의식 경험의 다양성

2

**의식 경험의
다양성**

주관적 경험이 무엇인지 알아보려면, 인간 경험의 넓은 세계를 살펴볼 필요가 있다. 명확히 말해서 모든 종마다 세계를 감각하는 특정한 방식과 인지능력을 지니며, 그 능력에 따라 형성되는 자신만의 우주를 경험한다는 측면에서, 분명히 **인간**은 개나 박쥐의 세계와는 확연히 다른 세계를 경험한다. 나는 이런 경험의 겉모습이나 느낌의 내용을 분석하기보다, 경험이 나타나거나 느껴지는 방식에 초점을 맞추려 한다. 이런 탐구 방법은 **현상학**(phenomenology)이라 불리며, 이 용어는 "나타나는 것"을 의미하는 **현상**(phenomenon)에서 나왔다. 에미넴(Eminem)이 "나는 그게 진짜 무엇인지 말할 수 없어요, 단지 그게 어떤 느낌인지 말할 수 있을 뿐"이라고 노래할 때, 그는 현상학적 관점을 지니는 것이다.

이러한 조사를 하는 이유는 주관적 느낌이 얼마나 놀랍도록 다양한지를 잊지 않기 위함이기도 하지만, 지금까지 낯설고 이해되지 않았으며 반쯤은 잊히기도 했던 의식의 상태(states of consciousness)가 명상, 환각제 복용, 꿈꾸기, 죽음을 통해 현대에 재발견되었기 때문이기도 하다. 알려진 우주의 크기만큼이나 인식되는 의식적 상태(conscious states)의 다양성은 계속 확장되고 있다.✢

의식이 있다는 것은 경험한다는 것이다. 나는 여기서 경험을 크게 두 종류로 구분하겠다. 하나는 **감각**(sensations)이라고도 불리는 **지각**(percepts)으로, 이것은 감각적이며 구체적일 수 있고, 혹은 더 생각에 가깝거나 추상적일 수 있다.✢✢ 다른 하나는 **느낌**으로, 이것은 감정적 특징을 지닌다. 이러한 지각과 느낌의 구분은 나중에 설명할 다양한 조건에 유용하다. 더구나 성인의 의식 대부분은 이런 직접경험에 대한 반성, 소위 **메타의식**(meta-consciousness)으로 채워진다. 삶은 이렇게 얽혀 있는 지각, 생각, 느낌의 흐름이며, 몰려왔다가 사라지고 전환하고 움직이고 변형되는 결코 쉬지 않는 흐름이다.

서문에서 나는 빛, 공포, 황홀경의 밝은 측면으로 이루어진 나의 체험을 간략하게 묘사했다. 다음은 나의 또 다른 체험이다.

✢ 저자의 앞선 저서에 따르면, 수면도 "의식의 상태"에 포함되며, 이런 상태는 쉽게 말해서 "의식할 수 있는 상태"와 같은 의미로 사용된다. 저자는 의식 내용인 "의식적 상태"보다 의식의 상태에 관심을 가진다. 그 이유는 수술 후 깨어나지 못하는 환자가 의식을 회복할 가능성이 있는지 여부를 판별해 줄 장치를 개발하려는 의도 때문이다.

✢✢ 이 문장을 다음과 같이 이해할 수 있다. 지각은 신체의 감각수용기에 의한 외부 세계의 직접 감각 정보라서 그 내용이 구체적일 수 있으며, 그 지각 내용이 나중에 상상 또는 추상될 수도 있다.

종아리 근육이 지쳐서 타들어 갈 듯 하지만, 나는 울창한 숲의 오솔길을 따라 계속 달릴 것이다. 나무뿌리와 바위를 피하려 멀리 앞을 바라보다가, 머리 위 높은 곳에서 "까악, 까악" 하는 까마귀 울음소리를 듣고 순간 걸음을 멈추었고, 떠오르는 태양이 어두운 숲을 뚫고 이끼에 덮인 나무를 비추자, 그 아름다움에 감탄한 나머지 유명한 시 한 편이 떠올랐다.

이 순간은 의식의 흐름을 구성하며 끝없이 연속되는 경험 중 한 토막이다. 1902년 윌리엄 제임스는 에든버러대학교에서 종교적 체험의 다양성(The Varieties of Religious Experience)이란 강연을 통해, 여러 유형의 영적 자각(spiritual awakenings), 신비적 체험, 종교적 감성을 설명하고 분류했다. 이 장에서 나는 그것이 일상적이든 고상하든, 불경하든 신성하든, 제정신이든 또는 광적이든, 모든 경험들에 대해 유사한 작업을 수행하려 한다.

다양한 지각 경험

이런 조사는 시각, 촉각, 청각, 후각, 미각이라는 아리스토텔레스의 전통적 다섯 감각에서 시작된다. 눈, 피부, 귀, 코, 혀의 감각수용기(sensory receptors)는 광자, 기계적 압력, 음파, 유의미한 분자 등 관련 물리적 신호를 신경세포 신호로 변환해, 뇌로 전달한다. 그러면 뇌는 1/4초 이내에 특정 전직 대통령의 얼굴, 너무 꽉 끼는 운동화, 베토벤 교향곡 5번 〈운명〉에 등장하는 네 번의 타건, 신선한 커피의 상쾌한 냄새와 쓴맛 등에 대한 의식적 지각을 형성한다.[1]

모든 감각 양식은 고도로 구조화된 자체의 지각 공간(perceptual space)을 지닌다. 대다수 사람들에게 색깔은 초록, 빨강, 파랑의 강도에 따른 3차원 조합으로 특징지어지며, 당신은 그런 세 가지 색상 조합에 의해 특정한 색상을 볼 수 있다. 이것은 궁극적으로 눈의 광수용체에 있는 세 가지 색소 분자가 각각 다른 파장의 빛에 가장 잘 반응하기 때문이다. 색맹인 인간과 대부분의 다른 포유류는 광색소를 둘만 가지는 반면, 사마귀새우(mantis shrimps)는 광색소 11개 이상을 지닌다. 이 모든 것들은 특정 종이 진화한 특별한 생태환경에 따른 것이다.[2]

맛(taste)은 단맛, 신맛, 쓴맛, 짠맛, 감칠맛의 다섯 가지 기본 풍미에서 비롯된다. 마지막 감칠맛은 20세기 초 일본의 이케다 기쿠나에의 연구 전까지는 인식되지 않았다. 감칠맛은 국물, 익힌 고기, 생선, 간장 등의 고소한 맛과 관련이 있다. 이 다섯 가지 맛의 표준적인 풍미는 다섯 종류의 미각수용기(taste receptors)에 의존하며, 이것은 혀, 입천장, 인후두 등 내벽에 위치한 미각 돌기(taste buds)에서 발견된다.

시각, 청각, 체성감각(somatosensory)은 공간의 제약을 받는다. 무언가를 보고 듣고 느낄 때, 우리는 특정 위치에서 보고 듣고 느끼기 때문이다.

그리고 상상력, 즉 이전에 접했거나 상상했던 이미지, 장면,

목소리, 음악 등을 떠올리는 의식 능력이 있다. 눈을 감고 뉴욕항에 서 있는 자유의 여신상을 상상해 보라. 그 여신상은 성화를 어느 팔로 들고 있는가? 다른 한 손에는 무엇을 들고 있는가? 그것이 노트북일까? 상상한 장면과 소리가 외부 세계의 광경이나 소리와 같다고 느껴지지만, 일반적으로 그보다 희미하고 덜 생생하며 디테일이 떨어진다.

다음으로, 몸 전체에 분포된 센서와 관련된 경험, 즉 내수용지각(interoceptive perceptions)이 있다. 이 지각에는 당신이 농구공을 드리블하거나 휴대전화에 문자를 입력할 때 자신의 머리, 팔다리, 손가락, 몸통 등의 위치와 각도에 대한 앎도 포함된다. 고유감각(proprioception) 및 균형에 대한 감각은 별것 아닌 것 같지만 수고하지 않고서도 당신이 서 있거나 걷거나 달리거나 자기 몸통과 팔다리를 움직이는 데 매우 중요하다. 다른 신체적 센서는 더위와 추위를 느끼게 해 주며, 여러 개별 기관들은 다양한 감각을 느끼게 해 준다. 예를 들어, 내장을 통해 당신은 배고프거나 메스꺼워하는 느낌을 가질 수 있으며, 당신이 만약 격리된 탱크에 갇혔다면, 심장을 통해 자기 심장박동을 느끼고 들을 수 있으며, 폐를 통해 가파른 언덕을 오를 때 숨이 차는 것을 느낄 수 있으며, 방광을 통해 소변이 급하게 마려울 때를 알 수 있고, 장을 통해서도 느끼는 감각이 있다. 당신은 그러한 장기들이 불편해서 고통스러운 경보를 울리거나, 또는 요가 수업 중 집중할 때를 제외하고는 보통 이러한 감각을 의식하지 못한다. 그리고 그렇게 다양한 종류의 각성 및 오르가슴과 관련된 성적 감각 전체의 현상적 공간도 있다. 불행히도 이러한 쾌락의 느낌은 일반적으로 일시적이다. 내가 아는 한 아무도 만성적인 쾌락을 경험하지 못하지만, 많은 사람이 만성적인 고통에 괴로워한다.[3]

멀리서 새를 보는 것 같은 외부 경험과, 치아 사이에 무언가 끼어 있는 것을 느끼는 것 같은 내부 경험 사이의 경계는 유동적인데, 예를 들어 촉각은 피부에 내장된 수용기에 의해 일어나며, 외부와 내부의 세계 모두에 관여한다.

종합적으로 이러한 여러 신체적 센서는 (공간적으로 확장되고, 고도로 활동적이며, 관절로 연결된) 신체적 경험을 구축해 준다. 이런 일련의 감각들은, 당신이 바라보는 세계의 시각적 총체가 자신을 어느 공간에 위치시키는 만큼, 당신을 물리적 세계에 고정시킨다.

우리는 신체를 다치거나 염증이 생기거나, 또는 공격을 받을 경우 통증을 느낀다. 이러한 경험들은 그 영향을 받는 기관에 따라서 서로 다른 주관적 특징을 지닌다. 예를 들어, 편두통은 치통, 발목 접질림, 심한 복통 등과는 다르게 느껴진다. 통증에는 심리학자들이 부정적 정서가(negative valence) 또는 부정적 정서라고 부르는 아픔이 있다. 불쾌한 느낌은 일시적이고 약한 자극에서부터 오래 지속되고 끔찍한 것에 이르기까지 그 강도가 다양하다.

내수용 지각은 일종의 자기감시라고 생각하면 된다. 한동안 물을 마시지 않거나 물집이 생기는 등 문제가 발생하면, 당신의 신경계는 경보를 알려 준다. 이것은 마치 자동차 계기판의 연료 표시등이 빨강으로 바뀌어 연료가 부족하다는 것을 알려 주는 것과 같다.

자기 인식 또는 자아의식은 자신의 욕구와 감정에 대한 주관적 경험이다. 그런 자각의 가장 두드러진 특징은, 모든 사람이 그렇지는 못하지만, 자기 머릿속 목소리이다. 그런 목소리는 자신과 주변 사람들에 관해서, 자신들의 외모와 행동, 동기, 그리고 자신이 처한 환경에 대한 내면의 독백을 이어간다. 그 목소리는 반추해 판단하며, 과거 사건을 곱씹어 보고, 불공평하다고 인식된 것에 거슬리고, 일어날지도 모를 나쁜 일을 상상하며 걱정하고, 미래에 어떻게 할지 예행연습한다.

이러한 "나(I)"는 끊임없는 침묵으로 자신이 소리 내어 말할 때보다 약 열 배 더 빠르게 수다 떨며, 성인으로 성장함에 따라 점점 더 지배적인 역할을 담당한다.[4]

그런 자아는 자신의 경험에 대해 알 수 있어서, "음, 내 발가락이 아프네. 신발을 좀 더 큰 사이즈로 샀어야 했는데"라고 말할 수 있다. 이것은 **메타의식**으로 어떤 경험에 대한 자기반성적 내성의 한 형태이며, 자아에 반영되는 의식이다. 이런 작용은 자신에게 재귀적으로 적용될 수 있다. 즉, 당신은 자신의 발가락이 아프다는 것을 의식하고 있음을 의식할 수 있다. 메타의식은 경험에 선별적으로 주의를 기울이고, 그 경험의 성격을 변화시키며, 더 두드러지게도 관여한다. 또한 전형적으로 메타의식은 이런 경험이 자신에게 좋은지 나쁜지 판단에도 관여한다. **마음 챙김**(Mindfulness)은 그 경험의 좋고 나쁨을 판단하지 않은 채, 지금 이 순간의 경험을 온전히 자각하는 수행이다. 그것은 단순히 경험 그대로를 받아들이고 자기중심에서 벗어나는(즉, 자신을 객관적으로 바라보려는) 행위이다.

자기에 대한 감각은 강력한 여러 인지능력들과 관련된다. 하나는 삽화적 기억, 즉 최근 또는 더 먼 과거의 자신과 관련된 사건("나는 작년 그 협의회에서 그를 만났다")에 대해 회상하는 능력이다. 이것이 바로 기억하는 자아 또는 자서전적 자아이다. 다른 하나는 내성, 즉 단기기억을 참조해 자신의 직장 동료에게 화를 냈던 이유를 스스로 설명하는 능력이다. 그렇지만 당신도 알듯이, 자신이 왜 그런 말을 했고 그런 행동을 했는지 진정한 동기를 추론하기란 쉽지 않다. 그것이 희망적 생각과 기타 인지적 편견으로 왜곡되기 때문이다.

무엇보다도 자아는 무언가를 원한다. 즉, 좋은 음식, 새 차, 아름다운 연인, 승진 등을 원한다.[5] 이러한 욕구들은 여러 의도에 대한 느낌으로 표현된다. 자아와 관련된 다른 경험은 행위자(agency)("내가 그 결정을 했다")와 소유자(ownership)("방아쇠를 당긴 것은 내 손가락이었다")를 포함한다. 이러한 경험들 각각은 고유한 맛을 지니며 어느 정도 뚜렷할 수 있다.

나이가 들수록 이러한 경험들을 구분하고, 그것들을 서로 연관시키는 능력이 향상된다. 당신의 '자기 앎'이 성장하고, 자신의 여러 감정들, 심지어 미묘한 것들까지 더 잘 이해하게 되면, 자신의 행동과 말에서 자주 감춰지거나 은밀했던 원인을 추론할 수 있게 된다. 이러한 당신의 자기 감각의 개선은 성숙과 함께 찾아오는, 더 현명하게 나이 들게 하는 소중한 특성이다.

"할머니를 한동안 못 뵈었다"와 같은 생각이 할머니 얼굴을 상상하는 것 이상의 느낌인지 여부는 아직 명확하지 않다. 실제로 일부 심리학자들의 주장에 따르면 대부분의 사고는 비의식적으로 이루어진다. 의식적으로 접근할 수 있는 것은 이러한 생각이 뇌의 시각, 청각, 또는 언어처리계에 투영될 때뿐이다. 예를 들어, 당신이 "베네치아행 비행기 표를 예매해야겠어"라는 생각과 함께 베네치아의 석호, 비행기, 이탈리아 지도 등의 이미지를 떠올릴 때, 그러한 여행을 계획하고 그 계획을 실행에 옮기는 인지적 작업은 의식의 주목을 받지 못한 채 이루어진다.[6]

깨어 있든 꿈꾸는 중이든, 외적 및 내적 지각은 주야간 생활의 발판을 구성한다. 물론 경험은 현재에만 국한되지 않는다. 당신은 과거를 돌아보며, 연인과 함께한 저녁 식사 기억을 애틋하게 추억하거나, 동료와의 언쟁에 대해 괴로워할 수 있다. 그리고 미래를 상상하면서 업무 계획을 짜거나, 섹스에 대해 공상할 수도 있다. 이러한 정신활동들, 즉 과거에 일어난, 일어날 뻔했던, 또는 일어날 수도 있었던 일과 관련된 정신활동들은 당신의 인생 영화를 과거 또는 미래로 재생하거나 또는 다른 장면을 삽입하기도 한다. 대부분의 경우에 그러한 정신적 시간 여행은 시공간적 이미지와 내면의 대화가 지배적이다. 당신은 머릿속에서 무언가를 보고 듣지만, 그것들의 냄새를 맡거나 맛을 느끼거나 또는 유령 같은 촉감을 느끼는 경우는 극히 드물다.

감정의 세계

두 번째 넓은 범주의 의식적 경험은 전통적으로 느낌이라 불리는 감정과 관련한다. 그것들은 분노, 혐오, 두려움, 행복, 슬픔, 놀라움 등과 같은 기본적인 감정에서부터 수용, 나태, 애착, 방황, 유쾌, 화남, 불안, 고뇌, 성가심, 기대, 불안, 무관심, 각성, 경외 등 (단지 a로 시작하는 것들만 골랐다)에 이르기까지 다양한 혼합 감정들이 있다.

전 세계가 코로나19 팬데믹과 핵무장한 러시아와 우크라이나 간 전쟁을 겪으면서, 우리는 불안과 우려에 익숙해졌다. 그런 감정은 특정 상황에서 발생하는 뇌 상태이다. 그런 감정은 (불안과 염려와 같은) 부정적인 느낌, (안절부절못함, 짜증, 금단증상, 불면과 같은) 원치 않는 행동, (고심, 집중력 저하, 과잉 비판적 자기 판단, 파국적 사고와 같은) 골치 아픈 인지적 효과, (두통, 막연한 복통 또는 메스꺼움, 가슴 두근거림, 호흡곤란 등을 포함하는) 수많은 신체 증상을 동반한다. 불안에 대해 참인 것(나타나는 증세)이 어느 감정에서도 유지된다. 각각의 감정은 의식적 느낌, 행동, 인지적 양태, 생리적 효과 등 전체적 요소로 구성된다.

감정은 자신에게 국한되지 않는다. 공감(Empathy), 즉 (가족, 친구, 낯선 사람, 반려동물, 심지어 야생동물에 이르기까지) 타자가 겪는 것을 대리적으로 느끼는 능력은 전형적인 사회적 감정으로, 인간이 대규모 집단에서 비교적 평화롭게 살아갈 수 있게 해주는 접착제이다. 모든 생물의 고통에 대한 연민을 의도적으로 발전시킨 것은 인간성의 결점을 보완하는 특징 중 하나이다.

"순수한 분노"와 같은 감정을 단독으로 경험하는 경우는 거의 없다. 대부분의 느낌은 복합적이다. **사우다데**(saudade)를 예로 들어 보자.[7] 이것은 포르투갈어로 따뜻한 불빛과 다정한 추억이 깃든 어린 시절 고향의 안락함처럼 돌이킬 수 없이 잃어버린 것에 대한 그리움을 뜻하는 단어이다[그 전형적인 것이 '에트 인 아르카디아 에고(et in arcadia ego)']. 포르투갈에는 **사우다데**를 대표하는 **파두**(fado)라는 음악 장르가 있다. 그 장르에는 슬픔, 그리움, 후회, 향수, 불안, 두려움 등의 감정이 혼합되어 있다.

감정과 지각은 몇 가지 측면에서 다르다. 지각은 수명이 짧지만(예를 들어 매운 냄새나 자동차 엔진 소리와 같은 지속적인 자극에 금방 적응해서, 그 냄새를 맡거나 듣지 못할 수 있지만), 느낌은 일반적으로 서서히 몰려오고 사라지며, 오랫동안 지속될 수 있다. 어느 순간 감정은 왕자웨이 감독의 대표 영화 〈화양연화〉처럼 특정한 기분(마음가짐)이 된다.

지각은 대체로 좋거나 나쁘게 경험되지 않는다. 종종 어느 이미지, 노래, 냄새 등이 강력한 긍정적 또는 부정적 감정과 함께 기억을 불러일으키기도 하지만, 그러한 연상이 제거된 지각은 감정을 나타내는 정서적 요소를 갖지 않으며, 보는 것과 듣는 것이 중립적으로 경험된다. 반면에 감정은 그 유발 요소에 의해 규정되며, 공포 같이 부정적일 수 있거나, 또는 낭만적인 사랑 같이 긍정적일 수 있다. 그 연상적 정서는 매력적인 사무실 인턴과 시시덕거릴 때 느끼는 가벼운 설렘에서부터, 직장과 결혼을 위협할 수 있는 압도적인 불륜(*affaire de coeur*)에 이르기까지 다양한 범위에 걸쳐 있다. 그러한 강한 감정이 파괴적으로 변하지 않도록 충동을 조절하려면 상당한 노력이 필요하다. 많은 문학, 영화, 오페라, 삶 그 자체가 이러한 자기조절을 하지 못해 일어나는 드라마에 관한 이야기들이다.

비록 충분히 평가되고 있지는 않지만, 현대문명의 자비로운 혜택인 마취, 소독, 효과적인 (때로는 중독성이 있는) 진통제의 발명으로 인해 이전 세대처럼 염증, 감염, 외상으로 인한 급성통증의 경험에 삶이 지배되지 않게 되었다. 남은 것은 (사랑하는 사람의 죽음, 실직, 외상적인 사건, 사회적 고립, 어떤 형태든 차별 같은) 외적 사건에 대한 반응이든, (우울증, 불안장애, 또는 원치 않는 침입적 생각 같은) 내인성 원인에 의한 것이든, 만성적 통증과 광범위한 정서적 통증이다. 감정적 고뇌는 그 피해자의 삶을 지배할 수 있으며, 위안을 얻으려 알코올, 약물, 폭력, 또는 자살을 찾게 만든다.

지각과 감정의 구분은 유동적이며 맥락에 따라 달라진다. 통증을 예로 들어 보자. 불타는 나무조각이 예기치 않게 발등에 떨어지는 것과 같은 자극은, 즉각적인 움츠림과 날카로운 따가움을 일으킨다. 아야! 아파! 그렇지만, 경기 중이나 전장 같이 힘든 상황에서는 이러한 부상을 알아차리지 못할 수 있다. 내 경우에, 절벽이나 시에라 산맥의 높은 산등성이처럼 가파른 내리막길에서 달리기를 할 때, 정신이 완전히 집중되고 편안해지면서, 이런 일이 발생하곤 한다. 또는 젊은 시절 큰 벽을 오르며 발가락이나 손가락을 작은 홈에 끼우기 위해 집중할 때, 그 고비를 넘길 때까지 찰과상과 상처를 알아채지 못하곤 했다. 물론 그 고비를 넘긴 후 아드레날린은 줄어든다.

신체적 손상과 통증 사이의 분리를 보여 주는 극단적 사례는, 남베트남 정권의 불교 탄압 운동에 저항하기 위해 1963년 승려 틱꽝득(Thich Quang Duc)이 분신한 사건이다. 그 모습이 사진에 찍혀서 베트남전쟁의 가장 잘 알려진 이미지 중 하나로 남아 있다. 이 사건이 매우 특별한 이유는 그의 행동이 침착하고 신중하게 이루어졌다는 점이다. 불이 몸을 집어삼킬 때 꽝득은, 그의 검게 그을린 시신이 쓰러질 때까지, 어떤 움직임도 어떤 소리도 내지 않고 완벽한 연꽃 자세를 유지했다. 이것은 정신이 육체보다 우위에 있다는 놀라운 증거이다.

그 반대의 경우, 신체적 손상이 없는 고통은 어떠한가? 오랜 관계와의 이별은 공허함, 후회, 분노, 상처, 그리움 등의 감정으로 이어진다. 록 그룹 나자레스(Nazareth)가 〈러브 허츠(Love Hurts)〉라는 노래에서 외치는 비통한 마음은, 자기 스캐너를 통해 감지될 정도의 신체적 통증에 대한 뇌의 표상(representation)을 메아리로 울려 준다.[8] 사회적 붕괴의 한 모습은, 자살, 약물 과다 복용, 알코올중독 등으로 농촌 노동계급의 "절망스러운 죽음"이 급증하는 유행에서 보여 주듯, 미국을 괴롭히는 중이다. 그들 삶의 경험은 고통스럽고 만성적으로 암울하며, 그들을 자기파괴적 행동으로 이끈다. 이는 미국인 기대수명의 충격적 감소의 주요 원인이다.[9]

이처럼 주관적 통증과 객관적 신체 손상은 일반적으로 관련이 있지만, 이 둘은 분리될 수도 있다. 사람들은 통증 없는 신체적 외상(트라우마)를 가질 수 있으며, 반대로 부상이나 통증 자극 없이도 관계의 상실로 인한 정서적 외상이 일어날 수도 있다.

의식의 흐름

만성적인 통증과 괴로움을 제외한다면, 보통 의식의 내용은 일순간 사라진다. 명상을 해 본 사람이라면 누구나 잘 알겠지만, 마음을 가만히 붙든다는 것이 의외로 어렵다. 경험은 수명이 짧다. 벌새처럼, 마음은 끊임없이 이리저리 날아다닌다. 엄마에게 전화하고 싶은 생각에서부터, 라디오에서 흘러나오는 노래로, 어린 시절의 불쾌한 사건으로, 또는 어느 영화의 어떤 한 장면으로, 의식의 통제를 무시하고 옮겨 간다. 의식적 마음이 지금 여기에 머물게 하려면 수년간의 정신적 훈련이 필요하다. 이것이 바로 명상에서 오로지 콧구멍으로 숨을 들이마시는 호흡에 집중하는 이유이며, 그래서 매우 어렵다.

이것이 바로 윌리엄 제임스가 의식의 흐름에 대한 은유에서 감정이 마치 물처럼 더 빠르게 또는 더 느리게 오르내리며 흐른다고 말했던 이유 중 하나이다. 예술은 이런 현상을 많이 활용해 왔다.

제임스의 작품보다 수십 년 전, 리하르트 바그너는 그의 대표적 오페라 〈발퀴레(The Valkyrie)〉와 〈신들의 황혼(Twilight of the

Gods)〉에서 끊임없이 반복, 확장되는 소리의 지평으로 이러한 은유를 예시하면서, 다양한 목소리, 악상, 선율을 공감, 욕망, 사랑, 공포, 증오, 분노, 권력에의 의지, 후회, 연민 등을 아우르는 거대한 흐름에 짜 넣어, 삶 그 자체처럼 합쳐지고 흩어지고, 흥하고 쇠퇴하고, 오르내리며 계속 흐르도록 만들었다.[10] 반세기 후 마르셀 프루스트(Marcel Proust), 버지니아 울프(Virginia Woolf), 제임스 조이스(James Joyce)는 의식의 흐름에 대한 문학적 등가물을 화자(서술자)의 내적독백으로 완벽히 표현하곤 했다.

21세기에 사는 사람으로서 우리가 이런 의식 흐름을 자발적으로 경험하는 경우는 극히 드물다. 당신은 잠시 아무것도 하지 않을 때면 마치 중독자처럼 휴대전화를 찾는다. 그리고 심지어 당신이 어떤 일을 할 때, 예를 들어 컴퓨터 작업, 팟캐스트 청취, 설거지, 운전을 하는 중에도 당신의 주의집중은 흩어지며, 당신의 마음은 더 즐거운 영역이나 더 긴급한 일을 찾아 나선다. 고전적인 일상생각실험(classical daydreaming experiment)으로, 사람들에게 스마트폰용 앱을 통해 매 순간 무엇을 하고 무엇을 생각하는지, 기분이 어떤지 등을 무작위로 질문해 보았다. 그 결과 놀라운 사실이 드러났다. 마음의 유랑은 주어진 시간의 거의 절반에, 그리고 대부분의 활동 중(섹스 중일 때만 예외)에 일어났다. 즉, 일에 덜 몰입할수록 마음은 더 많이 유랑한다.[11]

의식 흐름의 은유는 강력하지만, 적어도 세 가지 측면에서는 부적절한 은유이다. 첫째, 경험하는 각각의 "지금"이 시간적으로 불연속한 스냅사진이며, 마치 영화필름을 보는 것과 같이 본질적으로 정지 장면들의 연속이고, 그 각각의 정지프레임은 다음 프레임으로 빠르게 교체된다는 것을 암시하는 증거가 있다. 시간적으로 매 순간이 얼마나 오래 지속되는지는 주의집중, 각성 동기에 따라 달라질 수 있다는 것이다. 이것은 사고, 낙상, 또는 기타 생명을 위협하는 사건 등의 맥락에서 보고된 연장된 시간의 순간을 설명해 준다. 예를 들어, "떨어지면서, 나는 눈앞에 내 인생이 번쩍이며 비추는 것을 보았다" 또는 "그가 총을 들고 나를 조준하는 데 한참이 걸렸다"라는 경험을 설명해 준다.[12] 둘째, 더 느린 혹은 더 빠른, 시간의 흐름에 대한 의식이 완전히 멈출 수 있다. 몇 페이지 앞에서 다루었듯이, 마치 환각 체험에서처럼 시간의 흐름이 완전히 중단될 수 있다. 셋째, 의식 흐름의 물결, 더 정확히 말해서 목걸이의 진주처럼 의식적인 순간의 끈이 잠이 들었을 때 무의식적 에피소드에 의해 주기적으로 중단되기도 한다. 깨어 있음에서 수면으로, 즉 존재에서 비존재로 전환하는 이런 순간을 포착하기란 어려운 일이다. 당신은 한순간에 존재하다가 더 이상 존재하지 않게 된다. 소설가 무라카미 하루키는 그것을 이렇게 시적으로 표현했다. "나는 자신을 진정시키고, 눈을 감고, 잠이 들었다. 그 밤의 마지막 열차처럼, 의식의 후미등 불이 저 멀리 희미해지기 시작했고, 점점 속도를 올리면서 작아지다가 마침내 깊은 밤으로 빨려 들어가 사라지고 말았다."

반대로 당신은 깊은 잠에서 깨어날 때 마치 자신이 아무 곳에서도 존재하지 않았다가 나타나는 것처럼 느낄 것이다. 실제로 수면 실험실에서 깊은 수면에 든 지원자(피시험자)를 깨워서 깨어나기 직전 무슨 생각을 했었는지를 물어보면, 전형적으로 "아무 생각도 하지 않았습니다"라고 말한다. 이처럼 의식적 마음은 깊은 수면 중에는 소멸되어 있다.

다른 가능한 해석으로, 어쩌면 당신은 의식을 가지고 있었지만 그것을 잊었을 수도 있다. 이런 일은 당신이 과음으로 인해 필름이 끊겨 어젯밤 술자리에서 한 말이나 행동을 나중에 필사적으로 기억하려고 할 때, 또는 수술 수준의 마취보다 얕은 프로포폴(propofol) 진정제를 맞았을 때 일어날 수 있으며, 그때 당신은 확실히 의식이 없다. 두 경우 모두 각성을 감소시키고 기억 인코딩(memory encoding)을 방해하지만, 반드시 앎을 제거하는 것은 아니다. 프로포폴은 대장내시경 같은 경미한 외과 조치에 유용한데, 환자가 지시에 의도적으로 반응하고 스스로 호흡할 수 있지만 아무것도 기억하지 못하기 때문이다. 따라서 기억은, 의식을 다른 과정과 분리하려 할 때 통제해야 할 또 다른 변수이다.[13]

수면 중, 보통 눈동자가 특정한 방식으로 움직일 때, 즉 급속안구운동수면 또는 렘수면(REM sleep)으로 불리는 단계에서 몸이 잠자는 동안 마음은 배회한다. 예를 들어, 놀이하고 탐험하고 싸우고 사랑한다. 꿈의 내용은 주로 시공간적이며, 당신은 상상하거나 실재하는 장면을 보거나 듣는다. 보통은 (살아 있거나 죽은) 사람과 반려동물이 거주하는 일상적인 내용이다. 꿈 대부분은 일상적 사건을 묘사하며, 다음 날에는 기괴한 꿈이나 사랑, 욕망, 두려움 또는 불안으로 강하게 채색된 꿈만 기억되는 경향이 있다. 꿈은 삶의 실제처럼 느껴진다. 꿈과 깨어 있는 의식 사이의 주요 차이점은 자아, 통찰력, 자기 성찰 등의 부재이다. 당신은 하늘을 날거나 벽을 통과하거나 오래전 죽은 반려동물, 연인, 부모, 형제자매 등을 만날 수 있다는 것에 놀라지 않는다.[14] 당신은 전혀 관여하지 않으면서, 마치 누군가 다른 사람이 연출하는 영화를 보고 있는 것과 같다.[15]

어떤 수면자들은 경우에 따라서 자신의 꿈속에서 "깨어나" 자신이 꿈을 꾸고 있다는 것을 인식하고, 사건을 제한적으로 통제하며 자신만의 "꿈의 감독"이 되기도 한다. 이러한 자각몽(lucid dreaming)은 크리스토퍼 놀란(Christopher Nolan) 감독의 영화 〈인셉션(Inception)〉에 등장하는 흥미로운 다단계 세계 구축 신화의 기초이다.[16] 일부 명상 전통에서는 꿈 요가(dream yoga)와 관련된 것을 수행하기도 한다. 안타깝게도 나는 꿈속에서 깨어난 적이 없어서 기댈 만한 어떤 직접적인 경험도 없다. 일부 수면 연구 실험실에서는 자각몽을 꾸는 사람이 잠을 자는 동안에, 통제된 안구운동(눈동자를 좌우로 세 번 움직이는)을 통해 침대 옆의 관찰자와 소통하도록 훈련하며, 이런 특이한 의식 상태를 탐구하기도 한다.[17]

꿈은 대부분 일상적이고 주관적 경험의 속성을 지닌 뇌의 특별한 산물이다. 꿈꾸는 동안, 꿈은 삶 자체만큼이나 실제적이다. 우리는 꿈을 당연하게 여기지만, 그 기능은 여전히 신비로 남아 있다.

최근 연구는 삶의 놀라운 측면을 발견해 주었다. 신체가 잘 훈련된 임무, 예를 들어 운전, 설거지, 길고 무료한 업무용 메모 읽기 등을 수행하는 동안, 의식이 간헐적으로 부재한다는 것이다. 관찰자가 보기에 모든 것이 정상적으로 보이지만, 실제로 그 피험자는 멍한 상태에 있는 것이다.[18] 이런 멍한 상태가 몇 초에서 1분 이상 지속되는 동안, 사람은 경험하고 있는 것을 설명하지 못한다. 그들의 마음은 아무 내용이 없거나 오프라인 상태인 것이다. 자기 내면의 삶에 주의를 기울이는 훈련을 하다 보면, 당신은 아무것도 지각하지 못한 채 한 지점을 멍하니 응시하는 자신을 발견할 수 있다. 마음 공백(mind blanking)의 빈도와 지속시간은 수면 부족에 따라 증가하며, 실제로 미세 수면(micro sleep)의 증상 또는 국소 수면(local sleep)이라 불리는 현상이 나타날 수 있는데, 그 경우 누적된 수면 압력으로 인해 뇌의 일부 영역이 오프라인 상태가 된다.[19]

그렇게 마음 공백과 앞서 논의한 마음 유랑 사이에, 당신은 깨어 있는 시간 대부분을 멍때리거나 공상하며 지낸다!

항상 연결된 (현대 도시) 문화에서 흔히 접하기 힘든 게으름, 나른함, 권태, 지루함, 무료함, 무관심의 상태는 별다른 동기 없이 시간이 흘러가도록 내버려두는 상태이다. 그것은 의도적인 게으름뱅이의 마음가짐으로, 그런 사람은 시간을 낭비하는 경험을 즐기면서 빈둥거린다. 오티스 레딩(Otis Redding)은 이렇게 노래한다.

나는 그 포구 부두에 앉아
밀려가는 파도를 지켜보며, 오

난 그저 그 포구 부두에 앉아서
시간을 보냈지

현대는 멈춤을 비난하고, 그저 존재하며 (흘러가는) 세계를 바라보는 것을 혐오하며, 분주함을 선호한다. 이런 삶의 태도는 웰빙(well-being)에 부정적 영향을 미친다.

자아 상실과 신비적 체험

끝으로, 정상적인 삶에서 드물게 어느 정도의 명료함과 함께 오는 의식적 경험의 종류가 있다. 대체로 이런 경험은 지난 세기까지 과학에서 부정되었고, 그것에 대한 연구는 영성주의(spiritualism), 초자연적인 것(the paranormal), 밀교(the esoteric) 등이 교차하는 심리학의 지적 배후에 맡겨졌다. 그러나 이 경험들은 그런 종류의 것은 전혀 아니다. 이 경험들은 인간이 경험할 수 있는 것의 가장 극단적인 (드물지만 진정한) 주관적 현상이다. 그리고 그 핵심은 자아와 신체의 감각을 포함한 자아의 상실이다.

심리학자 미하이 칙센트미하이(Mihaly Csikszentmihalyi)가 연구한 개념이자 상태인 **몰입**(flow)을 생각해 보자. 몰입은 자신에 대해서는 희미하게만 알아차리면서 세계에 흠뻑 빠져 있는 정신상태이다. 나는 이 책을 쓸 때 비로소, 내가 평생 몰입과 그에 따른 자아 상실을 추구해 왔다는 것을 깨달았다. 젊은 시절 나는 구식 로큰롤 음악에 맞춰 몇 시간이고 춤추기를 좋아했다.

나의 댄스 파트너가 내 목에 손을 얹고 내 엉덩이 위로 뛰어오르면 나는 그를 들어 올려서 내 몸과 어깨 위로 돌렸고, 그는 내 다리 사이로 미끄러지곤 했는데 그 모든 동작은 음악에 맞춰 이루어졌다. 우리는 수분을 보충하기 위해 가끔 맥주를 마시는 것 외에, 클럽 문이 닫힐 때까지 약물이나 술 없이도 무아지경에 빠져 소리와 움직임의 교향곡에 빠져들었다. 그 밖에 몰입에 빠져드는 경우는, 큰 암벽을 등반하고 보트의 노를 젓고 자전거를 타고 밤낮으로 빽빽한 도심을 달리고 가파른 절벽을 따라 달리기를 하거나, 경영 훈련 중 파스타로 3D 구조물을 만드는 동안이었다.[20] 나는 이 모든 것들을 즐겼고 지금도 즐기고 있다. 다른 사람들은 달리기, 플라이낚시, 사냥, 격투 등을 하는 동안 몰입의 상태에 도달한다. 이 모든 활동에는 완전한 집중이 필요하며 모든 관심은 당면 과제에 집중되고, 시간은 팽팽한 현재로 느려지며 자아의 감각은 사라진다. 그러한 내면의 잔소리, 즉 자신의 실패를 끊임없이 상기시키고 모든 것에 대해 강박적으로 수다를 떨고 의견을 말하는, 자신의 개인적 비평은 잠잠해진다. 몰입은 깊은 만족감을 전달한다. 당신은 그 세계 속에 있으면서 그 세계의 일부가 되며, 그 순간 당신은 온전한 존재, 행복한 경험, 이타적인 은혜의 상태에 빠져든다.

운동선수와 군인 들은 몰입에 빠져들고 싶어 한다. 왜냐하면 "최상의 컨디션"을 가지려면, 외부의 방해 요소에서 벗어나 부드럽고 유연한 움직임으로 감각과 행동을 매끄럽게 통합해야 하며,

그렇게 해야 최고의 수행력을 발휘할 수 있기 때문이다. 당신은 훈련하고 또 훈련해서, 행동해야 할 순간이 오면 모든 것을 잊은 채 자신의 신체와 축적된 지혜를 믿어야 한다.

자아의 더 깊은 상실은 임사체험, 갑작스러운 개종, 신비적 체험, 깊은 명상에서 일어나며, 환각 물질의 섭취를 통해서도 일어난다(이것에 대해서는 뒤에서 자세히 다룬다). 이러한 자아 상실은 그 결과로 살아 있음과 세상과 하나 됨에 대한 감사의 여운을 오래 남긴다.

이런 체험을 겪는 동안, 의식의 흐름은 정지하고 제자리에 멈춘다. 사람들은 종종 거대하고 장엄하며 형언할 수 없는 어떤 존재의 출현을 보고한다. 철학자 아르투어 쇼펜하우어는 인도 베다 문학의 글을 인용하면서, "마야(Maya)의 베일을 뚫는 느낌"이라는 인상적인 문구를 사용했다. 그것은 바로 이러한 체험들이 궁극적인 실재와 직접 마주하는 느낌을 불러일으키기 때문이다.

어떤 사람들은 이러한 상태를 더 높은 의식 형태라고 생각한다. 어쩌면 그럴지도 모른다. 나는 그런 체험들이, 수천 달러나 되는 1928년산 샤토 라피트 로쉴드(Château Lafite Rothschild) 와인을 음미하는 것과 같이 희귀하다는 의미뿐만 아니라, 질적인 면에서 일상적인 경험과 다르다는 것을 전달하기 위해 전환적(transformative)이라 부르겠다. 그런 와인은 단순히 맛과 냄새에서 흔치 않은 (전형적인 보르도 와인보다 "개성"이 더 강하거나 여운이 더 긴) 변형인 반면, 전환적 체험은 평온함의 감각, 즉 '모든 것이 원래 그러하다'는 느낌을 전달하는 초월성을 성취한다.

이러한 경험은 자아의 감각이 소멸될 정도로 그 경험자의 삶을 변화시킨다. 항상 무언가를 원하고 욕구하고 두려워하는 "나"에게서 벗어난, 그런 "나"로서 세계를 경험한다는 것은 마음의 평화라는 값진 선물을 준다. 그런 경험의 흥미로운 특성을 고려해 볼 때, 전환적 체험과 그 치료적 및 실존적 이점에 대해서 뒤에서 다시 이야기할 필요가 있다.

이 책의 서론은 "내"가 존재하지 않게 된 사이의 체험을 묘사하며 시작했다. 이렇게 자아의 중력을 벗어나고 남은 투명하고 명료한 마음은 신체를 벗어난 의식이었다. 우리의 습관적 구분, 즉 나와 내 경험 사이, 이해한 자와 이해된 것 사이, 주체와 객체 사이, 아는 자와 알려진 것 사이의 구분이 사라진다. 일부 불교 명상 수행에서는 이러한 중심 없는 상태를 비이원적 의식 상태라고 부른다.

이것은 경험이란 게 늘 무엇에 관한 것이어야만 하는지 질문을 낳는다. 도대체 아무것도 의식하지 않는다는 것이 가능한가? 만약 그러하다면, 그런 경험이 비의식 상태와 어떻게 다른가? 보고 듣고 두려워하고, 원하는 것을 포함하지 않는 경험이 있을 수 있는가? 이런 경험은 오랫동안 불교 명상을 수행한 사람들이 **삼매**(samadhi) 중 얻는 순수함 또는 날것의 알아챔, 즉 모든 정신적 내용을 완전히 중단하고, 의식이 무(無)의 광명에 멈출 때까지 의식을 고요하게 정지시키는 것이라고 묘사하는 것과 어느 정도 유사할 수 있다. 이것은 많은 영적 전통에서 공통된 추구이며, 끊임없이 변화하는 삶의 지각을 넘어서는, 즉 자아, 생각, 희망, 욕망,

두려움 등을 넘어서는 텅 빈 거울로서의 마음이다.

신비적 체험은 다른 경험들과 한 가지 특징을 공유한다. 예를 들어 차갑게 식은 피자 한 조각을 맛보는 것처럼, 그런 체험에는 형언할 수 없는, 즉 말로 표현할 수 없고 간파할 수 없는 무언가가 있다.[21]

철학자 토머스 네이글(Thomas Nagel)은 유명한 논문 「박쥐가 된다는 것은 어떤 것일까?」에서 이러한 표현 불가능성을 다음과 같이 공식화했다. "특정 유기체는 그 유기체가 되어야 하는 어떤 것, 즉 그 유기체와 같은 것이 있을 때 그리고 오직 그럴 경우에만(if and only if, 필요충분조건으로) 의식적인 정신상태를 갖는다." 이런 설명은 많은 사람의 눈에 의식에 대한 정의 수준에 이른 것으로 보이지만, 그것은 "박쥐가 느끼는" 것이 무엇을 의미하는지 아는 의식적인 독자를 전제한다. 첨단 인공지능과 같은 비의식적 존재가 의식에 대한 정의를 이해할 수 있는지 여부는, 다른 사람들이 이 주제에 대해 쓴 내용을 굳이 되새길 것도 없이 여전히 답이 없으며 아마 답할 수도 없을 것이다.[22]

이 여행을 마무리하면서 나는 루트비히 비트겐슈타인(Ludwig Wittgenstein)의 말을 인용해, 어떤 형태의 의식이든 기적적으로 존재한다는 점을 다시 한번 강조한다.

의식이 어떻게 존재하는지는 신비적이나, 그것은 존재한다.[23]

당신이 삶에서 느끼는 방식으로 직접 안다는 것은, 설명을 요

구하는 세계에 관한 냉혹한 사실이다.✥

그러나 당신과 나는 정말 삶에 대해 비슷하게 느끼는 것인가? 우리는 같은 세계, 공통의 실재를 경험하는가, 아니면 우리가 모나드(monads)와 같이 스스로 폐쇄된 존재로서, 각기 다른 실재를 경험하는가? 이것이 바로 우리가 다음에 살펴볼 내용이다.✥✥

✥ 당신의 경험에 대해, 그것이 직접경험이므로 설명이 필요치 않다고 생각할지 모르지만 사실 그렇지 않다. 일찍이 플라톤은 우리가 기하학적 도형에 대한 추상적 개념을 선험적으로(*a priori*) 알고 있어, 세계를 기하학적으로 지각할 수 있다고 보았다. 또한 칸트는 우리가 무엇을 지각하려면 그 지각을 판단하기 위한 범주 체계를 가져야 한다고 보았다. 즉, 범주를 통한 지각만이 가능하다. 전통적으로 철학자들은 이러한 감각적 지각을 위해 우리가 알고 있는 지식이 있다고 보았지만, 버트런드 러셀을 계승 발전시킨 전기의 비트겐슈타인은 우리의 경험을 문장으로 표현할 수 있으며, 그런 표현은 직접경험의 산물이므로 증명이 필요치 않은 증거라고 보았다. 그런 입장을 계승했던 19세기 말에서 20세기 전반기의 논리실증주의, 즉 빈학파 과학자들과 과학철학자들은 우리의 직접 경험으로 모든 지식을 구성할 수 있다고 보았다. 그러나 그들 스스로 그것을 검토하는 과정에서, 그 문제점을 심각하게 보았다. 그 구성원이면서 동시에 미국 프래그머티즘 철학을 계승한 하버드의 철학자 콰인(W. V. O. Quine)은 결코 순수한 직접경험이란 불가능하다고 보았다. 우리는 배경믿음체계에 의해서만 세계를 경험할 뿐이다.

✥✥ 라이프니츠가 제안한 '모나드'란 더 이상 나눌 수 없는 단순한 실체로, 그렇다고 그것이 물리적 형태나 크기가 있는 것은 아니며, 비물리적인 영적 존재이다. 그는 모든 존재가 모나드로 구성되었다고 주장했다. 그런 모나드들은 상호작용하지 않지만, 신에 의해 조화롭게 우주를 구성하고 그런 우주 전체가 작동된다고 그는 가정한다.

2장 의식 경험의 다양성

3

Then
I Am Myself
the World

우리는 각자 자신만의 실재를 경험한다

사물은 그 자체의 본성에 의해 알려진다기보다
그것을 이해하는 사람의 본성에 의해 알려진다.

— 보에티우스(Boëthius), 『철학의 위로(The Consolation of Philosophy)』

3

**우리는
각자
자신만의
실재를
경험한다**

우리 각자가 자신만의 세계를 경험한다는 것은, 2015년 소셜미디어에서 폭발적 인기를 끌며 입소문을 탄 〈더드레스(TheDress)〉에서 적나라하게 드러난다. 이 인터넷 밈(meme)을 구글에서 검색해 보라. 결혼식에서 입는 가로줄무늬 드레스의 빛바랜 사진은 그것의 색깔이 "흰색 바탕에 금색 레이스"인지 아니면 "파란색 바탕에 검정색 레이스"인지를 두고 친구와 가족들 사이에서 격렬한 논쟁을 불러일으킨다. 〈더드레스〉는 토끼나 오리, 노인이나 젊은 여성, 그리고 두 방향 중 하나로 보이는 육면체 등등과 같이 모든 사람이 이중적 착각을 일으키는 것과 다르다. 그렇다. 나를 비롯한 많은 사람은 그 드레스가 분명히 흰색과 금색이라고 주장하는 반면, 마찬가지로 다른 이들은 그것이 파란색과 검정색이라고 강하게 주장한다. 당신의 가족들과 친구들에게 이 드레스가 무슨 색으로 보이는지 물어보라. 놀랍게도 그들은 그 단순한 물체를 서로 다르게 지각한다.

〈더드레스〉는 구체적인 현상학적 교훈을 제공한다. "드레스의 실제 색깔이 무엇인지" 묻는 질문에 대한 "객관적인" 답은 없는데, 색깔은 그것을 보는 사람의 마음속에서 만들어지는 구성물이기 때문이다.[1] 철학자 이마누엘 칸트(Immanuel Kant)가 말했듯이 다스 딩 안 지히(*das Ding an sich*), 즉, "물자체"에 우리는 접근할 수 없다. 과학적으로 설명하자면, 옷감을 광원, 즉 태양빛에 노출시키면, 그 광자가 옷감의 미세구조에 따라 복잡한 방식으로 그 드레스에서 반사된다. 그러한 광자 일부가 사람의 눈으로 들어가고 [안구 망막의] 세 가지 다른 광색소 집단에 흡수된다. 그러한 출력에 대해 시각 두뇌는 그 드레스 표면과 관련된 색깔이라는 이름표를 계산적으로 찾아낸다. 그것은 뇌에 노출된 시각적 환경으로 형성되는 선험적 가정에 기반하며, 서로 다른 뇌들은 그 장면의 주변 밝기에 대해 서로 다른 가정에 따라 서로 다른 답을 내놓는다. 이 모든 과정은 매우 자동적이며, 힘들이지 않고서 비의식적으로 이루어진다.[2]

우리가 "실재"라고 여기는 것이 사람마다 현저하게 다를 수 있다는 것은 그다지 잘 알려져 있지 않다. 그것이 〈더드레스〉를 이해하려는 맥락에서 흥미롭게 들릴 수도 있지만, 실재에 대한 그 가변적 본성은 우리가 사회 및 정치 영역에서 자신과 타인에 대해 생각하는 방식에 덜 유쾌하고 어두운 영향을 미치기도 한다.✢

✢ 정치적으로 보수와 진보 진영의 사람들은 이미 편향된 관점 또는 가정을 가져서, 그것에 따라 어떤 사건도 편향적으로 바라보기 쉽다.

수십억 맞춤형 실재

호모사피엔스라는 종은 게놈(genome)에 의해 정의된다. 한 글자도 빠뜨리거나 틀리지 않고 몇 번이고 완벽하게 복사될 수 있는 디지털 문서와 달리, 게놈은 그 정보가 부모로부터 자손에게 전달되는 과정에서 무작위 돌연변이와 복사 오류가 발생할 수 있다. 이것을 유전자 복권에 비유해서 말하자면, 우리는 대략 아버지 유전자의 절반과 어머니 유전자의 절반을 물려받지만, 그 둘 중 어느 것을 더 물려받을지는 뒤섞은 카드 한 벌처럼 무작위로 결정된다. 우리 모두는 어떤 사람이 될 수 있을지에 대한 자연의 사용 설명서를 뉴클레오티드 1000개 중 대략 하나씩 다르게 가진다. 이러한 "복사 오류"는 버그(bug)가 아니라 특징이다. 이것은 다양한 게놈을 지닌 자손이 자연선택에 의한 진화의 힘으로 형성된 원재료이기 때문이다. 일부는 특정 생태 서식지에 더 잘 적응할 수 있지만, 대부분은 중립적이거나 더 나쁠 수도 있다. 전자의 개체는 생존확률이 높지만 후자의 개체는 생존확률이 낮아서, 다음 세대에 게놈을 물려줄 가능성에도 차이가 난다.

이러한 유전적 차이는 우리가 성장하는 독특한 환경에 따라 중첩되고 증폭된다. 극적인 사건들, 즉 생애의 초기 또는 이전 세대의 영양실조와 같은 사건은 **후성유전학**(epigenetics)이란 것을 통해 게놈에 직접적으로 작용한다. 학대와 처벌은 신경세포를 연결하고 장식하는 시냅스 덤불을 조각함으로써, 기억에 그 흔적을 남긴다. 뇌는 양피지 사본과 같아서, 외상(트라우마)의 기억을 겹쳐 쓰거나 지울 수는 있지만 완전히 잊히지는 않는다. 우리는 "본성"과 "양육" 모두에 의해 형성된다. 강력한 학습 알고리즘은 우리를 다양한 물리적, 사회적, 언어적 환경에 적응하고, 유능한 성인으로 성숙할 수 있게 해 준다.

그렇게 되기 위한 기반은 **신경 가소성**이며, 이것은 동물과 사람이 재능을 습득하고 새로운 언어를 학습하며, 기억을 쌓고, 사지를 잃어도 적응할 수 있다는 관찰을 가리키는 유행어이다. 이러한 신경계의 유연성은 아기와 어린이에게 가장 두드러지게 나타나지만, 건강한 노화까지 전 생애에 걸쳐 지속된다. 도공이 유연한 점토를 도자기로 빚어내듯, 당신의 일생은 당신을 독특한 개인으로 만든다.

신경 가소성은 중추신경계라는 기초 구조물에 적절한 변화를 일으켜서 나타난다. 인간의 경우, 생쥐와 달리 출생 후 새로운 뉴런이 거의 형성되지 않는다.[3] 당신의 뇌는 새로운 세포를 추가하는 대신, 그 연결의 강도 또는 시냅스 "가중치(weight)"를 높이거나 낮추는 조정을 통해, 어느 한 뉴런이 그것에 연결되는 뉴런에 미치는 영향력을 확장한다. 우리는 자전거를 타거나 피아노를 연주하고, 중국어나 영어의 구문과 의미를 익히고, 집단주의나 개인주의 같은 문화적 태도를 흡수하고, 중요한 사건을 기억한다. 실제로 시냅스 가중치를 업데이트하는 것은, 챗GPT와 그 유사 인공지능을 뒷받침하는 대규모 언어 모델 같은 심층 신경망(deep neural networks)이 학습하는 방식이다.

미성숙한 뇌는 마치 스펀지처럼 가족, 친구, 집단 내 특권층,

그리고 "잘못된" 쪽에서 살아가는 불우한 아웃사이더 등에 관한 말과 무언의 규칙 그리고 편견 등을 쉽게 흡수한다. 또한 젊고 매우 유연한 뇌는 의식적이든 무의식적이든 성차별, 인종차별, 그리고 다른 형태의 차별에 대한 단서를 포착한다. 베이즈 추론의 언어를 채용하는 이러한 **선행학습**(priors)은 유아기에까지 거슬러 올라가는, 유익하거나 상처 입은 개인적 경험에 의해 형성되며, 그것이 어린아이와 성숙한 성인이 타인의 외모, 행동, 말하는 패턴 및 다른 문화적 기표(signifiers)에 따라 반응하는 방식을 제약한다. 종합적으로 이러한 선행학습은 신체적, 사회적 실재에 대한 우리의 관점을 결정한다.

신경 가소성은 건강한 노년까지 지속되지만, 우리가 더 경직되고 우리의 뇌가 더 "고착화"됨에 따라 감소한다. 이것은 마치 우리의 방식이 점점 더 굳어지는 것과 같으며, 결국 우리는 이렇게 말하게 된다. "늙은 개에게 새로운 재주를 가르칠 수 없다." 이것은 우리가 어릴 때 그다지 노력하지 않아도 새로운 언어를 흡수하지만, 어른이 되어서는 어려움을 겪는 이유를 설명해 준다. 신경 가소성은 만성 스트레스나 우울증 및 기타 정신장애로 인해 둔화되지만 환각 체험 후 증가될 수도 있다.[4]

뇌과학자들은 자주 신화 속 생물, 신경전형인(the neurotypical)을 자주 언급한다. 성별이 불특정한 이런 개체는 **호모사피엔스**의 전형적인 구성원으로, 눈, 귀, 그리고 기타 감각기관과 "정상적" 뇌를 모두 갖추고 태어난다. 앞 장에서는 이러한 신경전형인의 경험에 대해 설명했다. 그렇지만, 한때 1킬로그램의 질량을 정의

했던 파리의 진공실에 숨겨진 백금 이리듐 원통인 "표준 킬로그램"과는 달리, 인간의 뇌에는 어떤 "표준"도 존재하지 않는다. 대신, 지구상에 살고 있는 80억 명 사람들 사이에 커다란 유전적 및 발달적 다양성이 존재하며, 그런 다양성은 그들 두뇌의 놀라운 다양성과 그들이 세계를 경험하는 방식에 반영된다.

색상을 예로 들어 보자. 우리 대부분은 원추형 광수용체(cone photoreceptors)로 세 가지 색소를 구분하는 삼색자(trichromats)이지만, 일부 여성은 독특한 네 가지 광색소를 구분하며, 우리 대부분이 영원히 볼 수 없는 미묘한 색조를 경험한다.[5] 남성 열네 명 중 한 명은 이색자(dichromats)이며, 흔히 색맹(color-blind)으로 분류되는 그들은 정상보다 적은 색깔을 경험하는데, 햇볕에 탄 피부를 알아보지 못하고, 빨강과 노랑 신호등을 구별하지 못하며, 잘 익은 과일을 찾지 못한다. 훨씬 덜 흔한 단색자(monochromats)는 회색 음영을 볼 뿐, 어떤 색깔도 보지 못한다.

저명한 신경과 전문의 올리버 색스(Oliver Sacks)는 『색맹의 섬(The Island of the Colorblind)』에서, 미크로네시아(Micronesia) 인근의 작은 산호섬 핀지랩(Pingelap)에 관해 썼다. 그곳 인구의 약 5퍼센트는 원추형 광수용체를 전혀 갖지 못한 희귀질환인 전색맹증(achromatopsia)이다. 대신에 그들은 야간시력에 사용되는 막대형 광수용체(rod photoreceptors)로 단지 밝기의 변화만을 감지한다. 1775년 이 산호섬은 태풍으로 인해 인구가 약 20명으로 줄어들었고, 그중 한 명이 전색맹증의 유전적 결함을 가지고 있는 것으로 추정된다. 전색맹증인 핀지랩 사람들은 밤이나 해 질 녘에 물고기를 잡고 헤엄치며, 밝은 빛 아래에서는 끊임없이 눈을 깜빡이는 경향을 가진다.

크누트 노르뷔(Knut Nordby)는 노르웨이의 시력 연구자로, 색맹인 그는 일기에 이렇게 썼다. "내가 학교에 입학했을 때 다른 아이들은 내가 볼 수 없는 것을 볼 수 있었다. 그들은 그것을 색깔이라고 불렀다. 그들은 나에게는 아무 의미 없는 이름으로 여러 사물들을 지칭했다. 나는 그것을 인정하지 않고 그런 이름을 사용하지 않으려 했고, 때로는 아주 이상한 실수를 하기도 했다."

무색자(achromats)에게 색상을 설명하는 것은 불가능하다. 왜냐하면, 색깔은 표면에 부착된 의미론적 표지 그 이상이기 때문이다. 펄럭이는 깃발이나 지는 해의 낙조를 볼 때 우리는 뭔가를 느끼는데 이것이 색깔의 **감각질**(quale, 복수로 qualia)이며, 이는 주황색을 보는 것과 보라색을 보는 것의 미묘한 차이나 마늘 냄새를 맡거나 젖은 수건을 만지는 것처럼 근본적으로 다른 독특한 느낌까지를 포함한다.

많은 사람이 양안(binocular)의 깊이 지각 능력이 없는 반면, 어떤 사람들은 모든 사물이 겹쳐 보이는 시각적 잡음(visual snow)을 보기도 한다. 어떤 사람들은 얼굴을 알아보지 못해 낯선 군중 속에서 배우자를 혼동하는 반면, 몇 년 전 단 한 번만 본 사람의 얼굴도 절대 잊지 않는 초인식자도 있다.[6] 이미지의 힘은 어떤 사람에게는 강력하고(**과심상증**, hyperphantasia), 아무것도 시각화할 수 없는(**무심상증**, aphantasia) 다른 사람에게는 미약한 수준이다.[7] 어떤 사람은 주로 그림으로 전체적 사고를 하며, 누군가는 추상적인 패턴으로, 다른 누군가는 단어나 기호들의 문자 나열로 사고한다.

항상 추위를 느끼는 사람이 있는 반면, 어떤 사람은 겨울에도 반바지를 입고 돌아다닌다. 누군가는 동일한 음식을 아무 맛도 없다고 느끼고, 다른 누군가는 동일한 음식을 너무 맵다고 느낀다. 감칠맛 수용기(umami taste receptors)가 없는 사람도 있고, 완벽한 음정을 가지고 태어나거나, 사람의 피지 냄새로 파킨슨병 환자와 건강한 사람을 구별하는 기이한 능력을 가진 사람도 있다.[8] 어떤 사람은 통증을 느끼지 못하는 상태로 태어나기도 하는데, 그것은 축복이라기보다 저주이다.[9] 또 비정상적인 내면의 목소리를 가지거나 내면의 목소리를 전혀 갖지 못하거나, 환각적이고 방해가 되는 목소리를 듣는 사람도 있다. 어떤 이들은 모든 생명체의 고통에 공감과 연민을 느끼는 감정이 고도로 발달되어 있는데, 어떤 이들은 고통을 가하는 데서 쾌감을 얻는 사이코패스(psychopaths)이다.[10] 어떤 이들은 낙관주의자이고, 어떤 이들은 영구적 비관론자이다. 그리고 우리 자신과 타인을 인식하고 판단하는 방식에 큰 영향을 미칠 수 있는 다양한 성적 정체성과 성별(genders)이 존재한다.

선천적으로 뛰어난 산소결합능력과 근력을 지닌 운동선수처럼 우리의 독특한 감각적 보완이 우리의 개성, 직업 선택, 인생의 과정에 영향을 미친다는 것을 우리는 잘 알 수 있다. 예를 들어, 어린 시절부터 올리버 색스는 사람들을 얼굴로 식별할 수 없었다. 난처한 상황을 회피하려고 그는 소극적이 되었고 사회적 적응에 힘겨워했다. 나는 그의 집에서 색스를 만나곤 했는데, 그때 그는 자신이 누구와 대화하는지 확실히 알았다. 즉 그의 수줍음은 자신의 안면인식장애(face blindness) 때문이지, 사람에 대한 배려가 부족해서는 아니었다.[11]

실재가 모습을 드러내는 방식에 어떤 다른 차이점이 숨어 있는가? 이에 인지신경과학자 아닐 세스(Anil Seth)와 철학자 피오나 맥퍼슨(Fiona Macpherson)은 지각 조사(The Perception Census), 즉 영국의 시민과학 프로젝트에서 컴퓨터만 있으면 누구나 할 수 있는 대화형 과제를 통해 '보는 방식의 이질성'을 탐색했다.[12]

우리 중 누군가 특정 감각기관이 강화된 사람은 어느 직업에 종사하는가, 예를 들어 색상 지각 분별력이 탁월한 사람은 예술이나 패션업계에서 종사할까, 반면에 맛과 냄새에서 강화된 감각기관을 지닌 사람은 요리사와 소믈리에가 될까?

작가이며 창작가이고 선견지명이 있는 사람인 엘리자베스 코흐(Elizabeth R. Koch)가 만든 은유로 말하자면, 우리는 자신들만의 지각 상자(Perception Box) 내에서 살아가며, 그 상자의 벽은 보이지도 깨지지도 않는다. 우리는 각자의 신경 회로가 자신에게 허락하는 경험만을 오직 경험할 뿐이다.[13] 그러한 벽은 우리가 모든 사람과 모든 것을 해석하는 필터가 된다. 이런 피할 수 없는 사실은 모든 지각력을 지닌 존재들에게 해당되며, 그들 각자는 자신만의 생태 서식지에 적응해, 그 결과 자신만의 지각 상자를 가지고 살아간다.

신체적, 정서적 또는 성적 학대, 폭행, 방임과 관련한 어린 시절의 부정적 경험은 긴 그림자를 드리우며, 성인이 된 후에도 세상을 편안하게 느끼는 정도에 영향을 미친다. 어린 시기에 부정적 사건을 많이 겪었을수록, 비만, 범불안장애(generalized anxiety), 우울증, 알코올중독, 약물중독, 폭력 성향 등을 겪을 가능성이 높다. 이 모든 것들은 지각 상자 내에 자체를 드러내며, 그 상자가 얼마나 넓게 확장되었는지 또는 얼마나 조여서 수축되었는지를 나타낸다.

눈을 감으면 더 이상 볼 수 없다고 생각하는 어린아이처럼, 남들에게 참인 것이 자신에게도 참이라는 유아적인 믿음에서 우리는 실재를 당연한 것으로 받아들이고, 실제로는 거의 그렇지 않은데도 모든 사람이 같은 경험을 한다고 암묵적으로 가정한다.

현재 집계에 따르면, 지구상에 80억 명인 미묘하게 또는 때로는 명확한 방식으로 사는 서로 다른 실재가 있다. 우리는 사람들이 신체적 능력에서 매우 다르다는 것을 안다. 왜냐하면, 우리가 그러한 차이를 직접 목격하기 때문이다. 어떤 사람은 격렬한 요가 자세를 취할 수 있고, 마라톤을 완주할 수 있는 반면, 어떤 사람은 계단을 걸어 오를 때 숨을 헐떡이고, 어떤 사람은 근육질에 튼튼한 신체를 가진 반면, 다른 사람은 마르고 허약하다. 안타깝게도, 사람마다 세계를 경험하는 방식이 다르다는 사실은 쉽게 알아차리기 어렵다. 우리는 자신이 다른 사람과 다르게 지각한다는 것을 깨닫지 못한 채 성장한다. 왜 그럴까? 왜냐하면 우리는 다른 방식으로 세계를 경험해 본 적이 없기 때문이다. 오직 뉴스를 듣거나 다큐멘터리를 보거나, 어떤 "상태"에 대해 친구에게 자세히 물어볼 경우에만 비로소 조금 깨달을 수 있다. "아, 모든 사람이 나처럼 세계를 경험하는 것은 아니었구나."

지각은 서술적 구성이다

우리들 각자가 그러한 암묵적 가정을 하고 있다는 것은 뇌가 세계에 관한 미지의 선행학습을 바탕으로 "실재"를 구성한다는 생각과 일치한다. 칸트에 따르면, 공간과 시간은 외부 세계의 고유한 속성이 아니라, 우리의 마음이 세계를 지각하고 이해하는 아주 기초적인 개념이다. 칸트에게 공간과 시간은 **선험적 직관**(*a priori* intuitions)이다. 즉 공간과 시간은 마음의 고유한 구조, 즉 실재에 대한 우리의 경험을 형성하는 부분이다.✢ 약 한 세기 후, 물리학자이며 생리학자인 헤르만 폰 헬름홀츠(Hermann von Helmholtz)는 지각은 무의식적 추론 과정이라고 주장했다. 또 한 세기가 지난 오늘날의 이론가들은, 이러한 과정, 즉 **예측 코딩**(predictive coding) 또는 **예측 처리**(predictive processing)라고 불리는 이 과정을, 유기체가 이용할 수 있는 모든 데이터와 호환되는 최선의, 즉 가장 가능성이 높은 설명을 찾는 확률론적 베이즈

✢ 칸트에 따르면, 우리가 경험적 판단을 가지려면 시간과 공간을 지각하는 직관의 형식을 지녀야 하며, 그 외에 판단을 위한 열두 가지 범주 체계도 가져야 한다.

추론으로 바라본다.[14]

"라일락 추적자(Lilac chaser)"라는 놀라운 시각적 환영을 생각해 보자. 당신은 이것을 웹에서 찾아볼 수 있다.[15] 흐릿한 분홍색 원 열두 개가 회색 배경에 시계의 숫자처럼 원형으로 배열되어 있다. 그 원들 중 하나가 잠시 깜빡였다가 다시 켜지면, 그 옆의 원이 사라졌다가 다시 나타나고, 그런 후 다음 원이 나타나는 식으로 반복된다. 이 사라진 원, 즉 "빈 구멍(hole)"은 원형을 따라 계속 이동한다. 그런데 당신이 그 원형 중앙의 십자 기호에 계속 집중하면, 녹색 원 하나가 그 원을 따라 움직이는 것을 볼 수 있으며 고정된 분홍색 원 열한 개는 보이지 않는다! 놀랍게도, 당신은 거기에 없는 것을 보면서도, 거기에 있는 것을 보지는 못한다! 고인이 된 시각 과학자 데이비드 마(David Marr)는 이런 현상을 이렇게 간단히 표현했다. "지각은 서술적 구성이다(Perception is the construction of a description)."[16] 이것은 시각 및 기타 감각적 지각뿐만 아니라, 내수용 지각, 두려움, 다른 여러 느낌들도 포함한다. 이러한 모든 경험은 과거 및 현재의 사건과 기능적으로 그리고 법률적으로 관련된다. 다음 사례를 생각해 보자. 사지(팔다리)를 잃은 퇴역 군인이 말초 조직에 병리가 없음에도 환상지(phantom limb pain)로 계속 고통받는 경우 말이다. 이런 측면에서 소박한 실재론(naive realism), 즉 외부 세계가 내적으로 지각된 세계와 일대일로 직접 대응한다고 추정하는 입장과 달리, 어떤 직접적인 자극도 없지만 부인할 수 없는 나쁜 경험이 있다.

종합적으로 생각해 보면, 한 인간종의 구성원으로서 우리는 비슷한 환경에서 진화하고 발달하며, 따라서 실재의 많은 측면을 서로 공유한다(그렇지 않다면 우리는 붐비는 도로를 건너거나 라일락 추적자를 경험하지 못할 것이다). 그렇지만 궁극적으로 [우리들] 각자의 신경계는 각자의 세계를 고유하게 서술한다.

물질을 지배하는 마음

우리들 각자는 깨지지 않는 벽으로 둘러싸인 자신만의 실재에 갇혀 있지만, 그렇다고 절망적인 상황은 아니다. 우리는 책을 읽고 다양한 경험에 관한 영화를 보고 치료사와 대화하고 친구들의 이야기를 듣고 자신의 곤경에 관해 스스로 돌아보면서, 자신의 한계에 대한 통찰을 얻을 수 있다. 더구나 우리는 개입(interventions)과 전환적 체험을 통해 우리의 지각 상자를 구성하는 (보이지 않는) 벽을 확장할 수 있다. 실재는 유동적이다. 심지어 우리가 일란성 쌍둥이처럼 동일한 뇌를 가지고 출발하더라도, 무엇에 집중하고 무엇을 존중하고 무엇을 무시할지에 대한 우리의 선택과 상황이 세계에 대한 우리의 경험에 영향을 미친다.

무척이나 오해받고 있는 플라세보효과(placebo effect)에 대해 생각해 보자. 위약은 무해한 약이나 시술로, 설탕으로 만든 알약을 삼키는 것에서부터 가짜 수술에 이르기까지, 기분을 좋게 하거나(placebo라는 단어의 원래 의미) 환자를 진정시키는 것 외에 뚜렷한 이점이 없다. 그러나 이러한 무해한 개입은 [신경 물질) 분자가 수용기에 결합하는 기존의 기계적 체계로는 설명하기 어려운 유익함을 주기도 한다. **플라세보효과**는 이러한 유익한 효과의 강도를 나타낸다. 훌륭한 의사들은 언제나 위약의 치유력에 의존해 왔다.

우리가 코로나19 팬데믹 기간에 알게 되었듯이, 이중맹검법 임상시험(double-blind clinical trial)을 통해 플라세보효과를 알아보려면 약간의 통제가 필요하다. 이에 무작위로 모집한 지원자의 절반에게는 백신을 투여하고, 나머지 절반에게는 비활성 물질을 주사한다. 의료진이나 피험자 모두 누가 어떤 백신을 맞는지 전혀 모른다(이것이 바로 이중맹검법 임상시험의 특징이다). 백신의 효능은 위약을 투여한 집단에 비해 백신이 얼마나 더 많은 추가 예방 효과를 주는지에 따라서 측정된다.

현대 의학은 19세기 말과 20세기 초 탄생했으며, 그 시기에 감염성 질병, 즉 황열병, 콜레라, 발진티푸스, 결핵, 매독, 스페인 독감 등이 수백만 명을 불구로 만들거나 사망시켰다. 이로 인해 "마법의 탄환(magic bullets, 기적의 약물)"에 대한 탐구가 시작되었다. 이 개념은 화학자이자 노벨상 수상자인 파울 에를리히(Paul Ehrlich)에 의해 도입되었으며, 그는 매독에 대한 최초의 효과적인 화합물을 발견했다. 항생제, 인슐린, mRNA 백신 등은 마법의 탄환이었으며, 질병의 특정 원인 기전에 효과적으로 작용한다. 그렇지만 오늘날 우리를 괴롭히는 만성질환, 즉 비만, 우울증, 불안장애, 만성통증 등에 대한 약물은 그렇지 못하다. 알츠하이머병도 그렇다. 이러한 질병에 대한 약물들은 최소한의 특이성과

효과만을 지닌다.[17]

이것은 특히 현대사회 곳곳에서 증가하는 정신질환의 경우에 더욱 그렇다. 사람들은 머리에 타격을 입거나, 뇌졸중, 종양, 총상 등으로 뇌에 물리적 손상을 입으면, 언어 상실, 기억력 결함, 두통에 취약해지는 등 후유증이 남는다는 걸 직관적으로 이해한다. 그러나 정신질환에는 결코 단순한 원인이 없으며, 도움이 되는 서사도 없다. 대신에 낙인과 피해자 비난이 만연하다.[18]

우울증을 예로 들어 보자. 승인된 치료법은 선택세로토닌재흡수억제제(SSRI)를 알약으로 매일 복용하는 것이다. 예를 들어 프로작(Prozac)은 산업화된 서구의 성인 중 놀랍게도 10퍼센트에게 제공되고 있다. 그러나 대규모 임상시험과 임상시험 집단에 대한 메타분석 증거에 따르면, SSRI는 위약보다 약간만 더 효과적일 뿐이다. 즉, 치료 집단과 위약 집단을 전체적으로 비교할 때 약간의 지속적 이점이 있기는 하지만, 이러한 차이가 어느 한 환자에게 임상적으로 유의미한지는 전혀 명확하지 않다. 이러한 약물에는 성기능 장애 및 감정적 둔화와 같은 다양한 부작용이 있을 수 있고, 환자가 평생 의존할 수도 있는데, 이것은 나쁜 뉴스이다.[19]

그러나 이것은 또한 좋은 뉴스이기도 하다. 약물 반응의 5분의 4가 위약에 의해 중복 작용한다. 고도로 훈련된 전문가가 연구를 통해 검증했고, 많은 사람이 복용하는 효과적인 약을 처방한 것이라는 환자의 믿음은 그를 희망적으로 만들고 낙담을 덜어 준다. 그의 믿음은 실제 SSRI 분자보다 자신의 증상에 훨씬 더 큰 영향을 미친다![20] 이것은 놀라운 결과이다. 왜냐하면 그 환자의 의식

상태, 즉 약의 효과에 대한 자신의 믿음이 신체에 영향을 미칠 수 있음을 의미하기 때문이다. (그 위약의) 알약 양은 적은 것보다 많은 게 좋고 알약보다 주사가 더 효과적이며 "아무개 의사"라고 적힌 배지가 달린 흰 가운을 입은 사람이 시술을 하는 게 가장 좋다.

이것은 우리가 세계에 대해, 즉 단서와 보상에 대해 배우는 방식을 형성할 때, 기대가 중요한 역할을 한다는 것을 잘 보여 준다. 우리는 반려견에게 "앉아서 발을 내밀면" 보상으로 간식을 제공하는 방식으로 그 녀석이 명령에 따르도록 훈련시킨다. 그러면 이제 그 개는 어떤 보상을 기대하게 된다. 당신도 밤을 새워 엑셀 파일을 작성하고, 다음 날 상사의 칭찬을 기대한다. 만약 상사가 당신의 업무 윤리에 대해 칭찬해 주면, 당신 뇌의 회로가 도파민을 유발해 즐거움이란 보상을 주며, 당신이 밤샘 작업을 반복하도록 만들 것이다.

통증은 특히 제안의 힘에 취약하다. 만약 당신이 이전에 아스피린을 복용함으로써 통증 완화를 경험했다면, 누군가가 비슷한 알약을 건네주면, 그것이 비록 위약일지라도 동일한 효과를 기대할 것이다. 이러한 형태의 진통(analgesia)은 오피오이드 길항제 날록손(opioid antagonist naloxone)에 의해 차단할 수 있는데, 이것은 당신의 믿음이 엔도르핀(endorphins)이란 자기 신체의 오피오이드 유사 물질을 유발한다는 것을 의미한다. 이것은 어머니가 내게 들려준 이야기와 일치한다. 어머니는 제2차세계대전 당시 연합군의 폭격 작전 중 베를린 병원 벙커에서 외과의사인 남편의 수술을 도왔다. 모르핀이 다 떨어졌을 때, 의료진은 부상자들 모르게 무해한 식염수를 주사했고, 그럼에도 부상자들은 안도감을 얻었다.

위약은 통증이나 우울증에만 효과가 있는 것이 아니다. 믿음은 파킨슨병의 운동 증상을 개선하고, 면역반응 형성에도 도움이 된다. 플라세보효과는 광범위하다.[21]

플라세보효과는 연구자가 회피해야 할 성가시고 귀찮은 인공물이라기보다, 자기조절을 위한 강력한 메커니즘이다. 그것을 믿음의 표현으로 생각해야 한다. 즉, 환자가 시술이나 조작을 더 많이 믿을수록, 그것이 도움이 될 가능성은 더 높아진다. 플라세보효과는 침술이나 신앙 치유와 같은 대체의학 및 문화적 제식의 실천에 힘을 실어 주며, 치료에 도움을 준다.

결단코 그림자 없는 빛은 존재하지 않는다. 신약에 의해 기적적으로 치료되었다는 긍정적인 뉴스 보도와 이야기가 그 약의 효능을 강화하는 반면 (이것이 오늘날 환각제 임상시험의 도전 과제이긴 하지만), 심각한 부작용에 대한 부정적 홍보는 그 약의 효능을 떨어뜨린다. 의학계 내 인종차별의 유산을 고려할 때, 아프리카계 미국인은 의료 개입을 불신할 가능성이 더 높으며, 따라서 이러한 개입은 효과가 떨어져서 일종의 체계적 불평등이 될 수 있다.✣ 부정적인 기대는 더 나쁜 결과로 이어진다. 즉, 무언가

✣ 인종차별이 있다는 고려에서, 그리고 현대 의학을 주로 백인이 개발하고 제공한다는 측면에서 흑인 환자가 백인 의사의 말을 플라세보효과로 받아들이기보다 거짓이라고 믿게 되면 그 효과가 거꾸로 뒤집힐 수 있으며, 이것은 인종차별 사회에서 오는 체계적 불평등이 된다.

당신에게 해롭다는 믿음은, 당신을 정말로 해롭게 할 가능성이 높다. 이것이 바로 **노시보효과**(nocebo response)이다.[22]

플라세보효과와 노시보효과는 잘 알려지지 않았지만, 그 기대 효과를 신체로 전달하는 강력한 생물, 심리, 사회학적(bio-psycho-sociological) 현상이다. 당신의 믿음은 (마음으로는 접근할 수 없다고 여겨지는) 심장, 내장, 그리고 다른 기관에까지 도달할 수 있다. 당신 자신이 임상 연구에 참여하고 있다는 것을 아는 것만으로도 기대감, 일종의 하이젠베르크의 "관찰자 효과(observer effect)"를 높여 준다.✣ 더구나 현대의 연구 윤리는, 사람들에게 가짜 약을 주는 것을 포함해 모든 조작에 대한 공개를 매우 엄격히 요구한다. 즉, 당신은 임상시험 참가자들에게 가짜 약을 투여받을 수 있다는 사실을 알려야 하며, 그것은 미개지에서 플라세보효과를 조사하기 어렵게 만든다.

연구와 치료가 매우 어려운 분야는 정신신체성장애(psychosomatic disorders) 또는 심인성 장애(psychogenic disorders)로 알려진 심신 상호작용이다.[23] 이러한 질환들은 모습을 바꾸는 만성적 상태로 이질적이고 변동이 심한 증상을 보이며, 어떤 특정 원인도 없고 어떤 효과적 치료법도 없으며 어떤 명확한 기질적 병리도 없고, 객관적인 혈액 표지나 뇌 검사법도 없다. 이러한 질병에는 심인성 발작(psychogenic spells)이 포함되는데, 이것은 마

✣ 관찰자 효과란 양자역학의 실험에서 관찰자가 실험 시스템을 사용하는 과정에서 그 시스템에 영향을 미칠 수 있는 현상을 말한다. 관찰을 위해 사용되는 기기와 사람 모두 그 실험 시스템에 어떤 방식으로든 영향을 미친다.

치 진짜처럼 보이지만 실제 발작(seizures)에서 보이는 뇌파검사(EEG)상의 이상 소견이 발견되지 않는다. 그러므로 (환자들이 거부하는) 뇌파검사로 심인성 발작을 감지하기란 매우 어렵다. 다른 심인성 장애로는 아바나증후군(Havana syndrome), 체념증후군(resignation syndrome), 만성피로증후군(chronic fatigue syndrome), 과거에 신경쇠약증(neurasthenia)으로 알려진 섬유근육통(fibromyalgia)이 있다.[24]

의심의 여지없이 환자들이 고통을 겪지만, 그 고통의 원인과 (스트레스와 불안에 반응하는) 그들의 의식이나 무의식이 그 증상에 어느 정도 영향을 미치는지는 여전히 논란의 여지가 있다. 환자들은 자신들의 문제가 본질적으로 정신신체적(psychosomatic, 마음에서 비롯된 신체적 증상)이라는 말에 분노로 반응한다. 왜냐하면 이 말이 "그 모든 것들이 머릿속에서 비롯되었다"라거나, 그들이 나쁜 목적에서 병을 선택했다는 것을 의미하기 때문이다. 대신에 그들은 신경가스, 음파 무기, 백신접종, 송전선 등의 물리적 원인에서 답을 찾으려 한다. 불안에 대한 신체의 학습된 반응으로서 몸이 통증에 쇠약해졌고 그 결과 신경계가 과민해졌다고 인정하기보다, 어떤 정체불명의 행위자에 의해 일어났다고 믿는 편이 훨씬 더 쉽다.

정신신체적 설명에 대한 맹렬한 거부는, '뇌는 하드웨어이며 마음은 소프트웨어'라는 관점에 대한 광범위한 수락을 반영한다. 즉, 신경과의사나 정신과의사가 하드웨어에서 잘못된 것을 발견할 수 없다면, 그것은 분명 소프트웨어가 오작동한 것이므로 다시 프로그래밍되어야 한다는 것이다. 쉽게 말해서 당신이 미쳤다는 것이다. 사실상, 뇌, 마음, 그리고 신체적, 사회적 환경 사이의 학습된 상호작용은 이런 종류의 순진한 이분법으로 파악할 수 없을 만큼 훨씬 더 복잡하다. 사실 질병과 건강 상태에서 의식적 태도와 서사는 중요한 역할을 한다. 당신이 자신을 스스로 전혀 통제할 수 없는 미지의 힘에 의한 무력한 희생자라고 생각하는지, 아니면 역경에 맞서 자신의 운명을 개척하는 자율적 행위자로 생각하는지가 문제이다.

격언대로 누군가는 컵에 물이 반밖에 남지 않았다고 보고, 다른 누군가는 반이나 남았다고 본다. 또 누군가는 컵을 보지 않으며, 어떤 사람은 둘 다 문제되지 않는다고 믿는다. 왜냐하면, 그 컵은 항상 다시 채워졌기 때문이다. 나는 화창한 남부 캘리포니아에서 비 내리는 태평양 북서부로 이사했을 때 "나쁜 날씨는 없다. 단지 나쁜 옷차림과 나쁜 태도만 있을 뿐이다"라는 격언을 마음에 새기며, 절대로 우울한 날씨를 불평하지 않기로 결심했다. 이런 태도는 모든 것을 변화시켰고, 10년이 지난 지금도 나는 다른 곳에서 살 상상조차 하지 않는다.

자신의 이야기를 가지고 자기 삶에 적극적인 태도를 유지하는 것이 중요하다는 것은, 독일 나치 강제 수용소에 3년간 수감되었던 유대인 정신과의사 빅토어 프랑클(Viktor Frankl)의 저서 『죽음의 수용소에서(Man's Search for Meaning)』의 주요 메시지이다. 프랑클에 따르면, 춥고 굶주려서 잔인해진 수감자들도 본인이 맞닥뜨린 끔찍한 상황을 해석하는 방법을 자유롭게 선택함으로써 자신들의 고통에 의미를 부여할 수 있었다. 이러한 투지는 그리스의 스토아철학자 에픽테토스(Epictetus)가 "최후의 자유"라고 불렀던 것으로, 삶을 체념하고 "마지막 담배를 피운" 많은 사람과 달리 어떤 소수는 이러한 시련에서 살아남을 수 있었다.

"어리석은 사람"은 실존주의 철학자 알베르 카뮈(Albert Camus)가 쓴 『시시포스의 신화(The Myth of Sisyphus)』에 나오며, 이것이 동일한 결론에 도달한 프랑클의 책보다 몇 년 앞선 것은 우연이 아니었다.

> 시시포스의 모든 조용한 기쁨이 그 안에 담겨 있다. 그의 운명은 그의 것이다. 그의 바위는 그의 것이다. …… 시시포스는 신을 부정하고 바위를 일으켜 세우는 더 높은 충실함을 가르친다. 그 역시 모든 것이 잘되었다고 결론 내린다. 이제 주인이 없는 이 우주는 그에게 무미건조하거나 쓸모없어 보인다. 저 돌의 원자 하나하나, 밤으로 가득한 산의 광물 조각 하나하나가 그 자체로 한 세계를 형성한다. 높은 곳을 향한 투쟁 자체만으로도 사람의 마음을 채우기에 충분하다. 시시포스가 행복해하는 모습을 상상해 보라.✢

이것이 바로 변화를 일으키는 의식적 믿음의 힘이다. 시시포

✢ 시시포스는 끊임없이 돌을 산 정상으로 올려놓고 돌이 무너지면 다시 올리는 형벌을 받았지만, 그런 힘든 과정에서도 인간의 마음을 충족시키는 충분한 가치, 행복을 찾을 수 있다고 카뮈는 말한다.

스는 자신의 운명 앞에서 탈진함을 느끼기보다, 자신의 상황을 재구성하고 자신의 자율성을 선언한다. 당신의 신념이 산을 옮겨 놓을 수는 없지만, 당신이 경험한 실재를 변화시킬 수는 있다. 많은 말이 필요치 않다. "**어느 곳에도 없는**(nowhere)"이라는 영어 단어는 방향의 상실을 의미하지만, "**지금 여기에**(now here)"라는 두 단어로 쪼개어 재구성해 보면, 비국재성(delocalization)의 극단적 반대를 의미할 수 있다!

4
의식과 물리적인 것

Then
I Am Myself
the World

4

**의식과
물리적인 것**

〔나는 이 장에서〕 과학이 거의 탐구하지 못한 신비적 영역을 포함해 광대한 의식적 경험의 세계를 살펴본 후, 철학이 주관적 존재를 어떻게 다뤄 왔는지를 알아보겠다. 어떻게 〔정신적인〕 의식이 〔물리적인〕 사물들의 거대한 도식(scheme)에 어울리는가? 루이스 캐럴(Lewis Carroll)의 시에서 바다코끼리가 목수에게 말했듯, 정신적인 것이 "신발, 배, 밀랍, 양배추, 그리고 왕 등으로 이루어진" 물리적인 세계와 어떻게 관련될 수 있는가?

광활한 숲이 벌목되었고 그 나무들은 마음에 관심을 두는 박식한 작가들에 의해 권위 있고 각주를 많이 단 책으로 바뀌었다. 〔그만큼 세상에는 엄청나게 많은 전문 서적이 있다.〕 그렇지만 걱정할 필요는 없다. 나는 수많은 학자가 지난 2400년 동안 기록한 서양 사상을 올바로 평가할 능력이 안 되므로, 그것을 평가할 생각은 없다. 대신, 지난 반세기 동안 내가 수행해 온 지적 유랑을 간략히 그려 보려 한다. 죽음 이후에도 오래도록 계속 살아가는 영혼이 있다고 확신하는 가톨릭 복사(服事)에서부터, 모든 생명에 영혼이 있다는 믿음으로 의식의 흔적을 탐색했던 물리학 전공의 뇌과학 교수, 신경과학자 수백 명을 조직한 임원들, 나의 주관성은 내가 부여한 유일한 불멸의 조각이라고 믿는 특이한 의식 상태를 지닌 학자까지 탐색해 보려 한다.

나는 철학자들이 어려운 질문을 던지고 암묵적인 가정과 예상치 못한 결과를 들춰내고 불일치를 지적하며, 가능한 일련의 대답을 제시한다고 배웠다. 철학책 독서는 진지한 사고를 위해 필수적이다. 그러나 진보라는 개념과 문제의 핵심을 이해하기 위해 천천히 더듬어 오르는 일에 익숙하고, 어제보다 오늘 자연을 더 잘 설명하고 예측하고 다룰 수 있다는 암묵적 확신에 익숙한 과학자에게, 철학은 심한 좌절을 안겨 줄 수도 있다.[1]

심리철학(philosophy of mind)의 역사를 살펴보자. 그 역사는 여러 시대에 걸쳐 학자들이 몸과 마음 그리고 영혼을 일관되고 포괄적인 한 가지 설명 체계에 맞추려 했던 어지러울 정도로 다양한 방식들을 보여 준다. 그렇지만 거기에는 초자연적 사고에서 벗어난 결정적 전환 외에, 광범위하게 수용할 만한 답변에 이른 어떤 수렴도 없었으며, 서로 다른 여러 철학을 포괄하는 공통 기반도 거의 없었다. 고도로 정제된 여러 논증들과 반증들이 논쟁적으로 그리고 극단적으로 대결해 결국 지루하고 정교한 의견의 불일치를 남길 뿐, 어떤 해결도 없었다. 이 분야에는 느리더라도 사건의 참 사태(true state of affairs)로 확실히 수렴한다고 받아들일 만한 어떤 합의도 없다. 순수한 논리적, 수학적, 언어적 논증들은 경험적 검증(verification)이나 반증(falsification)을 할 수 없기에 이런 교착상태를 깨기도 어렵다. 그런 논증들은 고대 이래로 수백 세대에 걸쳐 이러한 질문을 제기해 온 지적 탐구 분야에 도움이 되지 않는다.

다행히도 인류는 불확실성과 알 수 없는 인식론적 안개 속에서 영원히 방황하도록 운명 지어져 있지는 않다. 왜냐하면 우리는 오늘날 과학이란 배경을 가지고 있으며, 그것이 모든 것을 바꿔 놓을 것이기 때문이다.

정신적인 것은 무엇인가

배고픔은 모든 생명체에게 익숙한 경험이다. 그것은 약한 갈망에서부터 영양실조나 굶주림으로 인한 속쓰림에 이르기까지 그 강도에서 다양하다. 그렇다면 그런 느낌은 어떤 종류의 것인가? 공복 상태에서 나오는 이런 혐오스럽고 불쾌한 감각은 전혀 공간적으로 확장되지 않는다. 즉, 높거나 넓지 않으며, 크거나 작지도 않다. 실제로 배고픔은 물질계의 일반적 속성을 전혀 갖지 않는다. 즉, 무겁지도 가볍지도 않으며 정지하거나 움직이지도 않는다. 배고픔은 에너지와 관련된 속성, 즉 일을 수행할 어느 능력을 갖지 못하는 만큼, 에너지의 한 형태가 아니다. 그것은 어느 파장도 방출하지 않으며 열을 발생시키지도 않는다. 그것은 질량이나 에너지의 물리적 보존을 지배하는 어떤 보존법칙도 따르지 않는다. 당신이 경험할 수 있는 배고픔의 양은 한정되어 있지도 않다. 당신은 먹지 않을 경우 배고픔을 느끼며, 실제로 점점 더 배고픔을 느끼게 된다.

배고픔은 경험이기 때문에 당신은 이런 느낌을 즉각적이고, 직접적으로 안다. 배고픔을 경험하는 데는 다른 무언가에 의한 중재가 필요치 않다. 당신은 자신이 배고프다는 것을 안다. 반면에 당신은 고혈압이 있거나 바이러스 감염의 초기 단계에 있다는 것을 같은 방식으로 확신하지 못한다.[2] 그러한 지식은 혈압 측정기나 PCR 테스트와 같은 다른 수단을 통해 추론해야 한다.

정신에 대한 이런 직접적이고 내밀한 지식은 사적이므로, 오직 당신만이 자신의 배고픔을 알 수 있다. 다른 사람은 당신이 배고프다는 것을 추론해야 한다. 즉, 그들은 당신이 한동안 먹지 않았다는 것을 알고, 당신이 음식에 관해 강박적으로 말하는 것을 듣고, 당신이 자기 배를 문지르는 것을 보고서야 그렇다는 것을 추론하지만, 당신처럼 배고픔을 직접 경험하지는 못한다. 결국 당신은 배고픈 척하는 배우가 될 수도 있다. 반대로 배고프지만 그렇지 않은 척 무표정을 지을 수도 있다. 그런 정신의 사적 또는 1인칭 속성은 물리적인 것, 예를 들어 소립자, 별, 바이러스, 뇌 등과 같은 공적 또는 3인칭 속성과는 근본적으로 다르다. 위치, 속도, 질량, 체격과 같은 속성들은 적절한 도구만 있으면 누구나 접근할 수 있다.

배고픔에 대한 진실은 모든 경험에도 적용된다. 모든 경험은 당신, 그리고 오직 당신만이 직접적이고 즉각적으로 접근할 수 있는 사적 속성으로 규정된다.

데카르트 이원론

물리적인 것과 정신적인 것에 관한 가장 직관적인 사고방식은 그것들이 근본적으로 다른 두 실재의 영역에 속한다는 것이다. 인류 대부분이 그렇다고 믿는다. 이것은 내가 젊은 시절 믿었던 것이기도 하다. 나는 독실한 가톨릭 가정에서 자라며 매주 미사에 참석하고 라틴어 기도문을 중얼거렸다. 나는 교회의 가르침을 온전히 받아들였다. 그 믿음에 따르면, 죽을 운명의 신체는 비물질적인 불멸의 영혼을 담고 있고, 그 영혼은 시간이 충만하면, 즉 **종말**(Eschaton)이 오면 부활할 것이다. 이런 믿음은 최고의 이원론(dualism)이다.

혼(spirit) 또는 영혼(soul), 그리스어로 프시케(*psyche*, 이 말에서 psychology가 나왔다)와 라틴어로 아니마(*anima*, 활기를 불어넣는 원리)라는 개념은, 사람의 진정한 자아(self) 저장소를 의미하며 플라톤의 가르침에서 나왔다. 이후 4~5세기 로마제국 황혼기에 살았던 히포(Hippo)의 아우구스티누스(Augustine)를 통해 기독교에 전해졌다. 플라톤이 보기에 영혼은 다양한 기능과 능력, 즉 감각하기, 기억하기, 추론하기, 결정하기 등을 지녔다. 영혼에 대한 믿음은 전 세계 일신 종교에서 핵심 교리이다. 그 믿음은 자신들이 비종교인이라고 생각하는 사람들에게조차 암묵적으로 믿어지고 있다. 영혼은 우리의 신화, 이야기, 영화, 정치 연설, 일상의 통속심리학(folk psychology) 등에 등장한다.

의식은 실재에 대한 이런 이중적 관점과 자연스럽게 어울린다. 이 관점은 17세기 은둔형 철학자이며 수학자이고 물리학자인 르네 데카르트(René Descartes)가 명확히 설명한 것으로 유명하다. 비록 데카르트가 프랑스에서 태어나 자라고 교육받았으며 주로 프랑스어로 저작을 썼지만, 성인 생활 대부분을 네덜란드연합왕국에서 살았으며, 그곳에서는 가톨릭 프랑스에서 위험하다고 여기는 주제에 대해서도 자유롭게 글을 쓸 수 있었다.[3]

데카르트의 이름은 이원론의 지배적 흐름과 관련된다. 그는 계몽주의 시대를 탄생시킨 거대한 지식인이었다. 이 시점에서 내가 모로코의 라바트(Rabat)에 있는 그의 이름을 딴 프랑스 고등학교, 리세 데카르트(*Lycée Descartes*)에 다니고 졸업했음을 밝히고자 한다. 데카르트는 육체와 정신이 (두 가지 종류의 물질로 이루어진) 근본적으로 서로 다른 지위를 지닌다고 가정함으로써, 그 둘 사이의 차이를 구체화시켰다. 하나는 레스 익스텐사(*res extensa*, "확장되는 것") 또는 물리적인 것으로, 이것은 길이와 폭을 지니며 여기 또는 저기라는 특정 위치를 점유한다. 다른 하나는 레스 코기탄스(*res cogitans*, "생각하는 것") 또는 정신적인 것으로 확장되지 않고 위치가 없지만 감각, 사고, 추론, 느낌의 능력을 지닌다.[4]

〔그에 따르면〕물리적인 것은 정신적인 것과 구별되며 독립적으로 존재하고, 그 반대도 마찬가지이다. 한편에는 별, 당구공, 신

체 등이 있고, 다른 한편에는 마음이 존재한다.[5] 뇌는 역학과 화학의 법칙에 따라서 복잡한 방식으로 상호작용하는 물질에 불과하다. 데카르트는 동물 해부를 통해 얻은 정보를 바탕으로 이렇게 추정했다. 프랑스 베르사유 궁전 분수대에 신, 사티로스(satyrs, 반인반수의 신), 트리톤(tritons, 반인반어의 해신), 님프(nymphs, 여자 요정), 영웅 등, 움직이는 조각상에 동력을 공급하기 위해 흐르는 물처럼 "동물의 영혼(animal spirit)"이 뇌의 모세혈관(capillaries), 대뇌강(cerebral cavities), 신경관(nervous tubules) 등을 통해 흘러서 [신체를] 움직일 수 있게 한다 [이런 점에서 데카르트는 유물론자의 편에 선다는 해석도 가능해 보인다].

그러나 데카르트는 지능, 추론, 언어 등에 대한 메커니즘을 고려하지는 못했다. 당시에는 누구도, 오늘날 우리가 알고리즘이라고 부르는 세심하고 상세한 단계별 (멍청한) 명령어 처리가 어떻게 체스를 두고, 얼굴을 재인하고(recognize), 말하는 데 활용될 수 있을지 상상하지 못했다. 이런 능력에 대해 데카르트는 정신적인 것에 호소했다. 살아 있는 사람의 마음은 신체와 연결되어 있다. 마음은 육체와는 다른 것으로 만들어졌으므로 육체와 독립적으로 존재하며, 따라서 육체가 죽은 후에도 살아남는다.

데카르트는 이러한 명제를 지지하는 다양한 논증을 제시했다. 그의 논증은 아래와 같은 방식이다. 회의적인 태도에서, 그는 의심할 여지없이 확실한 진리를 찾기 위해 궁극적인 확실성을 추구하려 했다. 이를 위해 데카르트는 세계의 존재, 자신의 신체, 그리고 자신이 보고 느끼는 모든 것들에 대해 자신을 속일 수 있는

"최강의 악의적 사기꾼"을 상정해 보았다. 그는 자기 신체의 모양이나 크기, 심지어 그것이 있는지조차 확신할 수 없다고 결론지었다. 그러나 그는 '자신이 **무언가**를 경험하는 중이며, 따라서 자신이 존재한다'는 것을 의심할 수 없었다. 그는 이것을 서양 사상에서 가장 유명한 연역인 "나는 생각한다, 그러므로 나는 존재한다"라는 유명한 명제, 코기토, 에르고 숨(Cogito, ergo sum)으로 표현했다. 데카르트는 의식적 마음이 존재한다는 것을 알고 있지만 신체에 대해서는 동일한 확신을 갖지 않기 때문에, 그는 마음이 신체와 동일하지 않다고 결론 내린다.[6]

 악의적 사기꾼의 현대 버전은 영화 〈매트릭스(Matrix)〉에 등장하는 지각 분별력을 지닌 기계이다. 네오(Neo)는 모피어스(Morpheus)가 준 빨간 알약을 먹고 깨어난 후, 자신이 거대한 고치 더미 속에 살고 있으며 자신의 삶은 컴퓨터시뮬레이션에 불과하다는 것을 알게 된다. 이것이 그로 하여금 실재에 의문을 품게 만들지만, 그는 자신이 존재한다는 것, 즉 무언가를 경험하고 있는 중임을 결코 의심하지는 않는다. 그것이 바로 순수한 데카르트식 사고이다. 데카르트 이후 반세기가 지나서, 독일의 수학자 고트프리트 빌헬름 라이프니츠(Gottfried Wilhelm Leibniz)는 정신은 물질에서 비롯되지 않는다는 설득력 있는 주장을 펼쳤다. 라이프니츠는 미적분과 이진수를 창안하고, 최초의 디지털 계산기를 만들었다. 그의 반유물론 논증은 "방앗간 사고실험(mill thought experiment)"이라고 알려져 있다.

더구나 우리는 지각과 그것〔생각〕에 의존하는 것을 기계적 이유, 즉 모양과 비율을 통해 설명할 수 없다는 것을 고백해야 한다. 만약 생각하고 감각하고 지각하는 구조를 지닌 기계가 있다고 상상해 본다면, 우리는 그것을 동일한 비율로 유지하면서 확대시켜 마치 우리가 방앗간에 들어가듯, 그 내부로 들어갈 수 있다고 가정할 수 있다. 추정컨대, 그 내부로 들어가 들여다보더라도 우리는 단지 서로 밀쳐 내는 부품들만 볼 수 있을 뿐, 결코 지각을 설명해 줄 어느 것도 발견하지 못할 것이다.[7]

오늘날 고해상도 이미지 기술인 전자현미경으로 뇌를 들여다본다면, 신경 세포막, 시냅스, 그리고 기타 세포 소기관을 볼 수 있다. 심지어 원자현미경으로 더 깊이 들여다본다면, 개별 거대 분자에 초점을 맞출 수도 있다. 그러나 결코 그곳에서 고통, 쾌락, 불쾌감 등을 볼 수는 없다. 궁극적으로, 뇌는 서로 인과적으로 상호작용하는 놀랍도록 복잡한 여러 메커니즘의 집합일 뿐이다. 그렇다면 그저 메커니즘인 것들로부터 의식적 느낌이 어떻게 발생하는가? 이런 관점에 따르면 의식적 느낌은 물리적인 것들과 근본적으로 다르며, 어느 쪽도 다른 것들로부터 나올 수 없다.

데카르트의 학설은 계몽주의 시대의 자연철학자들(natural philosophers), 즉 초창기 신예 과학자들을 해방시켰고, 그들은 신체를 기계적으로 연구하는 데 집중함으로써 과학혁명 탄생에 이바지했다. 반면에 민감한 문제인 '영혼'은 신학자들에게 맡겼다. 이러한 이원론의 강력한 메아리는 지각 분별력을 지닌 컴퓨터 문제를 둘러싼 현대의 논쟁에서도 살아남아, **레스 익스텐사**와 **레스 코기탄스**를 하드웨어와 소프트웨어에 자연스럽게 대응시키고 있다. 이것은 매혹적이고 널리 퍼져 있지만 해로운 은유이며, 뒤에서 다시 다룰 것이다.

데카르트 이원론에 대한 주요 도전 중 하나는 **인과적 상호작용 문제**(causal interaction problem)이다. 어떻게 무형의 생각하는 것이 구체적이고 물리적인 것에 의지를 부여할 수 있는가? 어떻게 마음이 물질을 지휘하는가? 이 문제는 데카르트와 네덜란드에 유배된 보헤미아의 젊은 엘리자베스 공주 사이의 편지를 통한 논쟁에서 정교하게 다듬어졌다. 엘리자베스는 직설적으로 질문했다. "나는 당신의 편지에서 영혼이 신체를 움직인다는 것을 감각으로 알 수 있었지만, 어떻게 그렇다는 것인지에 대해서는 지성과 상상력은 물론, 감각조차도 나에게 아무것도 말해 주지 않습니다. 이것은 나에게 '영혼은 우리가 알 수 없는 속성을 지닌다'라고 생각하게 만듭니다. 이것은 내가 설득당한 『성찰』의 훌륭한 논증 '영혼은 확장되지 않는다(즉, 영혼은 공간적 길이가 없다)'라는 당신의 교리를 뒤집게 만듭니다."[8]

어떤 것이 물리적인 것에 인과적 영향을 미치려면, 전자가 후자에게 추진력이나 에너지를 부여해야만 한다. 그러나 정신은 어떤 추진력과 어떤 에너지를 가지고 있는가? 그런 것들은 어디에서 오는 것인가? 그들 자체가 정신적 에너지의 저장소란 말인가? 총에너지 사용의 측면에서, 계산 장부의 균형을 맞추려면 하여튼 에너지 전환을 고려해야만 한다. 공짜 점심은 없으며, 그러한 정

신적 에너지가 뇌 안의 물속에서 활동한다는 어떤 증거도 없다.[9]

정신적 인과관계는 데카르트 이원론의 아킬레스건이다. 만약 정신이 잘 정립된 물리법칙을 위반하지 않은 채 물리적인 것과 상호작용할 수 없다면, 이원론은 여전히 유지될 수 있지만 정신이 뇌에 영향을 미치는 인과적 능력이 없기 때문에, 그 매력은 사라질 것이다. 당신은 스스로 손을 올리려는 욕구가 자신의 손을 올리도록 했다고 생각하지만, 그것은 어리석은 착각일 뿐이다. 그 팔의 동작은 당신 뇌의 물질적 사건에 의해 충분히 그리고 완전히 설명된다. 당신의 의식적인 '행위자' 경험이란 기계 속의 유령에 불과하다. 당신의 느낌은 세계에 아무런 영향도 미치지 못한다. 마음이란 보고 듣고 느끼는 것 외에 아무것도 할 수 없는 무력한 존재이다. 진짜 주연은 뇌이다. 의식은 아무런 목적도 갖지 못하며, 부수현상(epiphenomenon)일 뿐이다.

레스 코기탄스는 부패하지 않는다는 데카르트의 가정은 영혼의 개념과 내세의 신과 궁극적인 결합을 보호해 준다. 그렇지만 영혼은 그 후유증으로 난제를 남긴다. 비물질적 영혼이 개인적인 기억과 당신을 "자신"으로 만드는 기질을, 특히 당신의 신체적 기반이 죽고 부패한 후, 어떻게 기록하고 저장할 수 있는가? 당신이 태어나기 전 당신의 영혼은 어디에 있었는가? 당신이 죽으면 영혼은 어디에 있을까? 그것이 천국의 전실인 일종의 초공간에서 당신의 신체와 마침내 재결합하는가? 그리고 어떤 신체와 결합하는가? 병원에서 쇠약해진 노쇠한 몸인가 아니면 한창인 젊은 몸인가? 불멸의 영혼에 대한 믿음은 과학적 조사를 견디지 못하고 카드로 만든 집처럼 무너진다.

    환생에 대해서도 비슷한 문제가 발생한다. 나는 인도 남부에서 신성 달라이 라마(His Holiness the Dalai Lama) 그리고 티베트 승려들과 모임을 가졌다. 그 논의 주제는 불교의 환생에 대한 믿음으로 바뀌었고, 마음의 특색과 기억을 지닌 마음이 연속되는 여러 화신들 사이 어디에 존재하는지에 대한 질문으로 이어졌다. 나는 내가 **신경과학자의 격언**(neuroscientist's dictum)이라 부르는 "노 브레인, 네버 마인드(No brain, never mind, 뇌 없이는 마음도 없다)"라는 네 단어를 천천히 또박또박 선언하면서, 내 손의 네 손가락을 차례로 펼쳐 보였다.[10] 의식은 순수한 진공상태에서 존재할 수 없다. 그것은 뇌세포, 전자회로와 같은 기질, 또는 얽힌 양자상태와 같은 더 이질적인 무언가를 필요로 한다. 만일 어느 기질도 없다면, 어떤 경험도 존재할 수 없다.[11]

모든 것이 물리적이다

    의식을 연구하는 살아 있는 학자들 사이에 지배적인 태도는 유물론(materialism)의 사촌인 **물리주의**(physicalism)이다.[12] 이것은 소크라테스와 동시대 철학자 데모크리토스(Democritus)로 거슬러 올라가는 유서 깊은 혈통에서 나온다. 데모크리토스의 저작은 "관습에 따라 단맛이 있고, 관습에 따라 쓴맛이 있고, 관습에 따라 색깔이 있지만, 실재는 오직 원자(atoms)와 빈공간(void)뿐이다"와 같은 몇 가지 인상적인 문장을 제외하고는 거의 남아 있지 않다.

물리주의는 모든 것이 관찰자와 무관한 방식으로 설명되는 양으로 환원될 수 있다는 형이상학적 논제로, 당신과 내가 당구대 위에서 굴러가는 공을 관찰할 수 있고, 그 크기와 속도를 측정할 수 있으며, 합의에 도달할 수 있다는 이론이다. 원칙적으로, 우리는 분자, 원자, 전자, 광자 등등에 대해서도 똑같이 할 수 있다. 당신의 자녀에 대한 뜨거운 사랑이나 힘든 등반과 관련한 격렬한 감정을 포함하여 세계에 대한 모든 사실들은 물리적 세계의 사실이며, 그 움직임은 인과적 힘에 따라 움직이는 메커니즘이다.

물리주의는 사고하는 실체가 제거된 데카르트 이원론이다. 둘이 아닌 단일한 실체가 모든 것을 지배한다. 그런 의미에서 물리주의는 이원론보다 더 단순한 설명이다. 모든 것을 이미 **레스 익스텐사**로 설명할 수 있는데, **레스 코기탄스**를 가정하는 이유가 무엇인가?

많은 학자에게 물리주의는, 신, 영혼, 사후 세계 등이 제우스(Zeus), 오딘, 사체액설〔히포크라테스에 의해 제안되었으며, 인체의 네 가지 체액인 혈액, 점액, 황담즙, 흑담즙 등의 불균형이 질병을 초래한다는 고대의 의학적 믿음이다〕, 평평한 지구 등과 함께 폐기되어 쓰레기통에 버려진 탈종교 시대에 취할 수 있는 분명하고도 유일한 입장처럼 보인다.

그러나 물리주의를 더 정확하게 정의하는 것은 어렵다. 그것은 물리적 법칙을 의미하는가? 불완전하다고 여겨지는 오늘날의 물리학은? 만약 그런 것이 존재하고 충분한 시간이 흘러 발견된다면 최종의 물리학 이론은 무엇인가? 그러나 그러한 최종이론은 제대로 해석된다면 정신적인 것을 포함할 듯싶다! 물리주의는 일종의 약속 노트, 즉 때가 되면, 초자연적인 법칙이 아닌, 자연법칙으로 현상적인 의식을 포함해 모든 것들을 완벽히 설명할 수 있을 것이라는 주장이다.

이러한 관점을 나는 **고전적 물리주의**(classical physicalism)라고 부르며, 이 관점은 비록 크게 주목받지 못했지만 위기에 몰려 있다. 이 관점은 내 자전거 같은 물체가 관찰자와의 상호작용에 의존하지 않는 확실한 속성을 가진다고 추정한다. 당신은 내 자전거가 확실한 정지질량을 가진다는 것을 알기 위해 그것을 볼 필요는 없다.[13] 하이젠베르크 이후로, 우리는 미시적 변수의 경우에 그렇지 않다는 것을 알고 있다. 더구나 물체의 속성은 내 자전거 주변의 특정 공간 내에서 일어나는 것에만 의존한다고 여겨진다. 이것을 **국소성**(locality)이라고 부른다. 그러나 지난 수십 년 동안의 초정밀 측정은 미세한 물체의 경우 그렇지 않다는 것을 결정적으로 입증했다. 양자얽힘시스템(Quantum entangled systems)에서는, 예를 들어 광자(photons) 한 쌍은 그것이 임의로 멀리 떨어져 있어도, 한 광자의 편광 각도와 같은 특징이 측정될 때까지 신비한 방식으로 서로 단단히 결합된 상태를 유지할 수 있으며, 이 경우 순간적으로 다른 얽힌 광자의 각도 역시, 심지어 백만 마일 떨어져 있더라도 특정 값을 지닌다. 측정되기 전까지 그 광자는 마치 마술처럼 거리에 상관없이 신비한 방식으로 서로 연결된 상태를 유지한다. 그리고 얽힌 입자 한 쌍에 대해 참인 것은 수백만 입자에 대해서도 참일 수 있다.

그런 물리적 실재가 관찰자에 의존적이며 비국소적(nonlocal)이라는 것은 이미 확립된 사실이며, "합리적인 의심을 넘어 확립된" 것으로 간주되는 하나의 실용적인 척도이다. 2022년 노벨 물리학상은 얽힌 광자 실험으로 비국소성을 입증한 양자물리학자 세 명, 알랭 아스페(Alain Aspect), 존 클라우저(John Clauser), 안톤 차일링거(Anton Zeilinger)에게 수여되었다.[14] 이것이 신체와 정신의 관계에 대해 무엇을 의미하는지 첨예한 논쟁이 벌어지고 있다. 의식은 비알고리즘 과정, 즉 컴퓨터에서 실행되는 일련의 특정 규칙이나 명령으로 설명하거나 표현할 수 없는 무엇인가? 물리학자 로저 펜로즈(Roger Penrose)는 일련의 저서에서, 특히 『황제의 새 마음(The Emperor's New Mind)』에서 의식적 경험을 양자역학적 파동함수의 환원 또는 붕괴와 긴밀히 연결시키며 이러한 견해를 강력히 표현했다.[15]

그 증거의 무게는 양자역학의 기준에 따라 뜨겁고 습한 상온에서 큰 유기체를 다룰 때, 양자역학적 효과가 사라진다는 기존의 견해를 뒷받침한다. 그러나 이것이 진화에 의한 수억 년의 자연선택으로 형성된 뇌의 모든 국면을 설명해 줄 유효한 가정인지 여부는 결정적으로 증명하기 어렵고, 아직 해결되지 않은 의문으로 남아 있다. 그렇지만 세포 내부 또는 세포 전체에서 양자 자원에 접근할 수 있다면, 고전적 자원에 비해 학습의 효율성과 속도 면에서 극적인 이점을 얻을 수 있다는 것에는 의문의 여지가 없다.[16]

이러한 주요 과제를 제쳐 두고, 환원적 물리주의라는 학파에서는 모든 정신상태가 그 기초 기질의 물리적 상태로 완전히 환원될 수 있으며, 모든 주관적 경험이 고유하게 연관된 뇌 상태를 지닌다고 가정한다. 오르가슴을 경험하는 것은, 어떤 뉴런은 발화하고 어떤 뉴런은 침묵하는 특정 뇌 상태와 동일하다. 이러한 신경 과정을 넘어서는 그 밖의 것은 아무것도 없다. 그것이 전부이다.

환원적 물리주의에 따르면, 과학자들이 모든 의식 상태가 방대한 뉴런 집합의 격발로 (또는 미세소관의 진동, 파동함수의 붕괴 등등으로) 완전하고 고유하게 환원되는 방식을 이해하기만 한다면 심리학은 신경과학으로, 그리고 궁극적으로는 물리학으로 대체될 수 있다. 마음은 곧 뇌이다. 현상적 느낌은 기초 물리학에 인과적인 차이를 만들지 못한다. 기초적 뇌 상태의 인과적 힘 위에 어떤 독립적 정신 현상도 존재하지 않는다.

정말로 정신상태가 물리적인 용어로 설명된다면, 그것이 어느 설명력을 더해 주지 못하므로 그것은 불필요해진다. 정신상태는 실제적 및 잠재적 행동을 기술하는 속기와 같다. 염증이 생긴 치아의 고통스러운 느낌은 신음하기 및 움츠리기, 입의 한쪽을 문지르기, 그쪽으로 씹기를 피하기, 혈압과 심박수 증가, 스트레스호르몬의 분비 등등과 동일하다. 이 모든 것들이 설명된다면 어려운 일은 없다. 느낌과 경험은, 그것들이 환상적인 것으로 무시되거나 심지어 완전히 제거되므로 더 이상 우리를 성가시게 할 수 없다. 이러한 "소거(deflationary)" 또는 "제거(eliminative)" 관점에서, 현상적이며 주관적인 경험이란 결국 초자아(superego), 오이디푸스콤플렉스(Oedipus complex) 및 구시대적 사고의 다른 구성과 같은 운명에 놓일 것이다.[17] 미국의 원로 철학자인 대니얼 데닛(Daniel Dennett)은 명확히 이렇게 외쳤다. "기묘한 주관적인 의식적 경험, 즉 빨강의 붉음과 통증의 고통스러움, 그런 것들을 철학자들이 감각질(qualia)이라 부른다고? 웃기는 환상이지."[18]

나는 시에라네바다(Sierra Nevada) 등반 여행을 치아 감염으로 인해 중단한 후 데닛에게 보낸 편지에서, 극심한 통증이 일종의 인지적 혼란에서 오는 환상일 뿐이라는 [그의 주장]을 믿을 수 없다고 썼다. 의식적 경험의 생생한 실재를 부정하는 것은 터무니없고 극단적인 형태의 가스라이팅이다. 파르메니데스(Parmenides), 플라톤, 아리스토텔레스 등은 그러한 부정을 최고의 지혜로 여기는 시대에 대해서 어떻게 생각했을까?[19]

통증, 절망, 비탄, 낙담, 고통, 외상(트라우마), 상실감, 우울함 등의 질적으로 느껴지는 양태를 설명하지 못하면, 그게 무슨 주의(any-ism)든 인간의 조건을 설명하지 못한다. 윌리엄 스타이런(William Styron)의 『보이는 어둠(Darkness Visible)』은 심각한 임상적 우울증의 지옥으로 빠져드는 과정을 생생하게 묘사한 책으로 실존적 무의미와 공허, "공포의 회색 이슬비" "절망 너머 절망", 삶에 대한 "지독한 무관심" 등에 대한 생생한 묘사로 가득하다. 우울증환자를 자살로 몰고 가는 것은 (스타이런 자신도 여러 번 자살을 고민했다) 이러한 경험의 고뇌이며, 그렇다는 것을 부정하기보다는 설명이 필요하다. 우울증에 대해 타당한 것은 다른 정신적 상황에도 똑같이 타당하다. 환자의 경험을 희생하면서 객관적인 행동 기준이나 생리적 기준(생리학 용어로 바이오마커)에만 집중해 치료하는 것은 환자의 복지에 미치는 영향이 제한적이다. 신경과학은 위험할 정도로 많이 알지만, 환자에게 도움이 될 만큼 충분히 알지는 못한다. 정신의학과 철학은 "정신질환"에 경험을 돌려주어야 한다.[20]

정신적 상태를 물리적 상태로 명확히 환원하는 데 방해가 되는 또 다른 개념적 장애물은, 경험이 여러 방식으로 실현될 수 있다는 사실이다. 그 사례로 통증을 생각해 보자. 모든 생명체는 통증을 경험한다. 성인과 어린이가 그러하며, 아직 뇌가 완전히 연결되지 않은 미숙아나 신생아도 그러하다. 당신이 개나 고양이와 삶을 공유해 보면, 그들도 통증을 느낀다는 것을 알게 된다. 오늘날 실험실에서는 연구 실험동물의 불편함과 통증을 제거하기 위해 많은 노력을 기울인다. 신경생물학에서는 물고기와 같은 비포유류 척추동물이나, 곤충과 같은 무척추동물이 중추정위반응(centralized orienting response, 특정 자극에 대한 집중적 반응)이나 자신의 상처 돌봄 같은 행동을 보일 때, 그들이 통증을 경험하는 범위에 대한 활발한 논쟁이 벌어지고 있다.

모든 생명체의 신경계는 서로 다르며, 심지어 때로는 근본적으로 다르기도 하다. 이것은 통증이 무수히 많은 다른 방식으로 실현될 수 있음을 의미한다. 그리고 통증의 느낌에 대해 참인 것은 두려워하거나 보는 것에 대해서도 마찬가지로 참이다. 이것이 바로 정신과 신체의 일대일 환원에 반대하는 다중실현가능성 논변(multiple realizability argument)이다. 그러나 정신적 상태를 단일하고도 고유한 정량적인 상태로 대응시키는(map) 프로그램은 또 다른 장애물에 부딪힌다.

계산적 마음

이러한 도전에 대해, 철학자 힐러리 퍼트넘(Hilary Putnam)은 정보화시대의 신화인 기계적 또는 **계산적 기능주의**를 채택했다.[21] 퍼트넘의 주장에 따르면, 통증은 일련의 행동 성향이 아니며, 신체의 실제적 또는 잠재적 손상을 감지하고, 회피행동을 취하는 기능적 상태(functional state)이다. 통증이 하는 역할을 서술하자면, 그것은 불쾌하고 혐오스러운 느낌을 유발해 "지금" 무언가를 해야 한다는 긴박감을 알려 준다. 통증은 온도, 압력, 관절 각도, 그리고 신체 전체에 분포된 다른 내수용 감각기(interoceptive sensors)를 포함하는 입력에 의해 촉발되며, 팔다리를 빼거나 통증의 원인을 향해 방향을 바꾸고 소리를 지르는 등의 방어 행동을 촉발하지만, 그러한 활동은 늑대에게 쫓기는 경우처럼 더 우선적인 사건이 발생하게 되면 무시된다.

이러한 인과적 관계를 지원하는 기능적 상태는 문어, 개, 인간, 심지어 리들리 스콧(Ridley Scott)의 동명 영화에서처럼 에이리언 등의 신경계 내에서 실현되더라도 변함없이 통증과 연관될 것이다. 정신적 상태에서 중요한 것은, 환경, 감각 입력, 운동 출력, 그리고 다른 정신적 상태와의 인과적 관계를 포함해 그것이 유기체에서 수행하는 역할이다. 그 메커니즘의 물리학, 그 시스템이 만들어지는 것들과 그 시스템이 서로 연결되는 방식은 세부(실제적) 구현이다.

퍼트넘은 이러한 기능적 상태가 범용튜링기계(universal Turing machine)에서 구현될 수 있다고 제안했다. 디지털컴퓨터와 스마트폰은 튜링기계에 가까우며, 신경계는 튜링기계처럼 고려될 수 있어서, 결정론적인 실무율 상태 전환이 확률론적 상태 전환으로 대체된다. 그 세부 구현은 문제 되지 않으며, 오직 추상적 연산만이 중요하다.[22]

그 기능적 상태 설명이 기초적인 물질적 기질에 독립적임을 고려해서, 만약 그 동일한 인과적 관계가 (마치 개나 사람처럼) 테슬라(Tesla, 전기차)에도 유지된다면, 테슬라는 손상될 때 통증을 느낄 것이며, 또는 자체의 배터리가 방전될 때 피곤함을 느낄 것이며, 가까운 서비스 센터를 찾게 될 것이다.

이런 세계관에서 당신은 신체를 지닌 튜링기계인 셈이다. 당신은 자체의 프로그래밍을 알지 못하는 로봇이다. 소프트웨어로서 마음이란 철학과 컴퓨터과학 학과 내에서 지배적 교리이다. 그 교리가 기술 산업을 지배하고 있으며, 첨단 인공지능이 지각력을 지니게 될 것이라는 동시대 논증의 핵심이다. 이 교리는 할리우드 영화의 주류를 이룬다. 컬트(cult, 특정 팬층을 형성하고 있는) SF 영화 〈블레이드 러너(Blade Runner)〉의 레이첼, 다크 사이코드라마 〈엑스 마키나〈Ex Machina〉〉의 에이바, 〈프로메테우스(Prometheus)〉의 데이비드, 〈웨스트월드(Westworld)〉, 〈다크 미러(Dark Mirror)〉 그리고 다른 수많은 쇼와 영화의 캐릭터는 말할 것도 없다.

그러나 의식을 일종의 기능 또는 어떤 종류의 계산으로 환원하는 것은 나를 [그 입장에 대해] 냉담하게 만든다. 한 유형의 계산, 즉 나와 내 주변 시각적 환경의 다른 물체 사이의 거리를 계산하는 것은 무의식적인 반면, 다른 유형의 계산, 즉 내 몸의 상태를 평가하는 것은 왜 주관성과 함께하는 것인가? 이러한 느낌은 어디에서 오는 것인가? 그것이 무엇인가? 그것은 물리적인 것에서 어떻게 나오는 것인가? 이런 질문들은 계산 이론을 뛰어넘는 새로운 수준의 설명을 요구한다.

정말로 일부 철학자들은 물리적인 것과 현상적인 것 사이에 메울 수 없는 **설명의 간극**(explanatory gap)이 있다고 주장한다. 당신은 시드니 해리스(Sidney Harris)가 그린 유명한 《뉴요커(New Yorker)》 만평을 보았을 것이다. 한 물리학자가 칠판 왼쪽에 복잡한 수식을 적는 중, 다른 물리학자가 칠판 오른쪽에 그 계산 결과를 적는다. 그리고 그중 한 사람이 칠판 중앙에 "그러면 기적이 일어납니다……"라고 적는다. 자세한 설명을 생략한 채 단순히 기적이 일어난다고 말하는 것이 바로 설명의 간극이다. 비록 경험이 뇌와 같은 기질에 의존한다는 것을 인정하더라도, 어떤 물리적 상태가 특정 느낌을 왜 가져야 하는가?[23] 진공청소기는 아무것도 느끼지 않는데 왜 뇌는 느껴야 하는가? 특정 상태에 대해 그것을 "무엇과 같은 느낌"으로 선별하는 것은 무엇인가?

물리적 상태와 경험 사이에 어떤 추론도 성립하지 않는다. 이것은 현재 우리가 생각하는 물리주의가 적어도 불완전하다는 것을 의미한다.

이것은 나를 좀비 이야기로 이끈다! 철학자 로버트 커크(Robert Kirk)가 처음 소개하고 데이비드 차머스(David Chalmers)에 의해 다듬어지고 널리 알려진 좀비는, 그들이 느낌을 갖지 못한다는 것을 제외하면 당신이나 나와 구별할 수 없는 상상의 생명체이다. 그들은 어떤 마음도 갖지 못한다. 할리우드 영화의 좀비와 달리, 철학적 좀비는 인간의 살을 애호하지 않는다. 좀비는 우리를 속이고 안심시키기 위해 자신의 감정에 대해 이야기한다. 그러나 그것은 모두 정교한 거짓말이다.

차머스는 뜻밖의 베스트셀러인 자신의 박사학위논문, 「의식적 마음(The Conscious Mind)」에서 그런 좀비의 존재가 물리주의와 양립할 수 있는지 묻는다. 경험을 갖지 못하면서도, 모든 면에서 우리와 구별할 수 없는 세계를 상상할 수 있는가? 차머스는 그렇다고 대답한다. 양자역학이나 일반상대성이론의 기본 방정식은 경험을 전혀 언급하지 않으며, 화학이나 분자생물학도 마찬가지이다. 좀비의 가능성과 모순되는 어떤 과학적 또는 논리적 사실도 없다. 그러나 우리의 세계에서 경험은 주어진, 즉 엄연한 사실이다. 따라서 의식은 물리주의를 넘어선 실재의 또 다른 측면이다.[24]

설명의 간극 한쪽에는 차머스가 '쉬운 문제(the Easy Problem)'라고 부르는 것이 있다. 통증의 기능을 규명하는 것은, 예를 들어 당신의 손에 산성 물질을 흘린 것과, 피부에서 부식성 물질을 씻어 내기 위해 수도꼭지로 달려가는 당신의 반응 사이에 사건들의 인과적 연쇄를 단계적으로 추적하는 것을 의미한다. 그러한 기계적인 연쇄를 파악하는 것이 과학자들이 하는 일이다. 이것은 매우 복잡할 수 있지만, 개념적으로는 단순한 일이다. 설명의 간극 반대편에는 격렬한 통증의 의식적 경험을 설명해야 하는, '어려운 문제(the Hard Problem)'가 있다. 차머스는 그 간극을 넘어 주관성에 도달하기, 즉 대문자 H가 붙은 어려운 문제는 불가능할 것이라고 주장한다. 의식의 쉬운 문제와 어려운 문제 사이의 구분은 톰 스토파드(Tom Stoppard)의 희곡을 비롯한 수많은 이차 문헌을 탄생시켰다. 그것이 과연 진정으로 불가능한 채로 남을지 지켜볼 일이다.[25]

경험은 어디에나 있다

물리주의는 매우 반직관적이며, 양자역학의 잘 확립된 비국소성에도 불구하고 철학과 과학에서 여전히 정설로 남아 있다.[26] 물리주의라는 독수리는 그 적인 이원론을 성공적으로 물리치며, "이원론은 논쟁할 만한 진지한 견해가 아니라, 오히려 상대를 밀어붙일 수 있는 절벽"이라고 외친 데닛의 목소리로 패권을 외친다.[27] 그렇지만 이러한 승리 주장은 시기상조이며, 고전적 물리주의는 쇠퇴기에 접어들었다. 마음에 대한 훨씬 오래된 사고방식이

놀라운 르네상스를 누리는 중이다.[28]

심리철학은 두 극(poles)의 힘의 장(forcefield), 즉 한편으로 물리주의와 다른 편으로 관념론과 연관된, 물리적인 것과 정신적인 것 사이에 사로잡혀 있었다. 20세기와 21세기 앵글로색슨 세계의 군사적, 정치적, 경제적, 문화적 지배의 흥망성쇠는 물리주의에만 집중한 분석철학(analytic philosophy)의 흥망성쇠에 반영된다. 관념론은, 궁극적으로 모든 것이 마음의 표명이란 주장을 유지하며 전통 분석철학의 범위 밖에 있으며, 철학자이자 컴퓨터 과학자인 베르나르도 카스트룹(Bernardo Kastrup)은 관념론이 실재를 이해하는 가장 합리적인 접근법이라고 강력히 옹호하는 데 앞장서고 있다.[29]

관념론은 유일하게 부활하는 학파는 아니며, 더 오래되고 희미한 목소리가 다시 들려오고 있다. 이원론이 물리적인 것과 정신적인 것을 조화시키려 하지만, 그것들이 어떻게 그렇게 긴밀히 연결될 수 있을지 설명하는 데 어려움을 겪는 반면, 다른 관점은 물리적인 것과 정신적인 것이 실재의 기저 수준에서 밀접하게 관련된다고 주장한다. 이러한 고대의 가르침은 범심론으로 알려져 있으며, 물리적인 것들은 어느 것이든 의식적인 부분으로 만들어지거나 더 큰 의식적 전체의 일부를 형성한다고 추정한다. 궁극적으로, 의식은 물질의 구성 요소[입자 또는 관련 장(fields)]에 본래부터 내재되어 있다. 범심론은 놀랍게도 어느 정도 인기를 다시 회복했다.[30]

어느 관련된 관점은 물리적인 것과 정신적인 것이 동일한 원초적 실체(Ur-substance)의 서로 다른 측면이라고 본다. 서구의 가장 뛰어난 일부 지성들, 심리학의 창시자인 구스타프 페히너(Gustav Fechner), 빌헬름 분트(Wilhelm Wundt), 윌리엄 제임스, 그리고 논리학자이며 철학자인 버트런드 러셀(Bertrand Russell) 등이 이런 입장을 취했다.

러셀의 주장에 따르면, 물리학은 물질의 내재적 본성에 대해 말할 것이 없으며, 오히려 정지 상태의 전하를 띤 입자 사이의 힘을 지배하는 쿨롱 법칙(Coulomb's law)을 통해 물질의 조각과 조각이 서로 어떻게 관련되는지를 설명할 뿐이다. 어느 수준으로 세분화된 물리적 설명이란 기관, 세포, 소기관, 분자, 원자, 핵, 장 등등의 인과적 상호작용에 관한 것이다. 궁극적으로, 물질세계란 기초 실체들이 서로 인과적 관계를 맺고 있는 거대한 매트릭스이다. 물리학은 이러한 것들(entities)의 내적 본성에 대해서는 말하지 않는다. 그런 것들은 손이 닿지 않는 곳에 있다.

러셀은 마음이 물리적인 것의 내재적 본성이라 주장한다. 의식은 뇌의 인과적 구조에 대한 내적 조망이다. 의식은 사람들이 무엇과 같다고 느끼는 방식이다. 그리고 다른 모든 것도 마찬가지이다. 뇌와 같은 모든 물리적 메커니즘은 외적, 공개적 속성과 내적, 사적 속성을 모두 가진다. 범심론의 형이상학은 그것이 그 상호작용 문제를 해결하고, 그 상호작용이 (인간의 뇌처럼) 크고 복잡해지면, 정신적인 것이 어떻게 물리적인 것에서 "출현"했을지 설명할 필요를 제거하는 만큼, 우아하다. 정신적인 것이 물리적인 것과 동전의 양면처럼 항상 결합되어 있기에 그 출현을 가정할 필요는 없다.

범심론의 한 가지 함축은 정신적인 것이 어디에나 존재한다는 것이다. 즉, 동물뿐만 아니라, 식물, 원생동물, 박테리아에도 존재한다는 것이다. 그런데 여기에서 멈추지 않는다. 범심론에 따르면 정신적인 것은 물질의 궁극적인 구성 요소에까지 확장되지만, 기본입자가 충분히 어떤 느낌을 가진다고 주장할 사람은 아무도 없다. 대부분의 사람들은 이런 개념이 매우 반직관적이라고 생각한다. 그렇지만 그 개념이 사실과 일관성이 없는 것은 아니다.

범심론은 **조합 문제**(combination problem)라는 개념적 난제에 시달리고 있다. 정신적인 것의 경계가 어디인가? 당신이 존재하고 내가 존재한다. 그러나 우리 모두의 경험을 공유하는 합쳐진 마음은 결코 존재하지 않는다. 범심론은 우리를 분리시키는 것을 어떻게 설명할 수 있는가? 미국은 아무것도 느끼지 않는다. 비록 그곳에 3억 명이 넘는 의식적 미국 시민이 있음에도 불구하고 말이다. 집단은 군사 퍼레이드나 군무처럼 고도로 동기화되고 잘 연습된 의식에 참여할 수 있지만, 사람들은 자신들의 개인적 마음을 집단적 마음으로 넘겨주지는 않는다. 원자들이 분자, 소기관, 기관, 유기체 등으로 결합하는 것과 달리, 경험은 더 커다란 경험, 즉 집단적 마음으로 결합하지 않는다. 1000억 개 (마음이 없는) 뉴런들이 모여서 인간의 마음을 구성하지만, 어째서 모든 사람들의 집단적 초월적 마음(über-mind)으로 더 이상 합쳐질 수 없는가? 무엇이 내 마음과 당신의 마음을 구분하는가?

모든 것들이 외재적 측면과 내재적 측면을 모두 가진다고 주장하는 것 외에, 범심론은 이러한 질문들에 침묵한다. 마음은 그 기질의 물리적 구성, 즉 그 조직에 의해 결정되는가, 아니면 그 상호연결 방식, 즉 구조에 의해 결정되는가? 아니면 그것이 하는 것, 즉 그 기능에 의해 결정되는가? 마음의 경계는 어디인가? 수천억 개 별이 모여 있는 우리 은하계는 대략 비슷한 수인 세포로 구성된 인간의 마음보다 더 큰 도량(capacious)을 가지는가? 그럴 것 같지 않은데, 범심론이 그 이유를 설명해 줄 것 같지는 않다.[31]

그러나 오늘날 가장 흥미로운 의식 이론은 현재 가장 뜨거운 질문, 즉 기계 의식의 전망을 포함해, 이런저런 질문에 대답해 줄 수 있다.

무엇이
진실로
존재하는가

5

**무엇이
진실로
존재하는가**

존재에 대한 온전한 이해 없이 정신적인 것의 본성을 명확히 이해할 수 없다. 그 이해를 위해 의식적 마음이라는 절대적인 존재를, 뇌와 같은 사물의 더 파생적이며 더 작은 형태의 존재와 구분해야 한다. 그것을 설명해 보자.

꿈을 꾸지 않는 수면에 들게 되면 어떤 경험도 갖지 못한다. 즉, 아무것도 존재하지 않는다. 즉, 나는 나 자체로 존재하지 않는다. 나의 잠자는 신체는 침대에서 누워 숨을 들이쉬고 내쉬며, 그것을 다른 사람들이 관찰할 수 있다. 그러나 나에게 관찰되지는 않는다. 이것은 **상대적**(relative) 또는 **외재적**(extrinsic) **존재**, 즉 타인을 위한 존재이다. 별, 바위, 자동차, 쓰레기통 등은 이러한 파생적인 방식으로, 즉 그 자체로서가 아니라 오직 타자를 위해서만 존재한다.

잠에서 깨어나 전화벨을 끄기 위해 비틀거리며 더듬을 때, 나는 없던 곳으로부터 '있음'으로 돌아온다. 이런 마음은 삐걱거리는 소리를 듣고 누워 있는 신체를 감각하지만, 여기가 어디인지 또는 오늘이 어떤 날인지 온전히 알지 못한다. 그러나 그 시점에서 의식적 마음은 이미 그 자체로(for itself), 즉 내재적으로 (intrinsically, 본래적으로) 존재한다. 그 마음이 무언가를 고상하다거나 신비롭다거나 뜨겁게 경험할 필요는 없다. 상당한 의식적 내용 없이 그저 **있다**(being)는 것만으로도 **내재적 존재**로서 충분하다. 없음과 대비되는 있음이다. 이것이 **절대적 존재**(absolute existence)이며, 가질 가치가 있는 유일한 존재이다.

의식은 다른 모든 것의 발판이며, 그 물리적 기질인 뇌가 아니다. 이러한 출발점은 통합정보이론을 제안하도록 만들며, 이는 뇌에서 출발하는, 그래서 계산적 기능주의를 사용해 뇌로부터 의식을 억지로 짜내어 설명하려는 다른 현대 이론들과 크게 다른 지점이다. IIT는 의식에서 논의를 시작하며, 뇌에서 시작하지 않는다.

오직 인과적 힘을 지닌 것만 존재한다

내재적 존재와 외재적 존재의 구분을 **인과적 힘**(causal power)의 측면에서 공식화하는 것이 통합정보이론의 핵심이다. 인과적 힘, 즉 변화의 재원인 이 능력은 많은 사람이 버거워하는 정교한 수학적 등딱지 아래 놓여 있다. 이 이론은 아래와 같은 상당히 놀라운 결론에 도달한다. 현상적 경험이 [세계에] 널리 퍼져 있으며 정량화 가능하고, 현재 상상되는 디지털컴퓨터는 그것을 극히 일부분만 가지며 (우리 마음이 그렇듯이) 마음은 자유의지(free will)를 갖는다.

이 이론과 그 수학적 토대는, 이탈리아의 뛰어난 정신과의사이며 매디슨(Madison)에 위치한 위스콘신대학교의 신경과학과 교수인 줄리오 토노니(Giulio Tononi)가 설계한 지적 건축물을 구성한다.

토노니의 비전에 따라, 그리고 나를 비롯한 많은 협력자들의 도움에 따라, IIT는 경험적으로 시험 가능한 체계로 발전했고, 그 체계는 많은 사실들을 설명하고, 새로운 현상을 예측하며, 예상치 못한 방식으로 확대 추론될(extrapolated) 수 있다. 많은 사람이 IIT의 뚜렷한 아름다움, 즉 상당히 상세하게 설명되는 그 존재론(ontology)에 매료되고 있다. 실제로 Φ를 계산하고, 매우 간단한 모델 회로의 인과적 구조를 펼치기 위한 컴퓨터 코드가 있다.[1] 이러한 출발점은 과학에서 드문 것으로, 이 이론을 독특하게 만들어 준다. 그렇지만 존재에 대한 주관성을 그 중심에 놓는 비타협적 입장과, 이 이론의 일부 함축적 의미는 적지 않은 논란을 불러일으키는 이유이기도 하다.

이 이론의 옴팔로스(요체)는 의식과 경험이 느끼는 방식에 있다. 다시 말하지만, 다른 모든 이론들은 아주 다른 곳에서 출발한다. 즉, 양자역학 파동함수의 붕괴와 같은 특별한 유형의 사건에서, 고주파 뇌파와 같은 특별한 신경 신호 또는 활동에서, 얼굴을 보고 버튼을 누르는 특별한 행동에서, 중앙 버퍼(central buffer, 임시저장소)인 칠판에 정보를 쓰는 것과 같은 특별한 기능에서, 전역 방송(global broadcast)과 같은 특별한 계산에서 출발한다. 그러한 이론들은 이런 특별한 사건, 활동, 행동, 기능, 또는 계산 등이 의식과 밀접하게 관련되거나 의식을 구성한다고 주장한다. 바로 이러한 차이가 IIT를 다른 모든 의식 이론과 구분하게 만든다.[2]✢

프랜시스 크릭과 나는 수년 전, 초당 40회 정도 윙윙거리는 전기적 뇌 활동이 의식을 위한 필수 신경 신호라고 제안했다. 우리 생각을 포함해 이러한 생각은 왜 어느 사건, 활동, 행동, 기능, 또는 계산이 반드시 의식을 일으키는가라는 원칙적 문제에 시달리고 있다. 비록 가장 복잡하긴 하지만, 당신의 뇌도 어느 다른 것처럼 우주의 한 부분에 불과하다. 왜 뇌 내부의 일부, 오직 뇌 내부의 **특정** 분자나 뉴런의 소동만이 고통이나 즐거움, 보거나 듣는 등의 주관적인 경험과 반드시 연관되는가? 내연기관 내부의 휘발유 산화가 자동차로 하여금 따뜻함을 느끼게 만들어 주거나, 트랜지스터 게이트에 흐르는 전하가 간지럼과 연관된다고 믿을 사람은 아무도 없다. 그렇다면 왜 두개골 내부의 일부 뉴런의 윙윙거림만이 그런 묘기를 부리는가? 이런 것들은 두 가지 서로 다른 영역이다. 즉, 한편으로 메커니즘이 작동해 움직이는 물질적

✢ 위의 이론 및 연구는 첫째, 양자파동함수붕괴이론(Quantum Wave Function Collapse Theory), 둘째, 고주파신경활동(High-Frequency Neural Activity)연구, 이후는 전역뉴런작업공간이론(Global Neuronal Workspace Theory, GNWT) 같은 여러 연구를 가리킨다.

세계가 있고, 다른 편으로 경험이라는 정신적 세계가 있다. 이것이 바로 객관적인 물리적 사건과 주관성 사이의 설명적 간극을 가로지르는 차머스의 '어려운 문제'이다.

통합정보이론은 뇌 활동이라는 물을 의식이라는 포도주로 바꾸는 기적을 요구하지 않는다. 왜냐하면 이 이론은 후자(의식), 즉 내재적인 존재에서 시작하기 때문이다.

이 이론은 실재론, 즉 사람, 개, 도구, 원자 등이 내 경험과 무관하게 존재한다는 형이상학적 입장을 받아들인다. 세계는 내가 의식하지 않을 때에도 존재한다. 내가 깊은 잠에 빠져 있는 동안 세계의 세세한 부분들이 양자역학적으로 달라질 수 있지만, 그 존재는 달라지지 않는다. 실재론을 받아들인다는 것은 놀라울 만치 급진적인 태도이다. 내 경험 외부에 아무것도 존재하지 않는다는 반대의 믿음을 생각해 보자. 우주는 나와 함께 태어났고, 나와 함께 죽을 것이다. 이런 태도는 당신, 이 책, 그리고 다른 모든 것들이 내 마음의 산물이라는 논제인 **유아론**(solipsism)이다. 〔이런 입장에 대해〕엄밀한 논리적 근거로 반박하기란 불가능하다. 나는 이런 극단적인 형태의 자기중심주의에 대해, 그것이 세계에 대해 아무것도 설명하지 못하는 만큼, 조금도 시간을 낭비하지 않는다. 그것은 단지 모든 것들을 내 경험으로 되돌려 놓는다. 유아론은 자아에 사로잡힌 사람들을 위한 것이다.

이상한 믿음을 주제로 이야기하고 있긴 하지만, 다른 가설, **시뮬레이션 가설**(simulation hypothesis)에 대해 이야기해 보자. 그 가설은 이렇게 주장한다. 우리가 살아가는 현실은 다음 단계의 우주에서 실행되는 초현실적(hyper-realistic) 컴퓨터시뮬레이션이다. 나는 완전한 확신에서 내가 매트릭스 속에 살고 있지 않다고 반박할 수 없다. 이것은 마치 고대 중국의 도가 철학자 장자가 "나비의 꿈속에서 나는 장자였다"라고 한 말을 반박할 수 없는 것과 같다. 비록 열띤 토론으로 시간을 보내는 것이 지적으로 즐겁기는 하겠지만, 논리적 가능성이 물리적 가능성을 함축하지는 않는다. 시뮬레이션 가설은 천사론(angelology)과 많은 부분을 공유하는데, 그 역사적 논쟁은 중세 스콜라철학자들 사이에서 천사 및 다른 초자연적 존재의 위계와 관련된 것이었다. 둘 모두 이 세계를 설명하는 데 마찬가지로 빈약하다.[3]

물론 어떤 것이 수학적으로 엄격히 증명될 수 있을지 여부는 처음 상상할 수 있는 것보다 덜 중요하다. 지난 세기의 논리학자들, 특히 은둔의 철학자 쿠르트 괴델(Kurt Gödel)이 공식적으로 명확히 증명했듯이, 모든 복잡한 공리 체계는 참인지 거짓인지를 증명할 수 없는 진술을 포함한다. 심지어 그러한 공리 체계가 자기 일관성이 있다는, 즉 모순되는 진술을 포함하지 않는다는 것을 보여 줄 수도 없다.✛ 이것이 무슨 뜻인지 알아보기 위해

✛ 괴델의 "불완전성정리"로 알려진 이 명제는 1930년과 1931년에 걸쳐 발표되었다. 이 정리에 따르면, 가장 엄밀해 보이는 수학의 공리 체계조차 자신의 체계가 옳다는 것을 입증할 완전한 체계성을 보여 줄 수 없다는 것이다. 이 정리에 따라, 당시까지 순수한 사유만으로 철학 자체의 완전한 논리적 증명의 체계를 세울 수 있다는 데카르트의 믿음을 철학자들이 내려놓게 만들었고, 후대의 학자들, 특히 하버드의 콰인이 사변(선험)철학에서 벗어나, 과학적 철학을 탐구해야 한다는 철학의 자연주의(naturalism)를 주장하게 만들었다. 그 이후로 철학을 과학적으로 연구하는 태도 및 방법이 장려되었다.

구문적으로 완벽하게 타당한 구문, "이 진술문은 거짓이다(This statement is false)"를 생각해 보자. 만약 우리가 이 진술문을 참인 진술문으로 받아들이면서 그냥 소리 내어 읽는다면, 그 말은 분명히 거짓임을 표현한 것이다. 그러나 반대로 그 말은 참이라는 것을 함축하며, 이것은 명시적으로 말하는 것과 모순된다.✢ 이것은 우로보로스(ouroboros)의 언어적 버전으로, 이 뱀은 자기 꼬리를 문다. 만약 논리가 세 어절로 표현하는 역설조차 다루지 못한다면, 우리가 세계의 복잡성을 다루지 못한다는 것이 전혀 놀랄 일은 아니다.

내 경험 외부에 지속적인 대상이 있다는 합리적인 가정 외에, 통합정보이론은 사물들이 원인 결과 힘(cause-effect power)을 갖는 만큼 존재한다는 것을 전제한다. 산타클로스나 (고전물리학자들이 빈 공간을 통해 광파를 전파할 수 있다고 가정했던 공간을 채우는 물질인) 발광 에테르(aether)와 같은 것이 어떤 차이를 만들지도 영향을 미칠 수도 없다면, 그것은 어떤 인과적 힘도 갖지 못하며, 따라서 무시될 수 있다.4

인과적 힘은 불가해한 개념이 아니라, 어떤 것이 변화의 원천이 될 수 있는 만큼 매우 구체적인 개념이다. 즉, 저쪽의 뉴런 세 개가 동시에 켜지는 것이 이쪽의 뉴런을 꺼지도록 하는 원인이 된다는 사실과 같다. 인과적 힘은 그 시스템의 최근 과거가 현재

✢ "이 진술문은 거짓이다"라는 말을 말하는 사람은 한편으로 자신이 한 말이 거짓임을 말하지만, 다른 한편으로 자신의 말이 참이라는 것을 표현하는 것이기도 하다. 이것은 철학 내에 "거짓말쟁이 역설"의 문제로 알려져 있다.

상태를 규정하는 능력[원인 힘(cause power)]과, 그 현재 상태가 즉각적 미래 상태를 규정하는 정도[결과 힘(effect power)]이다. 예를 들어 망치를 생각해 보자. 나는 망치를 집어 들고 그 손잡이를 쥘 수 있다. 나는 그 무거운 무게를 느끼고, 벽에 못을 박는 데 사용한다. 이런 방식으로 나는 이 망치가 여느 다른 것과 마찬가지로 존재한다는 것을 스스로 납득한다. 즉, 무엇이 만약 조작 가능하다면, 만약 그것이 차이(difference)를 만들 수 있다면(원인 힘), 그리고 이것이 관찰 가능한 효과를 가진다면, 그것이 다름(difference)을 일으킬 수 있다면(결과 힘), 그것은 존재한다. 조작에는 망치질뿐만 아니라, 스위치나 뉴런을 켜고 끄기, 전극으로 전류를 주입하기, 초음파, 전파, 레이저 빛 등으로 탐침하기가 포함된다. 관찰에는 육안으로 보거나, 망원경, 현미경, 자기 스캐너(magnetic scanners), 그리고 다른 도구에 의한 파악이 포함된다.[5]

물리적 사물, 즉 분자, 신경세포, 신체, 행성 등은 그것과 관련된 중력장과 전자기장에 의해 인과적 힘을 가져서, 경우에 따라 서로 끌어당기고 밀쳐 낸다.[6] 어떤 것에 "다름"을 만들 수 없거나 영향을 받을 수 없는 무언가는 인과적으로 무력하다. 그것은 존재의 관점에서 무시될 수 있다.

당신은 "신"이나 "미국"과 같은 비물리적인 것들도 인과적 힘을 가질 수 있다는 것에 반대할지도 모른다. 이것은 의심의 여지가 없는 참이다. 그렇지만 신이란 인과적 힘은 그것을 믿는 신자의 마음을 통해 전달된다. 이러한 최고의 존재에 대한 믿음은 그들을 덕망이 높게 만들어 주거나 또는 살인을 저지르게 만들기도 한다. 마찬가지로, 미국은 법안을 통과시키고 화폐를 발행하며 전쟁을 일으키는 등, 오직 미국이 그러한 힘을 지닌다고 사람들이 의식적으로 받아들이는 정도까지만 자체의 인과적 힘을 발휘한다. 그러한 집단적 믿음이 없다면 미국의 모든 힘은 위축된다(오늘날 로마 공화국이 얼마나 많은 인과적 힘을 가지겠는가?).

이것은 작고, 초록빛이 도는 지폐의 인과적 힘에 대해서도 참이다. 지폐는 물건, 부동산, 노동력 등을 위해 거래될 수 있는 놀라운 능력을 지닌다. 그 인과적 힘은 전 지구적 의식적 믿음, 즉 돈에 대한 심리에 의존하며, 그 힘은 금융위기 동안에는 강해지고 인플레이션이 추악한 머리를 들면 약해진다.[7]

인과적 힘을 어떻게 측정할 수 있는가? 돈의 힘이 가지는 조작적 측정치(operational measurement)는 어느 시간 및 장소에서 표준화된 상품 바구니의 비용과 같다. 1달러로 얼마를 살 수 있을까? 이것은 사실상 정부가 인플레이션을 측정하고 물가를 조정하는 방법이다. 통합정보이론 역시 **원인 결과 힘**이라 불리는 조작적 정의(operational definition)를 채택한다. 그것은 조사 중인 시스템의 모든 구성 요소들을 조작하고, 그 결과를 관찰함으로써 정량화된다.

(구체적으로) 신경 회로에 대해 생각해 보자. 그것은 신경 회로에 가능한 모든 시냅스 입력과 모든 연관된 출력들을 목록으로 작성해봄으로써 충분히 알아볼 수 있다. 이런 시냅스 입력을 작

동시키면, 그 해당 뉴런의 격발 활동(firing activity)은 이런저런 방식으로 변화한다. 이것을 개별 뉴런에 대해 작동시켜 볼 수 있어서, 뉴런을 켜고 꺼 보며, 전체 회로 내의 (어느 것이든) 효과에 주목해 본다. 뉴런은 매우 비선형적으로 작동할 수 있어서, 다음에 모든 가능한 뉴런 쌍들을 켜고 꺼 보기를 해봄으로써, 그 결과가 결정된다. 그런 다음 이 과정이 모든 세트(triplet)에서 반복된다. 물론 수십억 뉴런에 대해 이 과정을 철저히 수행하는 것은 불가능하지만, 원칙적으로 이러한 진행 방식은 매우 명확하며 마술 같은 작용에 호소할 필요가 없다.

사실상 피할 수 없는 무작위성으로 인해, 작은 시냅스를 켜고 끄는 것이 매번 동일하고 재현 가능한 결과로 이어지지는 않는다. 따라서 더욱 일반적인 접근 방법은 조건부 확률을 고려하는 것이다. 예를 들어, 만약 열 개 시냅스 입력이 활성화되면 그 뉴런은 75퍼센트의 시간 동안 켜지고, 나머지 25퍼센트는 꺼진 상태로 유지된다. 그 결과는, 그 시스템이 시냅스 입력과 뉴런 출력을 가지는 수만큼의 행과 열이 있는 표(table)인, 그 시스템의 **전이확률행렬**(system's transition probability matrix)로 정리된다. 이런 행렬은 시스템이 하는 작용을 철저히 묘사한다. 실제로 그 전이확률행렬은 그 시스템이 무엇인지 규정해 준다. 동일한 원리가 수십억 트랜지스터로 구성된 컴퓨터의 중앙처리장치(central processing unit)에도 적용된다. 이쪽의 일부 게이트(gates)가 뒤집히면, 저쪽의 트랜지스터에 변화가 일어난다. 이렇게 하면 컴퓨터의 전이확률행렬이 완전히 규정된다.

존재를 인과적 힘으로 규정하기는 그 기원이 플라톤으로 거슬러 올라가며, 과학이 힉스 보손(Higgs boson), 바이러스, 블랙홀 등과 같은 무언가의 존재를 약정할 때, 무엇을 의미하는지에 대해 거의 보편적이지만 거의 인정되지 않는 원리이다.[8] 근본적 의미에서 존재하는 모든 것들은 인과적 힘, 즉 차이를 만들어 다름을 유발하는 힘을 지닌다. 모든 물리학은, 조건부 확률(conditional probabilities)을 이용하는, 이런 조작적 방식으로 표현될 수 있다. 이것이 바로 물리적인 것, 즉 다른 것에 인과적 힘을 갖는다는 것의 의미이다.[9]

모든 경험의 속성

인과적 힘에 관한 이런 규정에 근거해서, IIT는 주관적 경험을 현상적 존재의 다섯 공리(axioms)를 통해 설명한다. 이런 공리들은 어느 모든 인간의 경험에 대해 확실히 참이고, 서로 일관성이 있으면서도 독립적이고 완전하다. 즉, 모든 경험에 대해 보편적으로 참인 다른 공리는 존재하지 않는다. 이러한 현상적 공리들은 학교에서 배우는 유클리드기하학의 공리와 비슷한 역할을 한다. 이러한 공리들로부터, 가설로 번역된 모든 이론의 결론이 도출되거나 확대 추론된다.

그 공리들은 경험의 본질적인 속성들에 관한 것들이다. 많은 논문들과 나의 지난 책에서 이러한 것들을 다루었으므로, 여기서

는 간략히 설명하겠다.[10]

그 첫째 공리는 **내재성**(intrinsicality)이다. 이것은 어느 경험이든 주관적이며 그 자체로 존재하며, 다른 것을 위해 존재하지 않는다는 것을 의미한다. 그것은 외부의 관점이 아니라 내부의 관점, 즉 내재적 관점에서 존재한다.

둘째 공리는 **정보**(information)이다. 모든 경험은 특정하다. 이 책을 읽는 것은 특정한 방식으로 느껴진다. 만약 달랐다면, 그것은 이 경험이 아니었을 것이다.

셋째 공리는 **통합**(integration)이다. 이것은 모든 경험의 단일하고 분리되지 않은 본성을 반영한다. 이 글을 쓰는 나는 바람이 파도 위의 하얀 모자를 몰고 가는 워싱턴 호수를 배경으로 잎이 없는 나무들(겨울이라서)의 형태를 바라본다. 이런 경험은 왼쪽 시야가 그 옆의 오른쪽 시야와 합쳐지고, 그 두 시야에 우는 바람 소리가 겹치는 방식으로 구성되지 않는다. 그렇다, 그것은 하나의 전체적 경험이다. 물론 나는 내 눈을 옮길 수 있고, 왼쪽이나 오른쪽 또는 소리 나는 쪽으로 주의를 기울일 수도 있다. 그러나 이 모든 것들은 각각 조금씩 다른 경험들이며, 다시 말하지만 단일하게 통합된 경험이다.

양자물리학자 에르빈 슈뢰딩거(Erwin Schrödinger)는 그의 이름이 (유명한) 방정식과 (불행한) 고양이에 붙여졌던 인물로, 그는 다음과 같이 표현했다. "의식은 결코 복수로 경험되지 않고, 오직 단수로만 경험된다. 우리 중 누구도 둘 이상의 의식을 경험한 적이 없을 뿐만 아니라, 세계 어디에서도 그런 일이 일어난다는 어떤 정황적 증거의 흔적조차 없다. 만약 내가 같은 마음속에 둘 이상의 의식이 있을 수 없다고 말한다면, 이는 무뚝뚝한 동어반복(tautology)일 듯싶다. 우리는 그 반대를 상상할 수조차 없다."[11]

넷째 공리는 **배제**(exclusion)이다. 이 공리는 모든 경험이 한정적임(definite)을 말해 준다. 이 공리의 내용은 그 이상도 그 이하도 아니다. 그렇지 않을 수조차 없다. 당신이 시각적 공간의 경계 밖을 보지 못한다는 것에 대해 생각해 보라. 그것은 당신의 시각적 경험의 부분이 아니다. 그것은 회색도 검은색도 아니다. 그보다 그것은 단순히 존재하지 않는다. 또는, 당신이 집에 들어섰을 때 "막연한 예감", 즉 아직 정확히 무엇인지는 모르지만, 무언가 잘못되었다는 불분명한 느낌을 경험하는 경우에 대해 생각해 보자. 이것은 한정된 경험이며, 당신이 경험할 수 있었을 다른 내용에 대한 경험의 세계를 배제한다.

다섯째 공리는 **구성**(composition)이다. 어느 경험이든 구성 요소로 구조화된다. 그 구성 요소는 현상적 구분이다. 첫 페이지에서 말한 나의 끔찍한 경험의 세 가지 구분은 공포와 황홀의 느낌과 결합된 얼음처럼 푸른 빛의 한 지점이었다.[12] 내가 워싱턴 호수를 바라볼 때, 나는 다양한 나무들을 보며, 동시에 흔들리는 나뭇가지가 파도 위에 겹쳐지는 것과 그 위쪽으로 구름 있는 하늘도 본다. 각각의 나무는 내 시야의 특정 위치, 왼쪽이나 오른쪽에, 더 멀거나 더 가까운 다른 무언가의 위쪽이나 아래쪽에, 특정한 방식으로 채색되어 있다. 각각의 파도는 그 주변 물에 대해, 모든 다른 파도에 대해, 그리고 그 밖의 모든 것들에 대해 자체의 공간적 관계를 지닌다. 수많은 이러한 관계들이 이런 경험의 현상적 구조를 형성한다.

이런 다섯 공리들은 의심할 여지없는 참이다. 나는 다음과 같은 어느 경험도, 즉 변화하는 상태에 대한, 내재적으로 존재하지 않는, 특정하지 않고 총칭적인(generic), 단일하지 않고 다중적인, 한정적이지 않고 무한한, 최소한 어느 내용도 갖지 않은 등의 경험을 상상조차 할 수 없다.[13]

물리적 존재의 속성

IIT는 이런 다섯 가지 현상적 공리 각각을 물리적 가정들과 짝지어 준다. 무언가 경험하려면, 그 기질이 다섯 공준(公準)을 충족해야 한다. 그 규칙은 물리적 존재의 용어로 공식화되고, 차이를 만드는 힘(인과적 힘)과 다름을 만드는 힘(효과적 힘)을 가져서 조작적으로 규정되어야 한다. 이러한 내재적 힘은 조작적으로 규정된다. 즉, 무언가를 조작하고 그런 조작의 효과를 관찰하는 것이다. 그것이 바로 모든 생물학자들이 매일 하는 일이다.

모든 다섯 가정을 만족하는 특정한 상태의 특정한 물리적 메커니즘(뉴런이 켜진 회로와 꺼진 회로)이 개별적 의식 경험의 기질이다. 뇌의 경우, 이런 물리적 기질은 또한 의식의 **신경상관물**로도 불린다.[14]

그렇지만 이 이론은 뇌 기반 경험에만 제한되지 않는다. 실제로 그 기질이 신경계인지, 나무의 확장된 뿌리 체계인지, 별들 사이를 떠도는 외로운 외행성의 초유체 헬륨II의 바다에서 순환하는 전류인지, 아니면 실리콘 회로인지에 대해서는 불가지론적이다. 그러나 간단한 설명을 위해 나는 마지막 장에서 기계 의식이라는 주제를 선택하면서 뇌에 집중하겠다.

내재성이란 의식의 기질이 내재적인 원인 결과 힘을 지녀야 한다는 것을 의미한다. 즉 의식은 스스로 차이를 만들어 다름을 일으킬 수 있어야 한다.[15]

정보란 의식의 기질이 특정한 상태, 즉 이 뉴런은 켜져 있고 저 뉴런은 꺼져 있는 상태에 있다는 것을 의미한다. 그러므로 그 기질은 특정한 원인 결과 힘을 지닌다. 즉, 그 하위집합은 총칭적인 것이 아닌, 특정한 원인과 특정한 결과를 가져야 한다.

통합이란 의식의 기질이 단일성을 지닌 원인 결과 힘을 지녀야 한다는, 즉 그 기질이 그 자체로 존재하지 않는 별도의 하위집합으로 환원될 수 없어야 한다는 것을 의미한다. 또한 그것이 규정하는 구분과 관계도 마찬가지로 그렇게 환원될 수 없어야 한다. 그 환원 불가능성의 정도는 통합 정보로 측정되며, 그것은 그리스 소문자 파이(φ)로 표기되고, "**파이**(fi)"로 발음되는 상징적 숫자이다. 모든 구별(distinctions)과 관계(relations)의 합, 즉 φ의 총합은 이런 상태에 있는 회로의 통합 정보이며, 대문자 파이(Φ)로 표시된다. 이런 숫자는 그 기제의 환원 불가능성을 계량한다. 어떤 통합 정보도 없는 대상은 그것이 아무 손실도 없이 두 개 이상의 하위 시스템으로 환원될 수 있으므로, 통합된 것으로서 존재하지 않는다. 더 많은 정보를 통합할수록 그 기질은 더 많이 환원 불가하며, 스스로 더 많이 존재할수록 더 많이 의식적이다.

배제란 의식의 기질이 한정적인 원인 결과 힘을 가져야 한다는, 즉 그 원인 결과 구조는 명확한 알갱이(grain)에 대한 명확한 집합의 단위로 규정되어야 한다는 것을 의미한다.

일부 뉴런은 의식의 일부 기제인 신경상관물이며, 어떤 뉴런은 서로 직접 또는 간접적으로 연결되어 있더라도 그렇지 않다[케빈 베이컨의 6단계 법칙(Six Degrees of Kevin Bacon parlor game)의 그림자].[16] 이 이론은 그 기질(NCC와 동일한)의 일부 뉴런과 그렇지 않은 뉴런을 날카롭게 구분하며, 그런 구분은 신경 레이스(neural lace)의 고도로 상호연결된 본성을 고려할 때, 비실재적이라고 많은 신경과학자들을 놀라게 한다(여기서 신경 레이스란 뇌와 컴퓨터를 연결하는 초박형 인터페이스 장치를 말한다). 그러나 미국과 캐나다 국경을 생각해 보자. 국경 바로 남쪽에서 태어난 사람은 미국인이고 북쪽으로 1마일 떨어진 곳에서 태어난 사람은 캐나다인이다. 외모, 말투, 행동이 매우 유사한 이 이웃들은 짧은 거리를 두고 분리되지만, 그 국경은 정치적, 사회적, 법적, 재정적으로 막대한 함축을 갖는다. 마찬가지로 의식의 실제 신경상관물과 (연결된 주변) 뉴런 사이에도 보이지 않는 경계가 존재할 것이다. 이처럼 배제된 세포는 (실제 의식의 기질이 현재 상태에 있도록) 무의식적 편견과 가능한 요인을 제공한다.

따라서 뇌의 특정 인접영역이 NCC인지 물을 때, 사람들은 엄청난 수의 후보 네트워크를 고려해야만 한다. 즉, 그 표적 영역을 정확히 규정하는 것, 그 경계를 따라 일부 뉴런을 제외하거나 일부 층(layer)에서 모든 뉴런을 제외하는 것, 또는 그 표적 영역과 부분적으로 겹치지만 가까운 뉴런을 포함하는 것 등등을 고려해야 한다.

우리가 진정한 기질, 즉 의식의 진정한 신경상관물을 구성하는 기질을 어떻게 선별할 수 있을까? 그 이론에 따르면, 모든 가능한 후보 중 오직 최대 통합 정보, Φ를 가진 것만이 그 자체로 존재한다. 이는 최대로 존재하는 것만이 진정으로 존재한다는 원칙을 따른다. 다른 어떤 것도 내재적으로 존재하지 않는다. 이런 일방적 결정은 물리학에서 흔히 볼 수 있는 소위 극한 원리(extremum principle)의 한 사례이다[예, 최소작용의원리(least action principle)].[17] 이것은 다음을 의미한다. 다른 모든 회로, 예를 들어 의식의 신경상관물의 왼쪽 절반 또는 이것과 기저핵(basal ganglia)의 일부가 연결된 뉴런들은 외재적 관점에서 존재하지만, 통합 정보 Φ가 그 최댓값보다 작으면 그 자체로 존재하지 않는다. 오직 최댓값만이 그 자체로 존재한다. 오직 통합 정보의 최댓값을 가진 회로만이 의식적이다. 부분적으로 또는 완전히 겹치는 부분집합, 상위집합 또는 동위집합은 존재하지 않는다.[18]

동일한 접근법이 전개된 인과적 힘을 평가하는 공간적 또는 시간적 알갱이의 문제에도 적용된다. 그 자체로 존재하는 것은 통합 정보를 극대화하는 시공간적 알갱이이다. 선험적으로 그 공간적 알갱이는 원자, 분자, 단백질, 시냅스, 수상돌기 및 다른 세포 내 구획(subcellular compartments), 개별 뉴런, 뉴런 집합 등 그 무엇이든 될 수 있다. 마찬가지로, 적절한 시간 척도는 마이크로초 또는 그 이하, 밀리초, 초, 또는 그 이상일 수 있다. 이런 여러 가지 중에 어떤 것을 선택해야 하는가? 그것은 바로 통합 정보를 극대화하는 것이다![19]

끝으로, 그 구성 공리는 의식의 신경상관물이 구조화된 원인 결과 힘을 지녀야만 한다는 것을 의미한다. 즉, 그 기질은 관계로 구속된 인과적 구분을 명시하는 하위집합을 가져야만 하며, 그것은 원인 결과 구조를 생성한다. 모든 이러한 구분과 각각 고유한 원인과 고유한 결과를 가진 천문학적 수의 가능한 관계(고려되는 뉴런 수에 2의 거듭제곱에 2의 거듭제곱으로 증가하는)를 펼쳐야 한다. 이런 형태는 상상을 초월할 정도로 방대하다.[20]

원칙적으로 이러한 모든 인과적 힘은 뉴런이 켜지고 꺼지는 특정 상태에서 회로의 전이확률행렬로부터 유도될 수 있다. 그 전이확률행렬은, 이 회로의 모든 구성 요소가 그 상태의 모든 가능한 섭동에 어떻게 반응하는지를 분리해 낸다. 그런 다음 그 전체 네트워크의 인과적 힘은 이런 전이확률행렬로부터 Φ 구조(Φ-structure)라고 불리는, 최대 환원 불가능한 원인 결과 구조로 전개될 수 있다. 다른 어떤 것도 필요치 않다.

IIT의 핵심은 설명의 정체성이다. 즉, 경험은 그 자체의 연합된 Φ 구조에 의해 충분히 설명된다. 경험의 현상적 속성, 즉 그 질적 특성(quality) 또는 어떻게 느끼는지는 그 기초 기질로부터 전개되는 내재적인 원인 결과 구조의 물리적 속성에 일대일 대응한다. 시적으로 표현하자면, 경험은 그 기질이 내부로부터 느껴지는 방식이다. 경험은 그 가치인 숫자나 그 기질인 NCC와 동일하지 않으며, 전개된 원인 결과 구조에 의해 완전히 설명된다는 것을 주목하라.

경험의 모든 측면은 Φ 구조 내의 하위구조에 일대일로 대응하며(map), 어느 쪽에 대해서도 남는 것은 없다. 지금 여기에서 내가 경험하는 모든 내용, 즉 공간, 시간, 색깔, 의식적 사고와 믿음, 의도와 욕구, 의심과 확신, 희망과 두려움, 기억과 미래의 기대 등은 내 뇌의 관련 회로에서 전개되는 Φ 구조의 여러 국면들에 해당한다. 이것은 단순하지만 상당히 급진적인 주장이다.

모든 [경험의] 질적 특징은 구조에 있으며, 기능, 과정, 또는 계산에 있지 않다. 하나의 함축으로, 의식은 알고리즘이 아니며 (튜링) 계산가능하지 않다.

존재의 대분기점

어떤 것이 내재적으로 존재하는지 알아내기 위해, 관찰하는 신경과학자는 가능한 모든 공간적 및 시간적 크기에서 모든 후보 뉴런들, 즉 모든 후보 구별과 관계, 모든 후보 실체의 환원 불가능성을 측정해야 한다. 실제로 통합 정보의 최대치를 철저히 평가하려는 이러한 시도는 불가능하다. 그 대신, 우리는 다양한 근사치와 단순화된 가정에 의존해야만 한다. 그렇지만 이것은 과학자의 문제이지 의식의 기질에 관한 문제는 아니다(즉, 철저한 계산이 불가능하다고 해서, 그것이 통합정보이론이 잘못되었다는 것을 의미하는 것은 아니다. 그것은 연구자의 계산 능력의 한계일 뿐이다). 최대로 존재하는 것은 그렇게 철저한 측정을 수행할 필요가 없다. 마치 자전거 체인의 양쪽 끝을 잡을 때 가능한 모든 구성을 다 시도하지 않아도 그 잠재 에너지를 최소화하는 형태로 자연스럽게 접히는 것처럼, 특정 물리적 기질의 통합 정보를 극대화하는 형태도 마찬가지이다. 이러한 형태 또는 구조는 내재적으로, 그 자체로 존재한다. 모든 다른 부분적으로 중첩된 낮은 통합 정보 회로는 존재하지만, 그것은 오직 외재적인 것으로 타자에 의한 존재일 뿐, 그 자체로 존재하지 못한다.

내재적 존재와 외재적 존재 사이에 모든 구분선(divides) 중 가장 근본적인 것으로 존재의 대분기점이 있다. 이것은 절대적인 의미에서 그 자체로 존재하는 것, 즉 의식적이고 내재적인 실체와 타자를 위해 작은 의미로만 존재하는 것 사이의 건널 수 없는 틈새이다.

일단 존재의 대분기점, 즉 자체적인 존재와 타자적인 존재 사이에, 주체와 객체 사이에, 절대적 존재와 상대적 존재 사이에 분리가 근본적인 것으로 인식되면, 우리는 정신적인 것과 물리적인 것 사이의 다름을 파악하게 된다.

내가 꿈을 꿀 때, 비록 꾸는 동안 "자아"가 음 소거되는 만큼 자신의 상태에 대해 통찰하지 못하지만, 나는 그 자체로(스스로) 존재한다. 꿈이 없는 깊은 수면으로 전환할 때, 나는 존재의 대분기점을 건너간다. 나의 의식은 더 이상 존재하지 않게 된다. 내가 뇌졸중이나 사고로 혼수상태에 빠졌을 때도 마찬가지이다. 생명 유지 장치에 의해 여전히 살아 있더라도, 나는 가장 소중한 것을 잃은 것이다. 남은 것은, 사랑하는 사람들과 내 몸을 돌보는 의료진을 위한 환원된 형태의 존재뿐이다.

지구가 충분히 식어 안정된 바다를 갖게 된, 초기 지구에 대해 생각해 보자. 40억 년 전에는 지구에 생명체가 존재하지 않았다. 절대적 존재의 관점에서 존재하는 먼지인 탄화수소의 작은 집합체들의 통합 정보가 0에 가깝다고 가정해 보면, 거의 아무것도 그 자체로 존재하지 않았다. 태양이 빛나고 있음에도 불구하고, 지구 표면은 의식이란 내면의 빛이 없는 암흑이었다. 에르빈 슈뢰딩거는 그러한 세계가 "누구에게도 존재하지 않는, 빈 벤치 앞의 연극일지, 즉 존재하지 않는다고 매우 적절히 말할 수 있을지" 수사적으로 물었다. 그렇다. 의식적인 관객이 없다면, 어떤 연극도 존재하지 않는다. 그저 무슨 일이 일어날 뿐.

이것은 고전 철학 101가지 수수께끼에 대한 답이기도 하다. "숲에 나무가 쓰러져도 주변에 그것을 듣는 이가 전혀 없다면 소리가 난 것인가?" 의식적으로 듣는 관찰자가 없다면, 어떤 소리도 없다. 더구나 나무와 숲이라는 개념이 어느 나무를 다른 나무와 구별하고, 그 나무가 심어진 토양이나 그 나무를 둘러싼 공기와 다른 것으로 취급하는 의식적인 주체에 의존하기 때문에 나무나 숲이라는 개념도 존재하지 않는다. 자연은 나무와 숲의 이러한 구분을 알지 못하며, 단지 형태 없는 것만 알 뿐이다. 의식적인 주체가 없으면, 데모크리토스가 말했듯이 "원자와 진공"만이 존재하거나, 히브리어 성경에서 창세기의 창조 행위 이전의 지구를 묘사하는 혼돈과 공허(*toho wa-bohu*)가 존재할 뿐이다.

현상적 빛의 첫 번째 깜박임은 5억 3000만 년 전 캄브리아기 폭발 때, 다세포동물과 원시적인 신경망이 생겨나고 증식하면서 나타났을 것 같다. 끊임없는 경쟁 압력으로 생명의 나무(tree of life) 일부 종의 신경계가 성장하고 더 얽히면서, 내재적 존재의 빛은 더욱 밝게 타올랐다. 거대한 두뇌를 가진 사람들은, 자신을 성찰하고 (자신이 속해 있다고 알게 된) 끔찍하고 아름다운 우주를 알아볼 만큼 정교한 마음을 지니게 되었다.

통합정보이론은, 의식이 실재의 근본적인 측면이며 경험은 생각보다 훨씬 더 흔하다고 주장하는 사상인 범심론의 일부 직관을 공유한다. 햄릿의 말을 빌리자면, 하늘과 땅에는 현대 분석철학에서 몽상해 왔던 것보다 더 많은 의식적인 것들이 있다. 만약 해파리의 신경망과 같은 유기체가 위의 다섯 공준을 만족한다면, 그 유기체는 무언가를 느낄 것이다. 그것의 경험은 배고픔, 고통, 포식자의 공격을 받았을 때의 원초적인 두려움, 바다에서 물결치는 신체의 느낌 등을 포함할 것이며, 아마도 그것은 임신 3기 태아가 좁은 수중 환경에서 떠다니는 것과 크게 다르지 않은 경험일 것 같다.

물론 세계의 사물들 대부분은 원자, 모래알, 세포, 뉴런, 사람, 나무, 자동차, 가구, 별 등등의 무작위 집단처럼 원인 결과 힘의 최대치를 갖지 못하므로, 그 자체로 존재하지 않으며 의식을 갖지 못한다. 그런 의미에서 IIT는 범심론보다 지각 분별력 있음을 귀속시키는 데 훨씬 더 보수적이다.

통합정보이론은 뇌가 반드시 단일한 의식 기질만을 수용해야 한다는 것을 전혀 요구하지 않는다. 두 기질이 인과적으로 겹치지 않는다면, 브로카영역의 일부를 포함하고 (경험에 대해 말할 수 있는) 자아의식을 수용하는 한 가지 큰 기질, 즉 최대 통합 정보가 있을 수 있다. 그런 기질들이 동일 뇌 신피질의 겹치지 않는 다른 영역과 평화롭게 공존할 수 있으면서, 각각이 원인 결과 힘의 국소 최댓값을 가지기도 한다. 이런 "작은" 기질 역시, 뇌의 언어 영역을 제어하지 않는다면, 경험을 갖지만 음 소거될 것이다. 이는 전화 통화나 라디오 쇼에 완전히 몰입한 상태에서 운전하는 것, 마음의 방랑, 전환장애 등과 같은 다양한 현상을 설명하는 데 큰 도움이 될 수 있다.[21]

끝으로 통합 정보에 어떤 임곗값(예, 42개)도 없으며, 그 이하에 어떤 경험도 없다. 그 시스템이 약간의 내재적이고도 인과적 힘을 가진다면, 그 시스템은 무언가를 느낄 것이다.[22]

이 책에서 가장 개념적으로 밀도가 높은 장을 통과한 것을 축하한다. 다음 세 장은 더 쉬우며, 뇌 속 의식의 뉴런 발자국과 신비적이며 환각적인 체험을 다룬다.

6
의식과 뇌

Then
I Am Myself
the World

6

의식과 뇌

마음이 두개골 내의 칙칙하고 활기 없는 점액 물질과 밀접히 관련된다는 사실을 인류가 밝혀내는 데 다소 시간이 걸렸다. 고대 이집트인들은 미라를 만들 때, 다른 내부장기는 소중히 보존했던 반면, 뇌는 퍼내어 버렸다. 신구약성경은 단 한 번도 뇌에 대해 언급하지 않았으며, 그리스 철학자들조차 뇌에 관한 이야기를 거의 하지 않았다. 아리스토텔레스는 뇌를 일종의 심장 냉각장치에 불과하다고 폄하했다.[1]

대신 역사적으로 대부분 문화권에서 영혼의 장소를 눈에 보이고 그 살아 있음이 감지되는 기관인 심장이라 믿었다. 심장박동이 멈추면 수 초 내에 의식도 사라진다.[2] 17세기 초에 와서야 심장은 온몸에 혈액을 순환시키는 근육 덩어리라는 인식이 생겨났고, 영혼의 자리를 가슴에서 대뇌(cerebrum)로 옮겼다. 뇌 중심 시대의 탄생은 17세기 후반 영국의 의사 토머스 윌리스(Thomas Willis)가 『뇌 해부학(Cerebri Anatome)』을 출간하면서부터이다. 이 책은 **신경학**(neurology)이라는 용어를 도입하고, (뇌를 내장처럼 묘사하는 대신) 뇌회(convolutions)에 대한 실재론적 그림을 포함했다. 동시대에 영국의 수학자 로버트 훅(Robert Hooke)은 당시 최첨단 기술인 현미경을 사용하여 생물학의 기초단위인 **세포**(cells)를 발견했다. 그는 저서 『마이크로그라피아(Micrographia)』에서 그런 발견을 소개했으며, 이것은 생명에 대한 우리의 이해에 획기적 사건이었다.[3]

우리가 아는 한 모든 생명체는 세포로 이루어져 있다. 전형적 인간은 약 30조 세포로 구성되어 있으며, 그중 대부분이 적혈구이다. 만약 인체를 한 사회로 가정해 볼 때, 중추신경계는 그 전체 세포의 1퍼센트 미만으로 구성되며 그것이 나머지 신체의 모든 부분을 지배한다는 측면에서 독재자라 불릴 만하다.[4] 그러므로 마음 역시 생명의 세포 본성에 근거해서 이해되어야 한다.

19세기 말과 20세기 초 스페인의 해부학자 산티아고 라몬 이 카할(Santiago Ramón y Cajal)은 뇌세포에 대해 엄청난 것들을 밝혀냈다. 심장 세포가 간이나 피부 세포와 다른 것처럼, 뇌세포 역시 그것이 어디에 있는지 어떤 모양인지 어떤 기능을 하는지 등에 따라 다양한 종류가 있다. 예를 들어, 피라미드뉴런(pyramidal neurons), 푸르키니에세포(Purkinje cells), 아마크린세포(amacrine cells), 척수운동뉴런(spinal motor neurons), 샹들리에뉴런(chandelier neurons) 등이 있다.[5] 라몬 이 카할의 숨 막힐 정도로 아름다운 (잉크와 연필로 그린) 신경 회로 그림은 박물관 전시대, 커피 테이블 책, 내 왼쪽 팔뚝을 장식하고 있다.

수 세기가 지나면서, 마음에 관한 이론은 거대한 기계적 모델에서 세포의 전기적 모델로 바뀌었다. 이런 이유에서 내 개인적 이야기를 하지 않을 수 없다.

의식의 흔적을 추적하기

나는 박사학위논문에서, 단일 뉴런(single neuron)의 입력 영역인 수상돌기 가지(dendritic tree)에 있는 시냅스(synapses)가 어떻게 논리적 연산에 가까운 방식으로 서로 상호작용하는지를 모형으로 설명했다.[6] 매사추세츠공과대학교에서 4년을 보낸 후 나는 패서디나에 있는 캘리포니아공과대학교에 생물학 및 공학(biology and engineering) 교수로 채용되었다. 그곳에서 나는 정신적인 것과 물리적인 것의 관계에 대해 진지하게 생각하기 시작했다.

여기서 프랜시스 크릭을 소개해 보자. 물리화학자인 그는 제임스 왓슨(James Watson)과 함께 유전정보의 생화학적 운반체인 DNA의 이중나선형 구조를 규명하고, 분자생물학의 중심 정설을 정립했으며, 생명체의 암호를 해독하는 데 기여했다. 내가 그를 만났을 무렵 그는 영국을 떠나 남부 캘리포니아 샌디에이고의 라호야(La Jolla, 칼텍에서 남쪽으로 2시간 거리)에 살고 있었고, 그의 지적 탐구 초점은 분자에서 뇌로 전환한 상태였다.

시냅스, 뉴런, 격발율(firing rates), 주관적 느낌 등에 대해 기꺼이 토론할 수 있는 동지를 만난 것에 감격해서, 크릭과 나는 16년 동안 강력한 멘토와 제자 관계가 되었고, 공동으로 20여 편의 논문과 에세이를 썼다. 우리 사이에는 끝없는 철학적 논쟁이 있었음에도 불구하고, 사람, 원숭이, 고양이, 설치류 등의 의식을 연구하는 경험적 연구 프로그램을 명확히 세웠다. 그 프로그램은 맹시(blindsight, 볼 수 없으면서도 의식적으로 본다고 믿는 상태), 좌우 피질 반구에서 의식 능력의 차이, 기억상실증 환자 등에 대한 풍부한 신경심리학 사례연구에 기초했고, 이 모든 것들을 신경의 관점에서 해석했다.[7]

우리는 무엇이라 말도 꺼내서는 안 될 주제를 탐구할 때 상당한 저항에 부딪혔다. 실제로 나는 칼텍의 한 조언자로부터 철학자, 종교인, 신비주의자에게나 어울리는 주제를 탐구하려면 은퇴하거나 [크릭처럼] 노벨상을 받은 후에 해 보라는 강한 권유를 받았다. 나는 그런 선의의 충고를 완전히 무시했다. 현상적 의식이라는 존재의 핵심적 사실을 다루지 못하면서, 어떻게 과학이 우주의 모든 것을 그 지배 아래 두겠다고 호언할 수 있겠는가? 물론 심신 문제는 인류의 가장 뛰어난 두뇌들의 노력으로도 해결하지 못했지만, 그것이 패배주의에 대한 변명은 되지 못한다. 우리의 공동 노력은 크릭의 임종 전에 끝났다. 그는 그 임종 몇 시간 전에, 신피질 아래의 신비한 얇은 신경 구조물인 담장(claustrum)에 대한 우리의 마지막 원고에 첨언했다. 그는 끝까지 과학자였다.[8]

우리의 생각은 뇌의 섬세한 신경 레이스, 즉 의식의 신경상관물에 남겨진 흔적에 초점을 맞췄다. 우리는 NCC의 본질적 특징은 많은 뉴런의 주기적인 발화, 1초에 약 40회 발화라고 제안했다. 우리의 40헤르츠 가설에 따르면, 어느 자극이 그러한 규칙적 발화를 일으킬 때마다 뇌는 그 관련 정보를 의식적으로 알아본다. 이러한 가설에 기초해서, 무수한 사변적인 질문들을 실험해 볼 수 있게 되었다.[9]

가벼운 통증에 대한 경험을 생각해 보자. 그 흔적을 발견하기 위해 실험 지원자들이 자기공명영상(MRI) 스캐너 안에 누워 있는 동안, 그들의 팔에 발열 장치로 불편할 정도의 열을 가한다. 그 상황에서 뇌 활동을 기록하고, 그것을 발열 장치의 온도를 낮게 설정했을 때와 대조해 본다. 피험자가 경험한 통증의 강도가 증가함에 따라 뇌 활동이 어떻게 변화하는가? 어느 단일 실험에서도 거의 달성되지 않는 이상적인 조건에서 나타나는 것이 바로 그 통증의 느낌에 대한 신경 기질, 즉 NCC일 것이다.[10]

철학자 데이비드 차머스에 의해, 특정한 의식적 지각에 충분히 연결되는 최소 신경 메커니즘으로 엄격히 정의된 NCC는 심신 수수께끼에 발판을 제공해 준다. 이러한 조작적 접근법은 실험자들에게, 어느 특정한 철학적 학파에 충성을 맹세할 필요도 없이, 불가지론적이며 실용적인 방식으로 연구를 진행할 수 있게 해 준다.[11]✢

이 실험적 연구는 의식과 관련된 어떤 것을 찾는 것에서 멈출 수 없는데, 보통 의식과 함께 변화하는 선택적 주의집중의 흔적도 의식의 흔적이라고 오해될 수 있기 때문이다. 어금니에 염증이 있으면 당신은 통증을 발산시키는 치아에 주의를 기울이게 되며, 만약 그 어금니가 평소와 다름없이 편안할 때라면 훨씬 더 그러할 것이다. 더구나 그런 의식의 상관물이 컴퓨터 키보드의 키를 누르는 상관물과 연결될 수도 있다. 피험자가 강한 통증을 느낄 때마다 키 "3"을 누르고, 통증이 덜한 경우에는 "2"나 "1"을 누르는 경우, 실험자는 추론된 뇌 활동이 해당 키를 누르거나 과제를 기억하는 것이 아니라, 그 통증 경험의 강도를 반영하는지 확인해야만 한다. 이러한 혼란 요인을 어떻게 처리할지 고민하느라 대학원생들은 밤잠을 설친다.[12]

이러한 상관물을 찾는 일은 다음 단계의 조사를 위한 출발점일 뿐이다. 통증에 대해 잘 참는 사람은, 어느 사소한 불편에도 움찔하는 사람에 비해, NCC 활동의 감소를 보여 줄까? 그 NCC가 통증을 경험하는 동안 지속하는가? 즉, 짧은 통증은 짧은 NCC를 일으키고, 몇 분 동안 지속되는 통증은 그만큼 몇 분 동안 NCC에 지속적으로 반영되는가? NCC의 세포 구성 요소는 무엇인가? 특정 유형의 뉴런이 통증과 지속적으로 연관되는가? NCC에 이르는 과정은 무엇인가? 어떤 과정이 그 뒤에 나타나는가? 열상 통증, 손가락 절단, 치통, 편두통, 또는 이혼 등에 연관된 여러 고통

✣ 즉, 진리를 알 수 있다는 가정을 내려 놓고 이전보다 더 유용한 가설을 찾는다는 태도로 연구를 진행할 수 있다. 이런 태도는 유럽의 전통적 진리 관점에 반대하는 미국 프래그머티즘의 진리 관점이다. 그러나 앞서 살펴보았듯이, 저자는 마치 유클리드기하학의 다섯 공준과 같이 의식의 특징에 대한 다섯 공리를 확고한 진리처럼 가정한다. 이런 공리적 가정은 저자가 프래그머티즘의 편이 아니라, 유럽의 전통적 진리 관점의 편에 선 것이며, 그 점에서 스스로 일관성을 잃는 것처럼 보이게 만든다.

과 괴로움에 대한 NCC는 서로 어떻게 다른가? 같은 뉴런이 활성화되지만 다른 뇌 영역에 있는가, 아니면 다른 유형의 뉴런들이 함께 활성화되는 것인가? 급성통증과 만성통증의 차이는 무엇이며, 통증과 배고픔, 쾌감, 색깔, 또는 지루함 등의 차이는 무엇인가? 무엇보다도 NCC의 인과적 힘은 무엇일까? 즉, NCC가 위치한 뇌 영역이 손실되면 (뇌졸중으로 인해) 환자가 통증을 경험할 수 없다고 알려진 위치와 일치하는가? 반대로 이런 뇌 영역이 약물이나 이식된 전극으로 활성화되면 통증을 일으키는가?[13]

"상관물은 원인이 아니다"라는 말을 당신도 들어 보았을 것이다. 중추신경계의 고도로 얽혀 있는 본성을 고려해서 신경과학자들은 이 말을 매일 되새긴다. 이 말은 두 변수가 서로 상관될 수 있으며, 심지어 한 변수가 다른 변수의 원인이 되지 않으면서도 매우 깊게 관여될 수 있다는 뜻이다. 아이스크림 소비와 (피부의) 햇볕 그을림에 대해 생각해 보자. 두 변수 모두 계절에 따라 예측 가능할 정도로 증가하고 감소한다. 그 둘이 상관되지만, 분명히 아이스크림을 먹는다고 햇볕에 그을리는 것은 아니다. 오히려, 그 둘은 혼란스러운 변수로 연결되어 있다. 연간 태양 유입량의 변화는 사람들에게 더운 여름에 자외선차단제를 바르지 않고, 아이스크림을 먹도록 만든다. 음모론은 "상관물은 원인이 아니다"라는 진언을 고의적으로 무시하고, 장기간에 걸친 은밀하고 가능성이 매우 낮은 일련의 사건들을 통해, 우연적인 사건들을 인과적으로 연결시키려 한다.

생물의학에서 두 변수를 관찰한 결과, 두 변수가 함께 오르고 내리기 때문에 한 변수가 다른 변수의 원인이라고 추론하는 것은 통하지 않는다. 상관성에 근거해서 원인을 추론하는 것은 부적절하다.[14] 그보다 인과적 개입이 도움 된다. 즉, 이쪽에서 무언가를 교란하고, 저쪽에서 그 조작의 효과를 관찰하는 것이다. 잘 통제된 임상시험의 핵심은 다음과 같다. 백신을 투여하고, 위약효과로 인해 예상했던 것 이상으로 질병이 감소하는지 관찰한다. 소프트웨어 산업이라면, 웹페이지와 그래픽사용자인터페이스를 지속적으로 조정해, 어떤 조작이 고객의 충성도와 구매 가능성을 극대화하는지를 조사한다.[15]

더구나 NCC가 주관적 경험과 인과적으로 연결되는 것은 필수적이다. 이것은 관련 뉴런을 먼저 껐다가 다시 켜 보는 등, NCC를 조작해서 성취될 수 있다. 이상적으로 이것은 그 경험의 일부가 사라졌다가 다시 나타나도록 시도해 보는 것이다.

극적인 연구 사례 하나를 소개해 보자. 한 14세 소녀가 특정 사회적 상황에서 뚜렷한 죄책감과 괴로움을 경험한 적이 있다.[16] 그는 결국 전신강직간대발작(generalized tonic-clonic seizures)을 일으켰고, 간질 진단을 받았다. 뇌 영상 검사 결과, 전전두피질(prefrontal cortex) 아래 위치한, 뇌량하대상이랑(subcallosal cingulate gyrus)과 접해 있는 종양이 발견되었다. 그를 치료한 신경외과의사 이츠하크 프리드(Itzhak Fried)는 이식된 전극을 통해 이 부위를 자극해, 발작 당시와 비슷한 강렬한 죄책감을 불러일으켰다. 프리드가 그 종양을 수술로 제거하자, 그의 발작과 그것과 관련한 극심한 죄책감도 사라졌다. 이것은 특정한 의식적 경험인 죄책감의 획득과 상실을 특정 뇌 영역과 연관시킨 드문 임상 사례이다. 마찬가지로 후방피질(posterior cortex) 아래쪽의 우측 방추상이랑(right fusiform gyrus) 내의 부위를 전기적으로 자극하면 얼굴을 볼 때 왜곡이 발생하며, 국소 뇌졸중으로 이 부위가 손실되면 안면인식장애로 이어진다. 이런 환자는 대부분의 사물을 정확하게 볼 수 있지만, 눈에 아무런 문제가 없음에도 불구하고 거울에 비친 자기 얼굴을 포함해 친숙한 얼굴조차 재인하지(알아보지) 못한다.[17]

크릭과 내가 1990년대 초에 주장했던 아이디어는 NCC를 발견하는 방법에 대한 체계적이고 조작적인 프로그램을 제시했다는 점에서 혁신적이었다(모든 경험에는 특정한 뉴런의 기질이 있어야 한다는 생각은 이미 한 세기 전 지크문트 프로이트에 의해 논의되었기 때문에 그다지 혁신적인 것은 아니다[18]). 나는 이 연구 프로그램의 가능성에 너무 흥분한 나머지, 철학자 데이비드 차머스에게 1998년 6월 늦은 밤 술집에서 내기를 제안했고, 그는 즉시 수락했다. 나는 신경과학이 (평생 걸릴 것 같았던) 의식 신경상관물을 2023년까지, 즉 25년 내에 발견할 것이라는 데 고급 와인 한 상자를 걸었고, 행운을 기대했다.[19]

많은 뇌 영역이 의식을 지원하지 않는다

의식을 위해 수많은 생리적 과정이 필요하다. 당신의 폐는 흡입한 공기에서 산소를 추출하고 그것을 수조 개 적혈구로 전달하기 위해 필요하며, 심장은 그 적혈구를 뇌의 광범위한 혈관 연결망으로 펌프질해 에너지가 필요한 (뇌)세포가 계속 작동할 수 있도록 해 준다. 만약 경동맥이 막히는 등으로 혈액 공급이 잠시라도 중단되면, 뇌에는 내장된 예비 동력원이 없으므로 그 작동을 멈추어야만 하고, 그렇게 사람은 의식을 "상실"한다.[20] 그렇게 혈류는 의식은 가능하게 해 주지만 마음을 형성하는 데는 충분하지 않은데, 이것은 심장은 뛰고 있지만 혼수상태(comatose)인 환자가 침묵으로 증언해 준다.

신경계의 많은 부분이 의식에 거의 영향을 미치지 않는다. 척수는 척추 내부를 관통하는 1.5미터 길이의 신경도관으로, 2억 개의 신경세포를 지닌다. 만약 척수가 절단되면, 다리, 팔, 몸통의 운동 및 감각기능을 상실한다. 그 부상 부위가 클수록, 더 광범위한 손상이 발생한다. 사람이 팔다리가 마비되어 신체감각을 잃으면 휠체어에 의지해야 하고, 배변, 방광, 그리고 다른 자율 기능을 조절하지 못한다. 그렇지만 그들은 보고, 듣고, 사랑하고, 두려워하고, 미래를 상상하고, 과거를 회상하는 등 경험적 삶을 지속할 수 있다.

척수는 두개골 아래쪽 2인치 길이의 뇌간에서 합쳐진다. 뇌간은 통신 허브의 기능과 발전소의 기능을 통합하고 있다. 척수의 회로는 각성, 수면, 깨어남, 심장과 폐의 맥동, 그리고 다른 중요한 항상성(homeostatic) 기능을 조절한다. 그 좁은 곳을 통해서 얼굴과 목을 자극하는 많은 뇌신경이 통과하며, 들어오는 감각 신호와 나가는 운동 신호를 전달한다.

뇌간이 손상되거나 압박을 받으면, 대개 사망에 이르게 된다. 아주 작은 파괴조차도 심각하고 지속적인 의식상실로 이어질 수 있으며, 특히 그 손상이 양측에 동시에 발생하는 경우라면 더욱 그렇다.[21] 이것은 뇌간 뉴런이 신피질에 여러 조절 물질을 공급해 주며, 정신생활이 활동할 무대를 마련해 주기 때문이다. 그러나 뇌간 뉴런이 연기자는 아니다. 그것들은 의식의 내용을 제공하지 않는다. 뇌간은 온전하지만, 피질이 광범위하게 손상된 환자가 어떤 의식의 징후도 보이지 않는 게 그 전형이다.

NCC는 심장, 혈관, 신진대사, 신경세포 등과 같은 모든 **기여요소들**(enabling factors)과 구별되어야만 한다. 이러한 요소들은 마음을 위한 배경 조건으로 필요하지만, 충분한 것은 아니다. 당신의 노트북에 전원을 공급하는 배터리를 생각해 보자. 배터리가 없으면, 그 컴퓨터는 작동하지 않는 기계 부품에 불과하다. 그러나 배터리만으로는 영화를 스트리밍하지 못하며, 〈노 맨즈 스카이(No Man's Sky)〉의 멋진 그래픽을 생성해 줄 수 없고, 파일을 처리하거나 사진을 저장할 수도 없다.

머리 뒤쪽에 위치한 소뇌(cerebellum)는 신피질 아래 삽입된 "작은 뇌"로서, 근육과 관절에 내장된 신축 및 위치 감지는 물론, 내이와 눈의 평형기관에서 흘러들어오는 감각 정보를 사지와 몸통의 수백 개 근육으로 전달하는 운동 명령 변환 과정을 자동적으로 수행한다. 소뇌는 여러 행동에 대한 안무를 담당한다. 예를 들어, 눈으로 누군가를 추적하면서 달리기, 말하면서 운전하기, 타자 치기, 로큰롤에 맞춰 춤추기, 농구를 하고 테니스를 치는 활동 등을 조율한다. 충분한 훈련을 하면, 이런 행동은 조화로운 운동 오케스트라로서 물 흐르듯 진행된다.

만약 소뇌의 일부가 뇌졸중이나 외과의사의 칼로 인해 손실되면, 그 오케스트라는 (적어도 일부 섹션에서) 불협화음을 낸다. 그 환자는 운동실조증(ataxic)에 걸려서 움직임이 서툴러진다. 그런 환자는 악기를 연주하거나 휴대전화의 자판을 빠르게 치는 등의 유연한 능력을 잃어버린다. 그러나 그들의 주관적인 경험은 온전히 유지되며, 매우 명료하고 재치 있고 활기차게 말할 수 있다.[22] 소수의 사람은 소뇌가 전혀 없이 태어나 발달 지연과 인지 결함을 가질 수 있다. 그러나 그들은 좀비가 아니며 일상적인 방식으로 세계를 경험한다.[23] 뇌 내에서 가장 독특한 뉴런은 부채꼴 모양의 수상돌기 가지가 있는 소뇌 푸르키니에세포로, 수백억 소뇌 과립세포(cerebellar granule cells)로부터 총체적으로 자극을 받아들인다. 그 수는 나머지 뇌의 모든 뉴런을 합친 것보다 네 배나 많은 수이다. 그렇지만 이렇게 풍부한 신경세포를 지녔음에도 소뇌가 느낌을 생성하기에 충분치 않다.[24]

이것이 왜 그런지 그 이유에 대한 힌트를 소뇌의 전형적인 결정회로에서 찾을 수 있는데, 그것이 수백 개 이상의 독립 모듈로 분리되어 있기 때문이다. 그 각각의 뉴런들은 서로 전혀 중첩되지 않는 입력과 출력에 의해 병렬로 작동하며, 피드포워드(feedforward) 방식으로 연결되어 있다. 즉, 뉴런들 한 세트가 다음 세트의 뉴런들에 영향을 주고, 이것이 다시 셋째 뉴런들에 영향을 주는 방식이다. 신피질에 널리 퍼져 있는 반향적이고 자생적인 흥분성 루프(excitatory loops)는 전혀 없으며, 긴 반응을 식혀 주는 억제성 피드백(inhibitory feedback)은 풍부하다.[25]

이러한 관찰은 '의식은 단순히 뉴런들이 자신의 역할을 수행하면서 발생한다'라는 신화를 반박한다. 여기 수십억 소뇌 세포는 스스로 자연스러운 일, 즉 활동전위를 격발하고 신경전달물질을 조금씩 분비하는 일을 하지만, 아무 느낌도 갖지 못한다. 중요한 것은 뇌 조직의 조성(constitution)이 아니라, 그 연결 방식, 즉 그 구조에 있다. 소뇌 유사 구조물, 즉 무수히 많은 독립적 회로로 구성되는 구조물은 의식을 갖기에 충분치 않다.

신피질을 보라

정신적인 것의 기질은 신피질과 그 주변 위성 구조물들인데, 이것들은 뇌 위에 왕관처럼 자리 잡고 있으며, 뇌를 보호하는 두개골 바로 아래에 있다. 그 기질은 뇌 중앙에 있는 대략 메추라기 알 크기의 시상과 강력히 상호연결되어 있다. 뇌 무게의 약 80퍼센트를 차지하는 신피질은 모든 포유류의 뚜렷한 특징이며, 다층으로 확장된 고밀도 신경조직으로 그 유명한 회색질(grey matter)

이다. 이것은 펼치면 토핑을 얹은 14인치 피자 정도의 크기와 너비이다. 이렇게 고도로 접힌 시트 두 장, 즉 좌측 및 우측 반구(hemispheres)는 두개골 내에 구겨진 채로 들어차 있다.[26]

신피질 뒤쪽의 넓은 영역은 측두엽(temporal), 두정엽(parietal), 후두엽(occipital)을 포함하며, 시각, 청각, 촉각, 신체 및 자아에 대한 주관적인 경험과 긴밀히 관련되어 있다. 의식과 밀접하게 연관되어 있기 때문에, 이 영역은 현재 가장 유력한 NCC 후보이며 후방 핫존(posterior hot zone)으로 불린다(그림 1 참조).

뇌 전두엽의 대부분 영역, 특히 전전두피질, 두 뇌 반구를 구분하는 중앙선에 수직으로 이어지는 운동띠(motor strip)(일차운동피질을 포함하는)의 앞쪽 영역은 보기, 듣기, 접촉하기, 소망하기, 자아 감각 등을 위한 기질이 아니다.[27] 전두엽은 유인원에 비해 인간에게서 크게 확장되었으며, 추론하기, 계획 세우기, 말하기, 그리고 지능과 밀접하게 연결된 다른 인지적 작용에 중요하게 관여하지만 의식 자체에는 관여하지 않는다.[28]

정신적인 것이 뇌 뒤쪽 피질 영역에서 비롯된다는 것은 크게 세 가지 증거에 의해 뒷받침된다. 첫째, 동맥이 막히거나 혈관이 파열됨으로써 우연히 발생되었든, 또는 종양이나 간질 부위를 제거하기 위해 외과의사에 의해 의도적으로 발생되었든 간에, 신경 조직의 공간적 국소적 **파괴**(lesions)는 환자의 정신적 삶에 남기는 결핍(deficits)의 패턴에 단서를 제공한다. 둘째, 일부 피질 영역에 대한 전기 자극은, 영화 〈매트릭스〉에서도 묘사된 독특한 경험이나 기억을 이끌어 낸다. 다시 말해서, 이것은 그러한 영역들

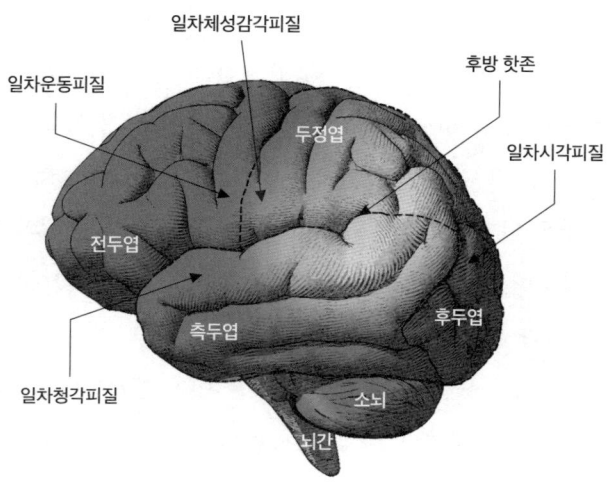

[그림1] 인간 뇌의 좌반구 그림. 뇌간 뉴런은 척수 아래쪽에서 합쳐져, 의식을 위한 중요한 배경 조건을 제공한다. 다른 뇌 부위보다 네 배나 많은 뉴런을 지닌 소뇌는 느낌을 생성할 수 없다. 고도로 접혀 층을 이루는 가장 바깥쪽 신경조직은 신피질이며, 이것은 신경계에서 왕관에 박힌 보석이다. 그 뒤쪽의 인접한 영역 집합은 "후방 핫존"이라 불리고, 후두엽, 측두엽, 두정엽, 후대상피질 영역(posterior cingulate areas)을 포함하는데, 이곳은 의식적으로 보기, 듣기, 신체 및 자아 느끼기를 위한 기질(基質)이다.

이 독특한 유형의 의식적 경험에 직접 관여한다는 것을 알려 준다. 셋째, 그리고 증거적 및 추론적 관점에서 가장 약하지만, 뇌스캔 실험은 특정한 경험을 특정 신피질 영역의 활동과 연관시킨다.

첫째 증거 자료에 비추어, 모든 부류의 경험들이 후방 핫존 내에 서로 다른 이웃 영역의 제한된 조직 손실로 인해 사라질 수 있다. 정확한 손상 위치에 따라 그 영향을 받는 사람은 색깔이나 움직이는 물체를 지각하지 못하거나, 얼굴을 재인하지 못하거나, 촉각으로 사물을 식별하지 못하거나, 친근한 음성을 식별하지 못하거나, 또는 말(speech) 및 글자(text)를 이해하지 못할 수도 있다. 눈이나 귀에 문제가 전혀 없는 상태에서 발생하는 그런 특정한 결핍은 인지불능증(agnosia, 그리스어로 지식의 부재라는 뜻)이라 불리며, 그것은 색깔, 얼굴, 또는 움직임 등을 지각하는 영역이 파괴되었음을 말해 준다.[29]

놀랍게도 이러한 사람들은 종종 무언가 잘못되었다는 사실을 인식하지 못한다. 만약 그들이 팔이나 다리에 느낌을 잃으면 더 이상 자신의 팔다리를 재인하지 못해, '외계인 손 증후군(alien hand syndrome)'과 같은 비정상적인 결과를 초래할 수 있다.[30] 그들은 자신들의 시야(visual field) 일부가 보이지 않는다는 것을 알아차리지 못한다. 우측 두정엽에 병변이 있는 환자는 자신의 왼쪽이 보이지 않는다는 것을 부인할 수 있다. 그는 왼쪽 문에 부딪히거나 음식과 식기를 찾지 못한 끝에 이것을 인정할 수 있지만, 그가 보지 못한다는 추론은, 자신의 시야에 공백이나 검은 영역이 전혀 없다는 사실에 의해 압도(무시)되고 만다. 임상의들은 이러한 자기 앎의 결핍을 질병인지불능증(anosognosia)이라 부른다.[31]

어떻게 이럴 수 있는가? 만약 당신의 컴퓨터 화면의 절반이 멈추거나 정적인 소음(static noise)으로 바뀌더라도, 당신은 자신의 시각적 공간에 대한 표상이 손상되지 않았기 때문에 그것을 알 수 있다. 그러나 당신이 공간을 보는 그 신경 기질을 상실한다면 어느 것도 보지 못할 것이다. 그것은 바로 등 뒤와 같이 자기 시각영역 밖에 공백이나 검은 공간이 없는 이유이다. 그곳에는 아무것도 없다. 당신의 뇌는 그러한 영역 내의 시각적 공간을 위한 기질을 발달시키지 않았다.[32] 이런 무지는 좌상측두이랑(left superior temporal gyrus)이 손상된 베르니케실어증(Wernicke's aphasia) 환자에게서 흔하며, 이들은 유창하게 말하지만 그 내용은 거의 의미가 없다. 놀랍게도 그런 환자들은 자신이 무슨 말을 하는지 모르는 만큼, 이 사실을 모른 채 행복하게 자신의 마음을 털어놓는다.[33]

전전두엽을 수술로 제거하거나 재난을 당해 손실했더라도 그 환자는 계속 보고 듣고 감각할 수 있다. 전두엽의 결손은 고등 정신적 기능에 영향을 미쳐서, 무관심, 즉 세계에 대한 호기심 상실, 그리고 계획 세우기, 자기 성찰, 추론, 정서 조절 등에서 장애를 입는다.[34] 환자들은 반복 행동을 하거나 지속적으로 나쁜 선택을 한다. 이것은 '지능이 의식과 다르다'는 내 주장을 지지해 준다(마지막 장에서 다시 설명하겠다). 지능은 맥락의존적으로 유연하게 행동하고, 가까운 미래와 먼 미래를 위해 계획을 세우는 행동에 관한 것이며, 주관성과는 구별된다.[35]

특정한 뇌 영역에 대한 그런 신경생리학적 간섭은, 그 영역이 마음에 기여한다는 강력하고 인과적인 증거의 두 번째 재원을 제공한다. 이런 간섭은 비정상적 전기 활동으로 인한 국소적 간질 발작에서도 발생할 수 있다. 또는 뇌 회로가 전극에 의해 고의로 교란될 수 있는데, 이런 일은 신경외과 수술 전 일상적인 임상검사 중 일어난다. 이러한 방식으로 후방 핫존을 자극하면 다양한 감각과 느낌을 유발할 수 있다. 예를 들어, 섬광, 기하학적 모양, 색깔 및 움직임, 얼굴 왜곡, 환청, 친숙한 느낌(데자뷔) 또는 비현실감, 팔다리를 움직이려는 충동, 강렬한 통증, 또는 유체 이탈 경험 등을 촉발한다. 반면에 전전두 비언어 피질 대부분 영역은 그런 자극을 받으면 침묵한다. 환자는 거의 느끼는 것이 없다. 만약 느끼더라도 그들의 경험은 냄새 및 생각과 관련된다.[36]

그렇게 유도된 경험이 매우 기괴할 수도 있다. 어느 고도로 기능적인 실리콘밸리의 임원은 후내측피질(posteromedial cortex, 피질 반구의 정중선을 따라 안쪽) 영역에 부분발작을 일으켰으며, 그사이 공간적으로 지각되는 자신의 위치를 포함해, 자아 감각이 왜곡되었다. 그에게는 자신의 생각을 엿듣는 일종의 탈개인화가 일어났다. 이 환자와 다른 환자에게 이 영역 또는 그 반대 영역에 직접 전기 자극을 가하면, 미끄러지고 추락하고 떠오르고 자리가 바뀌고, 자아 해리(self-dissociation), 도취감(euphoria) 등의 느낌이 유발된다. 이 영역은 주관적인 자아 감각에 중요한 장소인 듯하다. 경험적 측면(예, "나는 서 있어요")과 서사적 측면(예, "나는 공항을 가로질러 걸었어요") 모두에서 그런 것 같다.[37]

세 번째 증거 재원은 미공개 관찰 연구이다. 이 연구에서 건강한 지원자들은 특정한 얼굴을 재인할 때마다 버튼을 누르는 과제를 수행했으며, 그런 중에 그들 뇌의 주요 조직 활동을 살펴보기 위해 혈류와 뇌 부피의 변화를 추적하는 기능적자기공명영상(fMRI)을, 전기신호를 포착하기 위해 뇌파 전극을, 그리고 자기 신호를 기록하기 위해 자기뇌파(MEG) 기기를 사용했다.[38]

최근의 가장 강력한 연구 결과를 살펴보자. **적대적 협력 연구** (adversarial collaboration)라 불리는 이런 대규모 국제 프로젝트는 두 가지 상충하는 이론을 두고 그 관련 과학자들이 (한쪽 또는 다른 쪽 경쟁자에게 유리한 결과가 나온 게 분명한) 두 가지 실험을 하는 것에 (서면으로) 동의하도록 유도한다.[39] 의식의 의미에 대해 근본적으로 동의하지 않는 주인공들을 조정하고, 서로 다른 국가에 있는 열두 개 연구소를 동일하고 엄격한 프로토콜에 맞춰 조정하는 일은 (업계에서 말하는 것처럼) 쉬운 일이 아니다. 이 대결은 오늘날 가장 유명한 두 가지 의식 이론인 통합정보이론과 전역뉴런작업공간이론(GNWT) 간의 대결이었다. 후자 이론은 마음에 대한 기능적 및 계산적 설명이다. 그 설명에 따르면, 정보가 뇌의 앞쪽 전전두피질에서 뒤쪽 피질로 전파됨으로써 전역작업공간에 접근하며, 그럼으로써 의식이 발생한다.[40]

이런 두 경쟁 이론은, 형이상학적 토대와 현상학에 대한 태도까지, 여러 면에서 다르다. IIT는 의식에서 시작하며 그곳에서 의식의 기질을 추론하는 반면, GNWT는 뇌가 수행한 계산에서 의식을 추출하려 한다. IIT는 지각 경험의 풍부하고 주관적인 본성을 강조하는 반면, GNWT는 사람들이 한 시점에서 보고하는 내용이 얼굴이나 생각의 동일성(identity)과 같은 소수의 항목들로 제한된다는 점을 강조한다.

이런 의문(의식의 내용이 풍부한가, 아니면 희소한가?)은 피터르 브뤼헐(Pieter Bruegel)의 유명한 겨울 풍경화인 〈눈 속의 사냥꾼(Hunters in the Snow)〉에서 잘 드러난다. 브뤼헐의 다른 그림들처럼 이 그림도 생명력이 넘치고 세부 묘사가 화려하다. 이러한 사실주의(realism)는 주변을 둘러볼 때 흔히 볼 수 있는 경험을 반영한다. 세계는 실제로 개별적인 것들로 가득 차 있다. 즉, 질감, 색상, 얼룩, 지향하는 선, 일부는 고정되어 있고 일부는 움직이며, 모든 것들이 단일한 공간적 캔버스에 그려진다. 작업공간이론에 따르면, 이러한 겉보기의 풍부함은 환영(illusion)이다. 의식은 몇 가지 고차원의 사고와 같은 항목으로 제한되어 그림의 요점을 설명하는데, 즉 "중세 후기 마을을 배경으로 사냥꾼들과 그 개들이 빈손으로 돌아오는 겨울 장면"처럼 박물관이 그 그림 옆에 붙이는 이름표 속 설명과 유사하다.[41]

두 이론은 NCC가 어디에 위치하는지와 그 시기, 그리고 NCC가 피질 전체에 걸쳐 조정되는 방식 등에 대한 견해도 다르다. 이러한 차이는 적대적 협력 연구를 통해 실험적으로 해결되었다. 간단히 말해서, 작업공간이론은 전전두피질의 활동이 필수적이며, 피험자가 그 이미지를 처음 알아볼 때 그 피질의 활동이 일어난다고 가정한다(이 실험 때는 피험자에게 매우 선명한 사진을 하나씩 화면에 짧게 비추어 보여 주었다). 그 이미지가 사라지고 회색의 빈 화면으로 바뀔 때도 다시 피질이 활동했다(그러나 그 이미지가 화면에 선명하게 보이는 중간 시간에는 그렇지 않았다). IIT의 주장에 따르면, 위상적 연결성이 내재적 인과의 힘을 극대화하는 만큼 NCC는 후방 핫존에 있어야 하며, 피험자가 그 이미지를 의식하는 동안 NCC가 지속되어야 한다. 두 이론 모두 그들의 후보 NCC가 앞쪽과 뒤쪽 사이에 또는 후방 핫존과 일차

시각피질 영역 사이에 높은 정도의 동기화를 이루어야 한다는 데 동의한다.[42]

시각적 지각에 대한 세 가지 예측, 즉 얼굴, 사물, 숫자, 문자 등을 의식적으로 보는 것에 대한 예측을 테스트하기 위해 두 가지 실험이 정교하게 설계되었다. 이 실험은 지원자에게 인지신경과학(cognitive neuroscience)의 세 가지 표준도구(fMRI, EEG, MEG)를 적용했고, 아울러 네 번째 방법, 즉 간질 발작 발생을 살펴보기 위해 환자의 두개골 아래 전극을 이식해 그 결과를 기록하는 방법을 적용했다. 이 전극은 신피질과 가깝기 때문에 두개골과 두피 외부에 위치한 뇌파검사 전극보다 노이즈가 적은 고품질 신호를 얻을 수 있다. 이러한 모든 방법은 의도된 분석 알고리즘과 함께 사전 등록되어야 했다. 이런 조치는 드문 일인데, 이것은 다음을 의미한다. 과학자들은 실험에 앞서 어느 뇌 영역에서 (그 데이터를 적용하기 위해) 어떤 유형의 수학적 디코딩을 시행할지, 어떤 통계적 매개변수를 채용할지 등등을 미리 결정해야만 한다. (그런데 일반적인 연구 절차에서는) 데이터를 살피고, 사람의 편견을 확인하는 분석 유형을 선택한 후 그런 중요한 결정을 내린다. 이 협력 연구는 비슷한 실험보다 훨씬 많은 피험자 250명을 모집했고, 모든 데이터는 최소 두 곳 이상인 독립적인 실험실에서 수집했으며 모든 데이터를 공개해 누구나 데이터를 분석하거나 자신만의 결론을 내릴 수 있도록 했다.[43]

첫 번째 실험 결과는 2023년 6월 뉴욕에서 열린, 의식과 좀비에 관한 랩 음악이 가미된 활기찬 행사에서 공개적으로 발표되었다. 그 결과는 NCC가 뇌의 뒤쪽에 있다는, 즉 후방 핫존에 있다는 것을 잘 보여 주었으며, 그 타이밍은 자극의 가시성 기간과 일치했다.[44] 이런 두 가지 예측은 모두 통합정보이론을 명확히 선호하며, 시각에 있어 전전두피질의 필요성에 대해 심각한 의문을 제기한다. 그러나 세 번째 예측은 작업공간이론을 선호했다. 물론 그 데이터세트는 방대하고 더 많은 발견이 필요하며, 두 번째 실험은 아직 평가되지 않았다. 놀랄 것도 없이, 두 이론의 대변인은 모두 결과에 만족한다고 고백했다![45] 내가 차머스와 한 25년 전의 내기도 그날 저녁에 끝났다. 이처럼 불일치하는 결과가 나오자, 나는 실험 결과가 널리 수용된 NCC로 의견이 모아지지 않았음을 공개적으로 인정하고, 고급 와인 한 상자를 차머스에게 전달했다. 《네이처(Nature)》는 "철학자 1승, 신경과학자 0승"이라고 선언했지만, 지난 25년 동안 의식의 흔적에 대해 (이전의 모든 역사보다) 더 많은 것을 배웠다는 점에서, 비록 나는 내기에서 졌지만 신경과학이 승리한 사례라고 느꼈다.[46] 그러나 이 공개 행사는 과학적 방법의 승리라고 주류 언론에 널리 보도되어 찜찜한 여지를 남겼다.[47]

누구도 뇌의 전두엽이 행동 추론과 지능에 중요한 역할을 담당한다는 것을 부인하지 않는다. 그러나 이러한 능력들은 의식과 다르다. 의식은 뇌 뒤쪽인 후방 핫존과 밀접하게 연관된 것으로 나타난다. 물론 의식의 기초 원자는 수억 세포를 포함하는 뇌 전체 영역이 아니며, 매우 이질적인 뉴런들의 광범위한 연합이다. 우리가 한 가지 특정 경험을 찾으려면, 아마도 적게는 수백

뉴런으로 구성된, 어쩌면 많게는 수천만 뉴런으로 구성된 뉴런 집단을 분리해야 한다. 어느 한 가지 경험, 즉 진정한 NCC를 담당하는 메커니즘을 파악하기 위해서 무척 복잡한 메커니즘을 해체하는 일은 앞으로 남은 세기 동안 공들여야 할 기념비적 과제이다.

신피질은 포유류의 몇 가지 결정적 특징 중 하나이다. 대체로 신피질을 잃으면 의식적 경험을 상실할 것이다.[48] 다른 척추동물, 즉 어류, 양서류, 파충류, 조류 등은 신피질을 가지고 있지 않지만, 경험을 가능하게 해 주는 (기능적으로 관련된) 해부학적 구조를 가진다. 내가 이 글을 쓰는 동안, 아름다운 무지갯빛 초록 벌새 한 마리가 내 데크 위 유리창을 향해 돌진했다. 그 벌새는 짹짹 울었고 그 작은 몸뚱이는 헐떡였는데, 분명 곤경에 빠진 것 같았다. 나는 고통 속에서 혼절해, 아마도 두려움에 떨고 있을 동료 생명체를 최대한 도우려 노력했다. 마찬가지로 벌이나 두족류[cephalopods, (문어와 같은)] 같은 무척추동물도 복잡한 인지 및 여러 능력을 보여 준다. 그러나 그것들은 어떤 확장된 시트 같은 신경 구조물도 갖지 못한다. 신피질을 갖지 못하므로, 그것들이 지각 분별력을 가진다는 것을 부정해야 하는가? 아니다! 진화론 및 행동 증거는, 모든 동물이 어느 정도 지각 분별력을 지닌다는 논지를 지지한다. 이것은 또한 통합정보이론의 예측이기도 하다. 꿀벌의 작은 뇌는 포유류의 신피질에 비해 회로 밀도가 10배나 높고, 뉴런 약 100만 개가 놀랍도록 복잡한 패턴으로 연결되어 있어서, 그 녀석들 역시 (통합 정보의 양이 0이 아닌) 원인 결과 구조를 가질 것이다. 따라서 그 녀석들 역시 어느 정도 만족감을 경험할 것 같다. 따뜻한 햇살을 받으며 날아다니고, 황금빛 꿀을 가득 머금고 자기 벌통에 있는 자매들에게 돌아간다.[49] 실제로 무언가를 느끼는 '생명의 나무'에 있는 모든 유기체는, 비록 그 현상적 내용이 우리가 알아볼 수 없는 원시적 형태일지라도 분명 지각 분별력을 지닐 것이다.[50] 후방 핫존과 경험 사이의 밀접한 관계는 역설적으로 보일 수 있는데, 원숭이나 유인원과 같은 가까운 진화적 친족에 비해 인간에게 가장 발달한 것이 전전두피질이기 때문이다.[51] 그러나 만약 우리가 그들도 보고 듣고 두려워하고 욕망한다는 것을 인정한다면, 그 역설은 사라진다. 인간을 다르게 만드는 것은 우리의 기본적인 감각적, 경험적 목록이 아니라, 강력한 언어 모듈, 유연한 지능, 자기반성 능력, 비대해진 자아존중감이다.

손상된 뇌 안에 갇힌 마음

이런 지식은 괴짜 신경과학자들에게만 관심의 영역이 아니며, 외부 세계와 어떤 방식으로도 소통할 수 없는 사람들의 의식을 감지하는 데 직접 임상적인 응용이 될 수 있다. 의식장애(Disorders of consciousness)는 둔기로 인한 머리 외상, 심장마비, 허혈성 뇌졸중(ischemic stroke), 뇌염, 약물 과다 복용 등으로 뇌가 심하게 손상된 환자에게 발생한다. 그런 환자들은 침대에 누워 생명 유지 장치를 달고 있으며, 윙크나 다른 신호로도 대화하지 못한다. 그런 부상자들은 움직일 수 없는 우주비행사처럼, 의식은 있지만 손상된 뇌에 갇혀 침대 옆의 사랑하는 사람들과 소통할 수 없는 상태인가? 아니면 아무 생각도 없는 상태인가?

임상적으로 의식은 환자들이 말을 할 수 있거나 다른 방식으로 명확하게 반응할 수 있는지 알아보는 일련의 간단한 침대맡 테스트를 통해 평가된다. 검사관은 "혼수회복척도-개정판(Coma Recovery Scale-Revised)"이란 표준화된 점검표에 따라 검사를 진행하면서, 환자들에게 눈으로 밝은 빛을 따라서 움직여 보도록, 팔다리를 움직여 보도록, 아프게 꼬집는 것에 반응해 보도록, 또는 무엇이든 말해 보도록 요청한다. 만약 그들이 자신의 이름, 현재 위치, 시간 등을 알고 있고, 만일 말을 할 수 없는 경우라도 눈을 깜박이거나 손을 움직여서라도 검사관의 지시를 따르고 의사소통이 가능하다면, 그들이 아무리 손상을 입었더라도 의식이 있는 것으로 간주한다. 만약 그들이 이러한 테스트에 반복적으로 실패한다면, 그들에게 의식이 없는 것으로 간주한다. 만약 이렇게 자발적 반응이 없는 상태가 여러 주 동안 지속된다면 그 환자는 식물인간 상태(vegetative state)로 간주되며, 요즘에는 행동 무반응 상태(behaviorally unresponsive state)라고 불린다.

그러나 만약 청각피질에 손상이 있는 환자라면 의식이 있어도 듣지 못할 수 있다. 만약 운동영역이 손상된 경우라면 환자는 신호를 보낼 수 없을 것이다. 또 환자가 인지적 장애가 심한 경우라면 일관성 있게 대답할 수는 없지만, 여전히 느낄 수는 있을 것이다. 즉, 환자에게 의식이 있더라도 자신이 알아듣고 있다고 신호할 수 없다. 전 세계 중증 뇌 손상 환자 수백만 명 중 최대 다섯 명 중 한 명에게 의식이 있지만, 그들은 외부 세계와 소통할 수 없는 상태라고 추정된다. 마치 데이비드 보위(David Bowie)의 음악 〈스페이스 아더티(Space Oddity)〉에 나오는 우주비행사 톰 소령처럼 라디오 링크가 끊어진 것이다.[52] 이것은 비극이다. 왜냐하면 그 환자에게는 가족들이 자신의 말을 듣고 있음을 아는 것이 위안을 줄 수 있을 것이며, 가족들에게는 부모, 형제자매, 또는 자녀가 "거기에 있다(의식이 있다)"는 것을 아는 것이 정서적 부담을 덜어 줄 수 있을 것이기 때문이다. 더구나 의식의 조기 회복은 좋은 소식인데, 장기적인 기능 회복을 예측할 수 있기 때문이다. 그러나 무엇보다 환자에게 반응이 없고 장기적인 회복 예후가 암울한 경우, 그 가족과 환자를 돌보는 의료진이 연명치료 중단을 선택하는 경우가 많다. 실제로 기계호흡을 중단함으로써 생명 유지 장치를 중단하는 것은 급성 의식장애(acute disorders of consciousness)를 겪는 환자들의 가장 흔한 사망원인이다.[53]

필요한 것은, 중환자실이나 회복기환자가 있는 가정에서 작동하는 의식에 대한 바이오마커(biomarker)이다. 이것은 충족되지 않은 큰 요구사항이다. 왜냐하면 환자가 자신의 "현존" 신호를 보낼 수 없을 정도로 심하게 손상된 뇌에서는 자발적인 전기 활동의 기록으로 의식과 그 부재를 확실히 구분할 수 없기 때문이다.

지난 20년 동안 이탈리아 밀라노대학교의 마르첼로 마시미니(Marcello Massimini)가 이끄는 연구팀은 경두개 자기자극

(transcranial magnetic stimulation) 코일을 통해 두개골에 자기 펄스로 신피질을 자극하고, 뇌파검사 전극을 사용해 전기적 반향을 기록하는 과학기술을 개발했다. 그것은 마치 작은 망치로 종을 두드려서 음파의 울림을 듣는 것과 비슷하다. 5장에서 설명한 구분(정보)과 통합의 이론적 원리에서 영감을 얻은 이 방법은 자기 펄스에 대한 뇌파 반응의 복잡성을 계산해, 섭동복잡성지수(perturbational complexity index)라는 숫자를 내놓는다. 만약 이 지수가 높으면 피험자에게 의식이 있는 것이고, 특정 임곗값 아래이면 무의식을 나타낸다. 이러한 방식으로 뇌 반응의 복잡성을 조사하는 것은, (의식의 상태라고 알려진) 지원자 및 환자의 검증 데이터세트에서 완벽히 작동한다. 즉, 이 검사는 (지원자 또는 혼수상태인 환자의) 무의식 수면 또는 마취된 뇌를 [깨어 있거나 몽중인 지원자, 케타민을 복용한(해리된) 사람, 의식이 있는 신경질환자 등의] 의식 있는 뇌로부터 구별해 낸다. 더구나 이 복잡성 검사는 최소 의식 환자 20명 중 19명꼴로 의식을 확인해 낸다.

미국과 유럽의 병원에서는 이 과학기술을 원시적인 의식 감지장치로 사용할 수 있다는 정도로 평가하고 있다. 실제로 마시미니, 줄리오 토노니, 그리고 나는 '내재적 힘(Intrinsic Powers)'이라는 회사를 공동 설립해, 병상에 누운 무반응 환자의 의식을 정기적으로 살피는 실용적인 장치를 이 방식으로 개발하려 한다. 규제 기관에 의한 승인과 임상의들에 의한 수용의 길은 멀고 험난하지만, 우리는 가혹하고 비극적인 상황을 견뎌야 하는 환자 보호자 및 가족들에게 확신을 주려 노력 중이다.[54]

심신에 대한 논의는 종종 추상적이고 해박한 내용을 다룬다. 그러나 중환자실에서 언제 그 장치를 끌지, 즉 생명 유지 장치를 중단할지 여부를 결정하는 일은 그것이 생명에 개입하는 것인 만큼 중대한 결정이다.

의식의 통합 이론에 따른 과학기술은 손상된 의식에 관한 이런 우울한 논의에 빛을 비춰 줄 것이다. 이제부터는 손상된 의식의 반대인 확장된 의식(expanded consciousness)에 대해 이야기해 보자.

7 확장하는 의식

Then I Am Myself the World

이런 지각에 몰두하는 사람은 더 이상 개인이 아니다.
왜냐하면 그러한 지각에서 개인은 자신을 잃어버리기 때문이다.
그는 순수하게 의지 없는, 고통 없는
시간을 초월한 지식의 주체이다.

— 아르투어 쇼펜하우어(Arthur Schopenhauer),
『의지와 표상으로서의 세계(The World as Will and Representation)』

7 확장하는 의식

우리는 삶의 대부분을 조정당하며 자동적으로 살아간다. 즉, 가족, 직업, 돈, 그리고 다른 일상의 요청에 이끌린 채 살아간다. 그러나 이따금 그렇게 결정된 것 같아 보였던 자신의 인생길을 갑자기 바꾸기도 한다.

   이 책의 서문은 팬데믹이 있었던 그해의 내 체험으로 시작했다. 그때 나는 두려움과 공포에 질린 고독한 상태에 빠졌고, 시간이 멈추고, 자아, 신체, 세계에 대한 감각도 상실했으며, 그런 것들은 영원한 족적을 남겼다. 역사의 넓은 궤적 속에서 많은 사람은 유사한 상태를 경험하며 견뎌 내고 있었고, 실재의 본성에 관한 기초 믿음을 지속적으로 광범위하게 수정했다. 깊이 뿌리박힌 여러 습관이 버려졌고, 삶의 태도는 영적으로 가장 잘 설명되는 방식으로 변화되었다. 죽음에 대한 두려움을 떨쳐 내었고, 물질적 집착에서 벗어났으며, 더 큰 선(good)을 지향하게 되었다. 많은 전환적 체험에서 공통적으로 자아의 해체가 나타났으며, 자아(ego)와 (그것이 묶여 있는) 신체(body)의 상실도 있었다.

자아란 말랑말랑한 여러 정신 과정의 집합으로 사고, 내면의 대화, 과거의 기억, 미래에 대한 계획 등을 중재한다. 경험하는 것은 "나"이며, 자서전적 기억, 강점과 약점, 좋아하는 것과 싫어하는 것 등을 떠맡는 것도 "나"이다. 경험하는 자아와 기억하는 자아란 많은 인지 모듈들이 중첩된 거대하고 복잡한 덩어리이다. 그런 모듈들은 어린 시절에 발달하며, 중년이 되더라도 완전히 성숙되지는 못한다. 이런 모듈들의 신경 기반은 전후 대상피질(posterior and anterior cingulate cortices, 두 반구의 중앙선을 따라가는 구조물)과 내측 전전두피질(medial prefrontal cortex)을 포함한다.

이런 "나"는 의식적으로 생각하고, 지각하고, 감각하고, 세계와 상호작용한다. 자아는 당신의 영원한 동반자로서 자기반성과 장기적 목표를 추구하는 데, 예를 들어 높은 학위를 받기 위해 전문적인 학교에 가는 데 필수적이다. 그러나 그런 자아를 형성하는 정신적 수다와 부정적 생각이 이따금 압도적일 때도 있다. 모욕감, 파국적 생각, 우울해하기 등, 반추하고 집착함으로써 다른 생각을 익사시키고 삶을 비참하게 만들 수 있다. 당신은 축구하고 등산하고 코딩하고 수학하는 등의 몰입상태 동안, 즉 지금 여기에 집중하는 제한된 시간 동안 자아를 망각할 수 있다. 그러나 만약 당신이 당면 과제에 집중하지 못한다면, 자아는 빠르게 다시 나타나 당신을 현실로 돌려놓을 것이다.

자아에 대한 경험은 다른 의식적 경험, 즉 '통증'이나 '쾌락'과 마찬가지로 실제적이다. 불교에서 강조하듯이, 환영이란 "진정한 자아" "실제적 나"를 형성하는 영원하고 고정된 본질적 관념이다. 선거운동 중인 정치인들이 제시하는 교묘한 진정성은 일종의 꾸며낸 이야기이며, 위장된 환영이다.[1]

전환적 체험은 개인에게 자아의 중력장에서 벗어나, 자아라는 행성 위에 무중력상태로 떠오를 수 있게 해 준다. 여기저기 떠돌던 시끄러운 생각, 즉 "잡념"은 사라지고 고요한 침묵으로 바뀐다. 이러한 심오한 만남을 경험한 피험자의 삶은 "이전"과 전환된 "이후" 사이의 명확한 구분으로 드러난다.[2]

전환적 체험은 그 인접 원인에 따라 세 범주로 나뉜다. 첫째는 종교적, 신비적, 미학적 체험이며, 둘째는 환각제로 유도된 체험이고, 셋째는 임사체험(near-death experiences)과 관련된 경험이다. 나는 이 모든 것들을 전환적 체험이라는 일반적인 제목 아래에 포함시키는데, 그런 여러 경험의 영향이 존재론적 함축에서 중립적이며, 이것들이 모두 같은 실타래로 짜이고, 공통적인 심리학적 및 신경생물학적 특성의 핵심을 공유한다는 나의 믿음 때문이다.[3]

종교적·신비적·심미적 체험

많은 종교의 성인들과 현자들의 삶은 살아 있는 신을 만난다거나, 모든 것을 포괄하는 전지전능한 신비로운 존재의 현존을 직접 느꼈다는 창시 일화로 가득하다. 17세기 프랑스의 철학자, 수학자, 물리학자이며, 확률미적분의 선구자이고 기계식계산기의 공동 발명가인 블레즈 파스칼(Blaise Pascal)을 생각해 보자. 파스칼이 사망하고 난 후, 손으로 쓴 양피지 하나가 그의 코트 안쪽에 꿰매어진 채 발견되었는데, 그것에는 1654년 11월 23일 밤 그의 신성한 체험이 기록되어 있었다. 그 묘사는 이렇게 시작한다. "불. 아브라함의 신, 이삭의 신, 야곱의 신. 철학자나 지식인의 신은 아님. 확신, 확신, 느낌, 기쁨, 평화."

파스칼처럼, 사람들도 "모든 것이 사랑"이 되고 "우주적 조화"를 이루는 빛남, 또는 속삭임 같은 체험에서 돌아와 우주와 하나가 된다. 이러한 체험과 유사한 감정들은 진부하게 들릴 수 있으며, 이를 체험하지 않은 사람들에게는 별 의미가 없을 수 있다. 하지만 정말로 그런 체험과 감정은 그 체험자의 삶을 근본적으로 바꿀 수 있다. 어떤 경우에, 종교적 각성을 촉발하기도 한다. 고전적 사례는 사도행전(Acts of the Apostles)에 묘사된 바울(Pauline)의 개종이다. 즉, 사울(Saul)이 다마스쿠스(Damascus)로 가는 길에 기독교인에 대한 박해자에서, 그들의 가장 위대한 옹호자인 사도 바울(St. Paul)로 바뀐 전환이다.[4] 어떤 사람들은 자신들의 과거 삶의 방식을 버리고, 즉 전능한 재물을 쫓는 것을 포기하고, 공동체, 치유, 환경, 영적 대의를 위해 나선다. 그들은 욕망에 덜 이끌리며, 자신들과 세계의 평화를 위한 길로 나선다.

그러한 체험이 기적처럼 보이는 것은 당연하다. 깊이 고착된 습관을 바꾸는 일은 힘들고 거의 불가능에 가깝다. 체중 감량, 술 줄이기, 금연, 운동 더 하기, 휴대전화의 강박적 확인을 멈추려고 애쓰는 자신의 투쟁을 생각해 보라. 수년에 걸친 단련과 장기적이고 의지적인 노력이 필요하다. 그러나 단 한 번의 그런 체험만으로 그 길의 모든 어려움을 쓸어버릴 수 있다.

종교적 체험은 번개와 같은 예측 불가능성과 힘으로 당신을 강타한다. 그런 체험은 평생에 오직 단 한 번만 일어난다. 일부 역사적 인물 중, 빙겐의 힐데가르트(Hildegard of Bingen), 노리치의 줄리언(Julian of Norwich), 아빌라의 성녀 테레사(St. Teresa of Avila), 잔 다르크(Joan of Arc), 마이스터 에크하르트(Meister Eckhart), 루미(Rumi), 칼릴 지브란(Khalil Gibran) 등은, 아마도 측두엽 발작으로 인해 그런 경험을 여러 번 마주했을 것이다.[5]

윌리엄 제임스의 『종교적 체험의 다양성』은 그런 체험에 대한 자세한 설명을 담고 있다. 제임스는 그 체험자들이 자신이 "지성적 특성(noetic quality)"이라 말하는 앎의 상태를 되살린다고 이렇게 말한다. "비록 느낌의 상태와 비슷하지만, 신비적 상태는 그것을 체험하는 사람들에게 지식의 상태인 것처럼 보인다. 그런 체험은 담론적 지적 능력으로 그 깊이를 알 수 없는 진리의 심연에 대한 통찰의 상태이다. 그런 체험은 의미와 중요성으로 가득한 깨달음, 계시이며, 그것을 모두 말로 표현할 수 없다. 그리고 원칙적으로 그것은 사후에 대한 권위를 인정하고 호기심으로 바라보게 만든다."

그러한 모든 경험이 명백히 종교적 성격은 아니며, 일부는 신의 계시 없이 더 영적인 성격을 가진다. **오버뷰 효과**(overview effect)는 우주비행 중인 우주인이 자주 보고하는 자기 초월적 경험으로, 그는 한없이 광대한 공간을 떠다니며 구름으로 덮인 푸른 지구의 놀라운 아름다움을 보며, 이 행성(지구)의 연약함을 지각하고 모든 생명체의 근본적인 친밀감을 직접 파악한다. 우주인 에드거 미첼(Edgar Mitchell)은 아폴로 14호 비행을 하며 자신이 겪은 경험을 "압도적인 일체감과 연결성 …… 황홀경 …… 깨달음"으로 묘사했다.[6]

영장류학자 제인 구달(Jane Goodall)은 6주간 고된 여행을 마치고 곰베(Gombe)의 숲에서 겪은 자신의 체험을 다음과 같이 자세히 설명한다.

> 주변의 아름다움에 경외감을 느낀 나는 고무된 앎의 상태로 미끄러져 들어갔다. 그때 갑자기 내게 다가온 진리의 순간을 말로 설명하기란 정말로 어렵다. 심지어 신비주의자들조차 영적인 황홀경의 짧은 섬광을 설명하지 못한다. 내가 나중에 그 체험을 회상하려 애쓰자, 나의 자아가 완전히 사라진 느낌이었다. 즉, 나와 침팬지, 땅과 나무와 공기가 합쳐져, 생명 자체의 영적 힘과 하나 된 느낌이었다. 공기는 산새들의 심포니, 즉 새들의 저녁 노래로 가득했다. …… 그날 오후, 보이지 않는 손이 커튼을 젖힌 아주 짧은 순간, 나는 그 창을 통해 본 것 같았다.[7]

사람들은 '플라톤의 동굴'의 한계를 넘어, 세계에 대한 어떤 비전(vision)을 부여받아서 매개되지 않은 실재에 접근할 수 있다고 믿는다. "내 생애 처음으로 나는 이웃을 나 자신처럼 사랑한다는 것이 무엇을 의미하는지 정확히 알았습니다. 왜냐하면 그 힘 덕분에 그렇게 했기 때문입니다."[시인 위스턴 휴 오든(Wystan Hugh Auden)] "우주의 일차적이고 근본적인 사실인 사랑에 대한 직접적이고 완전한 내면의 깨달음"[작가 올더스 헉슬리(Aldous Huxley)] "이로써 나는 원초적 존재 또는 신성과 합일을 이루었습니다."[철학자 마르틴 부버(Martin Buber)] 〔그런 체험이 없는〕 외부인에게 이것은 이해 불가능하다.

어떤 사람들은 자연에서 고귀함을 추구한다. 대부분의 도보 여행가, 등산가, 캠핑족 등은 눈, 천둥, 번개, 폭풍우를 피해 도망가지만, 두 종류 사람들이 산의 극적인 날씨 속으로 향한다. 사람들을 구출하는 임무를 맡은 사람들과 자신의 용기를 시험하고 숭고함을 만나려는 사람들이다. 나는 항상 후자의 매력을 경험해 왔다!

실내악이든 헤비메탈이든, 많은 사람이 음악에 빠져들 때 경외감과 경이로움을 느끼며, 음악은 모든 예술 중 가장 강력한 형식이다. 심미적 체험은 우리를 일상적인 관심사에서 벗어나 조물주의 영역으로 데려간다. 철학자 아르투어 쇼펜하우어에게 주체와 대상, 지각자와 지각되는 것, 아는 사람과 알려진 것 사이의 영원한 이중성은 심미적 체험에서 멈춘다. "우리는 …… 온 마음을 다해 헌신적으로 인식하고, 그곳에 스스로 완전히 빠져들며, 자신의 모든 의식이 실제로 현존하는 자연물에 대한 차분한 명상으로 채워지도록 둔다. …… 우리는 이 대상에 완전히 빠져든다. …… 우리는 자신의 개성과 의지를 잊는다. …… 그래야만 대상은 그것을 지각하는 사람 없이도 홀로 존재하게 되며, 이때 더 이상 지각자를 지각으로부터 분리할 수 없고, 그 둘은 하나가 된다."[8]

이러한 급진적이고 해석할 수 없는 주장들에 대처하는 한 가지 분명한 방법은, 그 주장들을 돈을 받는 대가로 술에 취한 채 밤에 이야기를 지어내는 사람들(*confabulatores nocturni*)의 헛소리라고 무시하는 것이다. 그러고는 그들의 정신상태를 병리생리학적이라고 일축하고, 유전자, 수용기, 뇌, 그리고 다른 구체적인 것들을 안전하게 연구하기 위해 실험실 작업대로 물러나면 된다. 그러나 이 길은 나의 공포와 황홀경 체험을 감안할 때 내게는 차단되어 있다. 나는 내 체험이 바로 그것이었음을 의심의 여지없이 안다. 그것이 나의 '지성적 특성'이다. 물론 당신은 나를 믿지 않아도 된다.

한편 사람들이 자신들의 특별한 경험에 영향을 받아, 성경이 말하는 "모든 이해를 초월하는 하나님의 평화"가 자신들의 삶의 방식을 바꾸었음을 발견한 것은, 역사적 기록의 문제이다. 따라서 더 섬세한 접근법은 이러한 보고서를 진실하고 정직한 설명으로 받아들이는 것이다. 이 보고서는 중추신경계가 뉴런을 켜고 끄는 물리적 상태에 들어갈 수 있으며, 이것이 천국과 지옥 그리고 그 사이의 모든 것들을 경험하는 것에 필적하는 일임을 알려준다. 이것은 우리 모두가 활용해야 할 선물이다.

무엇이 이러한 경험을 촉진하는가? 이 경험들은 가치 있는 대의에 수년간 열렬히 헌신한 대가처럼 보인다.⁹ 그러나 그런 헌신 자체만으로는 충분치 않다[그런 헌신을 한다고 누구든 신비적 체험을 할 수 있는 것은 아니다]. 그렇지 않다면 수많은 투자은행가, 신생기업 직원, 그리고 다른 일중독자 들도 이 절대적이고 형언할 수 없는 경험을 일상적으로 떠벌렸을 것이다. 인류의 극히 일부만이 그러한 경험을 보고하기 때문에, 추가적이고 알려지지 않고 드문 구성 요소가 필요하다.¹⁰ 신, 운명, 또는 우연은 소수에게 완전체(Whole)에 대한 비전을 부여해 주는 것처럼 보인다. 그러한 상태를 만들어 내는 특별한 사고방식(mind-set)은 노력 없이 얻은 은혜의 상태라고 여겨도 좋겠다.

내생적으로 이런 체험이 일어나지 않은 사람에게서 그러한 체험이 발생할 가능성은 수천 년 동안 다양한 문화에서 발전시킨 무수히 다양한 훈련으로 향상시킬 수 있다. 이러한 의식변형 기법은 광범위해서, 내면의 침묵을 촉진하기 위해 사막에 살았던 초기 기독교 은둔자와 고행자의 극단적 사회적 고립과 금식, 더 높은 위계의 정신상태에 오르기 위한 불교의 장기간 명상, 행위자 및 자기에 대한 감각을 잊기 위해 칼싸움이나 양궁을 끝없이 연습하기, 자기 학대와 다른 형태의 고행, 즉 감각 박탈[예, 부유 탱크(사람들이 긴장을 풀기 위해 들어가서 떠 있게 만든 소금물 탱크)], 격렬한 신체 활동(예, 장거리달리기), 황홀경을 얻기 위한 성가 부르기 및 격렬한 춤추기[예, 수피(Sufi) 전통의 회전춤인 수피댄스를 추며 고함치기], 빠르고 길게 호흡하기[예, 홀로트로픽 호흡하기(holotropic breath)] 등과 같은 다양한 방법들이 있다.¹¹ 그리고 신비의 물질들(약물들)이 있다.

환각제 체험

역사 전반에 걸쳐 많은 문화권에서 병을 치료하고 미래를 점치고 또 영혼과 소통하기 위해 오늘날 우리가 정신 활성 약물(psychoactive drugs)이라고 생각하는 특별한 "약물"을 마시거나 먹거나 흡연하거나 흡입했다. 이때 참여자들은 일상을 초월한 영역을 경험했고, 그곳에서 자신의 육체를 떠나 신이나 악마와 대화하거나 정신적 죽음을 겪기도 했다. 샤머니즘 치유 집회는 금식, 찬송, 명상, 기도를 포함하며, 바람직한 정신 상태에 이르기 위해 규제된 집단 의례의 일부이다. 쿠란데로스(*Curanderos*), 즉 전통 치료사, 또는 샤먼은 참여자들을 안내하고 감시하며, 그들이 자신들의 경험을 이해하도록 돕는다. 오늘날 환각제를 일컫는 **사이키델릭스**(psychedelics)라는 단어는 "마음을 나타나게 하는"이라는 그리스어에서 유래했고, 또 환각 유발 물질을 일컫는 엔테오젠(*entheogens*)은 현존, 경이, 경외, 신성함 같은 영적 느낌을 유발하는 힘을 가리킨다.[12]

대부분의 환각제는 식물이나 동물의 내분비샘(glands)에서 추출한 자연 발생 물질이다. 20세기에 화학자들은 그런 정신 활성 분자를 분리하고 정제하고 특성화했다. 오늘날 이런 물질들은 오늘날 합성 형태로 대량 제조 가능하다. 이런 물질들이 뉴런

표면의 특정 부위와 신체의 다른 부위, 주로 내인성 신경전달물질인 세로토닌과 관련된 부위에 결합해, 심각한 방식으로 마음에 영향을 미친다. 그 불법성에도 불구하고, 이러한 약물의 사용은 번창하고 있다. 마술 버섯과 주요 정신 활성 성분인 실로시빈 외에도, 고전적인 세로토닌성 환각제로는 메스칼린(mescaline), 또는 3,4,5-트리메톡시페네틸아민(rimethoxyphenethylamine), "영적" 분자로 알려져 있고 뇌에서 합성되는 N,N-디메틸트립타민(dimethyltryptamine, DMT), "잎과 포도나무"로 알려진 DMT가 함유된 아야와스카(ayahuasca) 음료, "신"의 분자로 알려진 5-메톡시(methoxy)-N,N-디메틸트립타민(5-MeO-DMT), 그리고 리세르그산디에틸아미드 또는 "애시드(acid)"(합성 물질) 등이 있다.[13] 이런 물질들의 급성효과는 그 분자와 양 및 전달 방법에 따라 10분에서 10시간 동안 지속된다.

낮은 용량일 경우, 환각제는 감각, 일반 지능, 또는 운동 조절을 손상시키지 않고 정상으로 깨어 있는 의식을 왜곡한다. 환각제는 움직임의 흔적을 유도하고, 색상을 더 생생하고 반짝이게 만든다. 그 물질들은 감사와 신성함의 심미적 및 영적 느낌을 강화하고, 자아를 낮추거나 때로는 완전히 0으로 만든다. 항상 달래고 불평하고 비판하는 머릿속의 그 목소리가 사라진다. 즉, 마음이 세계의 아름다움을 깊이 생각할 자유를 얻는다. 세부 사항 표현에 광적으로 헌신한 에르제(Hergé)에 의한 리뉴 클레르(*ligne claire*, 뚜렷한 선과 강렬한 색상 대비를 특징으로 하는 그림 기법) 작품인 땡땡(Tintin)의 그림처럼 순수한 존재가 일상에서 생활보다 더 확실하고 더 실제적으로 드러난다. 이것은 정신과에서 비현실감을 강조하는 것과는 반대인데, 이처럼 과현실화(hyper-realization)된 세계는 정서적 안정감을 준다. 이 경우에 환자들은 세계가 비현실적이고 가짜이며 무미건조하며 정서적 색채가 부족하다고 불평한다. 그러나 환각제는 또한 부정적 비전(chthonic visions)을 유발할 수 있어서, 일시적 두려움, 공황, 또는 혼란 등의 상태를 유발하며, 따라서 억압된 정서를 불러일으킬 수 있다.

내가 신경 기반 의식 연구를 시작한 지 수십 년 되었을 무렵, 나는 처음으로 환각 체험을 하면서 전성기를 맞았다. 나의 쇠약해진 "나"는 나태함과 나른함, 무기력함의 마법에 걸려서 몇 시간 내 아무것도 하지 않고 그저 존재하고 있었다. 이 경험은 내게 깊은 만족감과 경이와 감사함을 느끼게 해 주었다. 나는 노트에 다음과 같이 적었다.

나는 그 붕괴 직전의 에덴 한구석에 있는 자신을 보았다. 나는 나무 벤치를 응시하며, 이전에 본 적이 없는 방식으로 그것을 바라본다. 나는 특정한 환경에서 특정한 벤치의 본질을 파악한다. 습한 판자 위에서 자라는 청록색 이끼가 형광빛을 발하는 것을, 맥박이 뛰고, 두근거리고, 떨리고, 합쳐지고, 분해되고, 융합되고, 해제되며, 생명 자체로 뛰는 것을 본다. 나는 그 수수께끼 같은 아름다움에 완전히 몰두하고 그 복잡성에 경외감을 느끼며, 이 매혹적으로 아름다운 것이 전달하는 형언할 수 없는 메시지를 해독한다. 나는 마치 세상을 처음 보는 아이처럼 웃음을 멈출 수 없다. 나는 본능적으로 리듬, 모든 것들을 살아 있게 만드는 우주의 고동치는 심장 소리를 듣는다. 나는 결국 벤치에서 주의를 돌려 반짝이는 물 한 잔의 거품에 집중한다. 개별적인 공기주머니가 합쳐져서 더 큰 전체로 사라진다. 나는 내 손과 주변 사람들의 얼굴을 바라보았다. 모든 것이 평온한 빛깔로 뒤덮여 있었다.[14]

할리우드 감독이라면 누구나 부러워할 만큼, 환각제는 놀라운 진실성을 지닌 심오한 비전을 유발시킬 수 있다. 그런 비전은 사용자가 자신이 경험하는 것이 "깨어 있는" 현실이 아니라는 것을 알고 있는 만큼, 환각(환상)은 아니다. 더구나 이러한 광경은 눈을 감은 채 보인다. 훈련된 관찰자인 어느 심리학자는, 아마존 분지의 관목과 덩굴에서 추출한 쓴맛 나는 엔테오겐 혼합물인 아야와스카가 비전을 유발하는 힘을 이렇게 설명한다.

상상할 수 있는 그리고 상상할 수 없는 모든 것들을 아야와스카에 의해 볼 수 있다. 삶의 모든 순간을 볼 수 있다. 즉, 우리가 아는 모든 사람과 장소, 그 모든 현시의 자연과 우주, 인간의 역사와 (그것이 만들어 낸 것과 만들어 내지 못한) 다양한 문화, 그리고 지구 위를 지나 우주의 먼 곳, 하늘까지 이르는 장면 등을 볼 수 있다. 우리는 우리 신체의 내부와 우리 영혼의 더 깊은 심연을 볼 수 있으며, 신화와 판타지의 무한한 풍요로움을 만나 볼 수 있으며, 요정과 용 그리고 천사와 악마를 만나고, 영원의 꿀을 맛보고, 최고선(Supreme Good)의 은총으로 씻기고, 영원한 빛을 목

격하며, 신성을 만나 볼 수도 있다.[15]

더 복용량을 늘리면 자아, 행위자, 기억, 신체, 공간, 시간 등에서 벗어난다. 마음을 세계에 구속시키는 모든 것을 잃는다는 것이 솔직히 말해서 무섭지만, 의식이 순수 체험(pure experience)의 상태로 자유롭게 들어가도록 해 준다.[16]

성금요일실험(Good Friday Experiment)은 하버드실로시빈프로젝트(Harvard Psilocybin Project)로서, 티머시 리어리(Timothy Leary)의 지도 아래 1962년 보스턴대학교의 마시 채플(Marsh Chapel)에서 신학과 대학원생 20명을 대상으로 실시되었다. 그 학생들이 느낀 강력함과 그 성격에 비추어, 실로시빈으로 유도된 경험이 종교적 체험과 공통점을 공유한다는 것을 생생히 보여 주었다. 참가자들은 자아 상실, 영원한 현재에 존재하는 느낌, 공포와 아름다움이 혼합된 감정, 세계를 보는 새로운 시선, 신을 포함해 천상 또는 악마적 존재와의 만남 등을 보고했다. 25년 후의 후속 연구에서, 당시 참가자들 대부분은 자신들의 경험을 인생에서 영적으로 가장 좋았던 순간이라고 특징지었다.[17]

전통적인 환각제는 신대륙(the New World) 사람들과 연관되었다. 구대륙 사람들도 한때 환각제를 알았을 것이다. 역사적으로 고대 그리스의 엘레우시스신비의식(Eleusinian mysteries)에 환각제가 연관되었다는 믿을 만한 몇몇 고고학적 증거가 있다.[18] 기독교가 등장하면서 이러한 관행과 그 관련 지식은 폭력적으로 억압되었다. 유럽인들이 16세기와 17세기에 아메리카를 식민지화할 때, 예를 들어 아즈텍인(Aztecs)이 "신의 살"로 알려진 "신성한 버섯"을 섭취했을 때와 같이, 초자연적 영역에 대한 비전을 주는 물질과 관련된 의식을 접할 때마다, 식민지 열강은 이러한 의식을 잔인하게 진압했다. 기독교 선교사들이 그 "악마의 짓"을 근절시키는 행위는 20세기 말 수십 년 동안에도 계속되었다.

    타락한 가톨릭 신자로서, 나는 이것이 매우 비극적이고 아이러니하다고 생각한다. 나는 성스러운 미사(Holy Mass)에서 성찬식(the sacrament of the Eucharist)을 거행하는 동안 신성한 빵과 포도주가 예수그리스도의 몸과 피가 된다고 믿으며 자랐기 때문이다. 성체(빵)를 먹고 포도주를 한 모금 마신 후, 나는 의무적으로 내 의자로 돌아와 무릎을 꿇고 조용히 묵상했다. 그러나 내가 복사로 봉사하거나 성인 교구민으로 참석한 천 번이 넘는 미사에서 단 한 번도 천국이나 지옥의 계시, 불타는 덤불, 또는 하늘에서 울리는 음성을 들어 본 적이 없다.[19] 나는 가톨릭 교리에 따라 그것이 성찬식에 참여하는 목적이 아니라는 것을 안다. 그러나 나는 일요일마다, 매년 미사에 참여하면 결국 어떤 징조로 보상받을 것이라는 암묵적 기대를 가지고 있었다. 아, 그야 뭐······.

    나는 최근 브라질 바이아(Bahia)에서 산토 다이메(Santo Daime) 공동체 의식에 참여했다.[20] 이 의식은 별이 빛나는 남쪽 하늘 아래 숲과 해변에서 수 시간 동안 기도하고, 명상하고, 북치고, 성가 부르고, 춤추고, 아야와스카를 마시는 것이 특징이었다. 의식은 대부 또는 무당인 파울루 호베르투 시우바 에소자(Paulo

Roberto Silva e Souza) **신부**의 안내로 진행되었고, 이곳에서 나는 놀라운 무언가, 즉, 편재정신(Mind at Large)을 체험했다.✢ 이것은 나로 하여금 편안해진 형이상학적 세계관을 의문하게끔 만들었다. 어쩌면 모든 것이 정신적인 것의 표명에 불과한가? 이런 존재론적 충격, 즉 나의 실재 모델의 흔들림을 이해하려는 투쟁에서, 나는 이 장 시작 부분에 파격적인 쇼펜하우어의 인용문을 등장시켰다.[21] 산토 다이메 전통에서 다이메(*daime*)라는 말은 포르투갈어로 "나에게 줘"라는 뜻이다. 사실, 이 의식은 내가 평생 동안 찾았던 것을 정말로 주었다.

사이코노트(Psychonauts), 즉 이처럼 변한 〔의식〕 상태를 탐구하는 사람은 자신들이 "더 높은" 의식 형태에 접근했으며, 이러한 물질들이 마음을 "확장"하거나 "폭발"시킨다고 주장한다. 이런 의식 상태는 일반적으로 표현되는 감정적 소감(sentiment)만큼이나 말로 설명하기 어려워 보인다. 이런 주장을 해석하는 방법은 적어도 세 가지가 있다.

첫째, 사이코노트는 자신의 경험을 통해 세계에 대한 호기심이 더 커졌고, 더 연결되었고, 더욱 즐겁고, 자기의식이 덜해졌다고 꾸준히 보고한다. 그렇게 심리적으로 정의된 "열린" 상태는 분노, 불신, 좌절, 불안, 지각된 부적절함과 모욕에 대한 강박, 내면적 또는 외면적 갈등 등과 같은 "닫힌" 상태와 대조될 수 있다. 이

✢ 올더스 헉슬리가 『지각의 문』에서 제안한 개념으로, 환각제 복용 후 이러한 의식적 상태에 들어간다고 주장했다. 이때 세계의 모든 세세한 것들은 생략되고 차단되어 불필요한 지식덩어리에 압도되거나 혼란을 겪지 않는다.

것은 단지 사람들이 직관적으로 이러한 열린 상태를 확장된 마음과 연관시키고, 닫힌 상태를 일상적인 이기적 마음과 연관시키는 것일 수 있다. 당시 예일대 의대의 정신과의사인 저드슨 브루어(Judson Brewer)는 이러한 "열린" 또는 "닫힌" 의식의 상태가 반추하고, 내성하고, 백일몽을 꾸는 동안 관여하는 신피질 영역의 일부인 후대상피질과 쐐기앞소엽 복합체(precuneus complex, 두정엽 상부)의 활동에 대응한다는 것을 발견했다. 분노와 불안, 즉 전형적인 "닫힌" 상태는 이러한 영역들의 높은 활동과 관련이 있다. 이런 활동은 지금에 집중함으로써 과도한 자기검열을 최소화시키는 마음 챙김 훈련을 통해 감소한다. 다르게 말하면, 몰두하고 걱정하는 자아의 신경적 특징, 즉 닫힌 경험의 기질은 후대상피질과 쐐기앞소엽 복합체의 활동이다. 이런 활동이 썰물처럼 증가할 때 자아가 해방되며 의식적 마음은 넓은 세계로 열린다.[22]

둘째, 선택적 주의집중, 상상력, 단기기억 등과 같은 인지과정이 환각제하에서 개선되거나 가속화되거나, 또는 의식의 대역폭이 특별한 체험 중에 증가할 수 있다. 이것은 올더스 헉슬리의 『지각의 문(The Doors of Perception)』에 나오는 축소밸브이론(reducing valve theory)의 핵심이다. 마음은 그것이 처리할 수 있는 것보다 훨씬 더 많은 감각 입력을 받아들여서, 걸러 내고 우선순위를 정해야 한다. 이 밸브는 얼마나 많은 정보가 의식적 앎으로 들어오는지를 제한한다. 헉슬리는 메스칼린이 그 밸브를 열거나 불능화시켜, 이전에는 지각되지 않았던 감각 정보가 마음으로 유입되도록 허락한다고 주장했다. 실험실 환경에서 환각제의 영향을 받는 동안 수행에 대한 객관적인 측정은 어느 향상된 인지 처리 능력도 보여 주지 않았다. 한 가지 가능한 예외는 자유롭게 연상하기, 즉 과학기술 및 예술적 창의성에 대한 기초 구성 블록이다. 그렇기 때문에 일부 창의적인 유형의 사람들은 창의성을 높이기 위해 소량의 환각제를 **미세 용량**(microdosing)으로 정기적으로 섭취한다.[23]

셋째, 무엇보다 흥미로운 사실은 확장된 마음이 통합정보이론의 양적 의미로 해석될 수 있다는 것이다. 즉, 통합 정보의 양인 Φ는 "정상적인" 경험(예, 눈을 감고 조용히 앉아 있기)을 할 때에 비해 환각적 경험 중에 더 높게 측정될 수도 있다. 이것이 놀랍기는 하지만, 매우 현저한 자아 감각과 연관된 '구별'과 '관계'의 수〔통합 정보량〕는 (자아 감각이 우리의 자기 맹목적 마음에 크게 느껴지고, 따라서 우리의 주의를 끄는 측면이 있지만)〔실제로〕우리가 보고 듣고 느끼는 지각 공간의 광활함에 비해 사소하다. 자아가 침묵하면 이러한 측정되지 않은 영역이 경험을 지배한다. 원리적으로 더 큰 Φ에 대한 가설은 경험적으로 시험될 수 있다.

꺼져 가는 빛

끝으로 익사 직전, 심장마비, 쇼크, 또는 둔기 충격 등과 같은 생명을 위협하는 사건에서 마주치는 독특한 유형의 체험이 있다. 어니스트 헤밍웨이는 젊은 시절 제1차세계대전의 전장에서 중상을 입은 후, 집으로 보내는 편지에 이렇게 썼다. "죽는 건 정말 간단한 일이에요. 죽음과 마주치고, 바로 알았죠. 아주 쉽게 죽었을 거예요. 전에 없이 쉽게요." 몇 년 후, 헤밍웨이는 빗나간 사파리 여행을 다룬 이야기인 「킬리만자로의 눈」을 집필했다. 작중에서 주인공은 괴저병으로 죽어 가는데, 그 고통이 일순 사라지고 컴피(Compie)라는 이름의 가이드가 나타나, 그를 데리고 어둠 속을 날아 최후의 영롱한 빛으로 데려다준다. "그때 그들은 오르기 시작했고, 동쪽으로 향하는 듯했다. 그러다가 날이 어두워져 폭풍 속에 갇혔는데, 비가 너무 많이 내려 마치 폭포 속을 날아가는 듯했다. 이윽고 그곳에서 빠져나오자, 컴피는 고개를 돌려 웃으며 손가락으로 한곳을 가리켰고, 앞쪽에 온 세상만큼이나 넓고, 높고, 믿을 수 없을 정도로 흰, 사각 형태의 킬리만자로산 정상이 보였다. 그 순간 그는 그곳이 바로 자신이 향하는 곳임을 알았다."

임사체험을 겪은 생존자들은 터널 끝에서 밝은 빛을 보거나, 광활하게 빛나는 무한하고 끝없이 펼쳐진 곳을 보았다는 생생한 이야기를 들려준다. 자기 몸을 떠나 그 위로 떠다니거나, 심지어 우주로 여행하기도 하며, 고통에서 벗어나고, 가족이나 영적 존재를 만나고, 자신의 삶을 되돌아보고, 또는 왜곡된 시공간감을 체험하기도 한다. 임사체험은 풍부한 행복이나 끔찍한 공포의 느낌으로 가득 채워질 수도 있다. 이 중 사람의 주의를 끄는 것은 전자이다. 자아 상실, 평화로움, 신성 대면. 그러나 어떤 임사체험은 무섭고 지옥 같으며 강렬한 고뇌, 외로움, 절망으로 점철된다.

고속 충돌이나 낙상 같은 사고를 간신히 면하는 등, 죽음에 근접하는 경험은 우리에게 삶의 연약함을 일깨운다. 하지만 그런 위태로운 사건에 대한 기억은 금세 사라진다. 그러나 임사체험은 그렇지 않다. 이 체험은 특별히 선명하게 회상되며 수십 년 동안 잊히지 않는다. 어떤 경우, 이 체험은 말기 환자에게 흔한 고뇌와 두려움을 사라지게 하는 것처럼, 체험자의 행동과 전망에 엄청난 변화를 일으킨다.

임사체험은 모든 문화권과 모든 종류의 사람들, 젊은이와 노인, 남성과 여성, 독실한 사람과 세속적인 사람 들에게서 보고되었다. 이러한 이야기는 한때 열병으로 인한 환각(feverish hallucinations), 임종 비전(deathbed visions), 또는 꾸며 낸 이야기라고 일축되었지만, 의사와 심리학자 들 소수는 재난의 생존자들이 말한 것을 그대로 받아들이고, 그 규칙성과 패턴에 주목했다.[24] 그런 체험들의 공통적인 생리적 유발 요소는 산소 공급 장애(저산소증, *hypoxia*), 또는 뇌로 가는 혈류 감소(허혈, *ischemia*)이다. 그러나 생존자들이 왜 이러한 특이한 이야기를 가지고 돌아오는지는 여전히 미스터리이다.[25]

현대 응급의학은 심장마비(cardiac arrest) 환자 중 일부를 소생시킬 수 있다.[26] 이러한 생존자 중 다수는 외상으로 인한 심리적 상처, 고통, 의식상실 및 회복 등에 대한 기억을 가지게 되며, 이는 높은 수준의 불안, 플래시백(flashbacks, 갑작스럽고 생생한 과거 기억), 우울증 등으로 나타난다. 따라서 그 참혹한 상황을 감안할 때 10~20퍼센트가 그 반대, 즉 긍정적이고 매우 의미 있는 경험을 보고한다는 것은 놀랍다.[27] 종교적 전통에서 성장한 사람들에게 가장 분명한 설명은 그들이 내세에 대한 비전이 보였고,

따라서 그 임사체험이 저세상에 대한 긍정적인 증거라는 것이다. 과학은 그러한 주장을 반증할 수 없다. 그렇지만 생존자들의 천국이나 지옥에 대한 비전이 그들의 종교적 양육과 문화적 상황에 적합하다는 점은 주목할 만하다. 로마가톨릭교도는 남침례교도나 유대교도 또는 불교도와 다른 신을 경험할 것이다. 이 체험은 보편적인 신이 단일한 천국을 통치한다는 주장을 뒷받침하고 있지 않다.

임사체험을 겪은 환자들이 "평평한 선(flat-line)" 상태였다는, 즉 뇌파검사에서 어떤 의미 있는 전기적 활동도 보여 주지 않았다는 것은 대중매체에서 지속적으로 보고된다. 완전히 비활동적인 뇌는 깊은 혼수상태에 빠진, 즉 자체의 인과적 힘을 상실한 뇌를 가리키며, 그런 뇌는 확실히 아무것도 느끼지 못할 것이다. 따라서 이런 이야기에 따르면, (비꼬는 표현으로) "관습적 의학"은 그들의 비전을 설명해 주지 못한다. 대신 우리는 이런 환자들이 내세에 대한 비전을 부여받았다는 것만은 인정해 주어야 한다.

나는 극히 회의적인데 그건 내가 평평한 선, 즉, 등전위 뇌파(isoelectric EEG)를 보인 환자가 깨어난 직후 의식이 있었다고 주장하는 경우를 본 적이 없기 때문이다. 가장 핵심적 곤란은, 그런 환자가 진정제를 복용한 상태에서 몇 시간 후 기억이 흐려진다는 점을 고려해서 그 임사체험의 시간을 뇌파 기록에 맞춰 보는 것이다.[28] 내가 신경과학자의 격언으로서 "뇌 없이는 마음도 없다"라고 했던 것을 기억하는가? 신경과학은 모든 생각, 기억, 지각, 경험 등이 초자연적 힘에 의해서가 아니라, 뇌의 자연스러운 외재적 및 내재적 인과의 힘에 의한 불가피한 결과라는 가설 아래 작동한다. 그것에 반대되는 특별히 유력한 증거가 없는 한, 침묵하는 뇌는 의식을 불러일으키지 않는다는 원칙을 포기할 어떤 이유도 없다.

현상학적으로 임사체험은 강력한 환각제에 가깝다. 지각된 신체와 자아는 모두 죽을 수 있다. 물론 그 차이는 환각제 유도 임사체험은 (혈압과 심박수가 약간 증가하는 것을 제외하고) 생리학적 관점에서 완벽히 안전하다는 것이다. 그러나 신체가 없고, 자아가 없는 마음은 이것을 알지 못한다.[29]

나 자신의 정신적 죽음은 신체적 또는 의학적 외상이 아니라, 강력한 분자인 5-MeO-DMT의 도움으로 일어난다. 이 엔테오겐은 콜로라도강두꺼비의 내분비샘에서 추출한 물질이기 때문에 "두꺼비"로도 불린다. 그것의 끔찍한 강도는 "존경이나 두려움을 낳고, 경외심을 일으킨다는" 이 단어의 원래 의미에서, 내 인생의 다른 경험들을 능가한다.

나는 안내원과 함께 카펫 위에 다리를 꼬고 앉아 있었다. 그는 내가 선곡한 아르보 패르트(Arvo Pärt)의 미니멀리즘 곡인 〈거울 속에 거울(Spiegel im Spiegel)〉을 피아노 반주에 맞춰 바이올린으로 연주하기 시작했다. 내가 기화된 5-MeO-DMT를 한 번, 두 번, 세 번 깊이 들이마신 순간 내 전체 시야는 어둡고 짙게 소용돌이치는 연기에 가려졌고, 공간이 검은 육각형 수천 개로 쪼개져 흩어졌다. 내가 블랙홀로 빨려 들어가면서 가진 마지막 생각은 빛이 사라지면 나도 함께 죽는다는 것이었다. 그리고 그렇게 되었다.

이 책의 서문에서 나는 내 체험, 즉 시간이 멈춘 우주가 빛나는 에너지의 한 지점으로 몰려들어 공포와 황홀감에 휩싸이는 느낌을 소개했으므로, 여기서 그 묘사를 다시 반복할 필요는 없겠다.

그 외부가 나의 고립된 마음속으로 침투했음을 알리는 첫 신호는 〈거울 속에 거울〉 마지막 음표였다. 그 앞의 9분 동안 나는 눈을 크게 뜨고 정면을 응시한 채, 침묵하며 멍하니 움직이지 않고 똑바로 앉아 있었다. 비명을 질렀지만 내 가슴에서 희미한 목소리만 들렸다. 내 마음은 점차 내 몸으로 돌아왔다. 나는 내 옷이 구속한다고 느껴져 그것을 벗었고, 본능적으로 몸을 보호하는 태아 자세로 웅크리고, 울었다. 내가 나 자신으로 돌아오는 데 약 한 시간이 걸렸다. 그날 밤 나는 푹 잤다. 다음 날 정서적인 플래시백을 제외하고는 어느 다른 직접적 효과는 없었다.

그렇지만 내 내면의 삶은 이 견고한 체험에서 회복하는 데 수년이 걸렸다. 내가 완전히 이해하지 못하는 여러 이유에서, 자아의 죽음에 직면한 주관성의 생존은 결국 내 정신을 지배하던 망각의 지배력을 빼앗아 갔다. 존재의 핵심에 있는 벌레에 대한 강박적인 생각은 완전히 사라졌다. 그 자리에 남은 것은 죽음에 대한 평온한 수용, 고요함, 고뇌, 불안, 걱정에서의 자유이다. 그러나 호르헤 루이스 보르헤스(Jorge Luis Borges)의 소설 「자히르(The Zahir)」의 주인공처럼, 나는 내가 바라보는 그 적나라한 특이점(singularity)의 두렵고도 아름다운 본성을 점점 더 자주 숙고하게 되며, 위대한 침묵의 해변에 귀를 기울인다.[30]

공통의 신경생물학적 기질

우리가 세계를 보는 방식을 근본적으로 변화시키는 체험은 의식에 관한 실마리를 제공한다. 나는 자아의 경험이 선택적임을 배웠다. 심지어 신체를 가지고 있다는 느낌조차 주관성에 필수적이지 않다. 전환적 체험은 매우 개인적이며, 삶에 깊은 영향을 미칠 수 있다. 이러한 체험은 신경조직이 특별한 상황에서 비범한 경험을 주도할 수 있다는 생생한 증거이다. 내가 설명한 세 부류의 전환적 체험, 즉 종교적 또는 신비적 체험, 환각제 유도 체험, 그리고 임사체험 등은 아마도 공통의 신경생물학적 메커니즘에 기초할 것이다.

한 가지 가능성은 후방 핫존, 특히 시각, 청각, 체성감각 등의 피질, 후대상, 그리고 쐐기앞소엽 피질에서 신경 활동이 소강 상태에 있다는 것이다. 이렇게 "조용한" 신피질은 일상의 깨어 있는 삶 동안 발생하지 않는 매우 특이한 상태일 것이다. 깨어 있을 때 의식은 외부의 사건이나 내부의 생각, 과거에 대한 반추, 미래 행동 계획 등으로 채워진다. 반면 최소 신경 활동 상태에서는 어떤 시간의 흐름도, 어떤 서사나 핵심 자아도 없고 경험자와 경험된 것 사이에 모든 구별이 사라지는 광활하고 빈 공간 체험과 어울릴 수 있다.[31]

어떻게 그런 상황이 저산소 상태에서 일어날 수 있는지를 상상하는 것은 그리 어렵지 않다. 어떻게 신비적 또는 환각적 체험이 조용한 신피질에서 따라 나오는지를 설명하는 것이 훨씬 더 어렵다.

위스콘신대학교 매디슨 의대의 신경과의사이며 신경과학자인 멜라니 볼리(Melanie Boly)는 **순수한 현존**(pure presence) 상태에 들어선 불교 장기 명상자들의 EEG 데이터를 공들여 수집하고 있다. 순수한 현존이란, 어떤 자아도 어떤 담론적 생각도 없으며 (빛나는 공간, 즉 빈 거울을 제외하고) 어떤 지각적 내용도 없는 경험이다. 이런 상태에 들어서고 그걸 유지하려면 집중적인 수행이 필요하다. 그 상태는 저주파 세타 대역(theta band)(명상자는 잠들지 않은 상태)과 고주파 감마 대역(gamma band, 30~100헤르츠) 모두에서 동시에 뇌파 신호가 저하되는 것이 특징이며, 어떤 생각도 없고 최소 신경 활동만을 보인다. 이런 감소는 특히 머리 뒤쪽, 후방 핫존에서 뚜렷하다. 즉, 뇌는 마음이 차분하고 방해받지 않는 만큼 조용하다.[32]

통합정보이론에 따르면, 침묵하는 후방 핫존은 신체도 자아도 시간도 없는 무한 공간 경험의 기질이다. 이것은 후방 핫존의 **인과적 힘**이 심하게 제약된 상황, 예를 들어, 국소마취제를 주입해 신경 활동을 방해하고, 통합된 정보가 전혀 없는 침묵하는 피질을 유도하는 상황과는 완전히 다르다. 외부 관찰자의 관점에서 보면, **침묵하는** 피질과 **침묵당한** 피질은 전기적 활동이 목격되지 않는다는 점에서 서로 비슷해 보인다. 그러나 침묵하는 피질은 완전한 인과적 힘을 유지하면서도 말하지 않기로 선택한 반면, 침묵당한 피질은 그 목소리를 낼 수 없는 무의식 상태이다. 이런 상황은 아서 코넌 도일(Arthur Conan Doyle)의 유명한 단편소설

「실버 블레이즈(Silver Blaze)」를 떠올리게 한다. 그 소설에서 셜록 홈스는 단서를 찾지 못한 그레고리 경감에게 밤에 짖지 않은 개의 이상한 사건을 지적한다. 홈스는 그 개가 짖을 수 있었지만, 범인을 알고 있었기 때문에 짖지 않았다고 추론했다. 온전하지만 침묵하는 피질 조각은 뇌에 의미 있는 상황인 반면, 활동할 수 없는 마비된 피질 조각은 그렇지 않다(비록 겉보기에 모두 출력이 없었다고 하더라도).

이런 상황은 의식에 대한 표준 정보처리 설명에 일관성이 없음을 드러낸다. 이 설명에서는 정보가 발신자로부터 수신자에게 시끄러운 채널을 통해 전달된다고 한다. 만약 거기에 전혀 활동이 없으면 어떤 메시지도 방송되지 못하며, 따라서 어떤 경험도 없다고 주장한다. 그러나 이것은 외부 관찰자의 관점일 뿐이다. 뇌 안에 다른 사람으로부터 정보를 받는 호문쿨루스(homunculus)는 존재하지 않는다. 내재적 힘의 관점에서 보면, 뇌 자체에 다름을 만드는 상태만이 중요하다. 이런 관점에서 이 상황은 명확하다. 즉, 침묵하는 뇌는 내재적 인과의 힘을 가져서, 환원 불가능한 원인 결과 힘을 지니는 광대한 인과 구조로 전개되는 반면, 침묵당한 뇌는 아무런 힘도 갖지 못한다.[33]

비범한 체험이 그렇게 매력적인 데는 세 가지 이유가 있다. 첫째, 이 체험은 오직 공간, 시간, 물질, 에너지만이 진정한 존재론적 지위를 가지며, 오직 그것들만이 진정으로 존재한다는 전통적인 물리주의 관점에 도전한다. 왜냐하면 이 모든 것은 사라질 수 있지만 경험은 지속되기 때문이다. 둘째, 이러한 체험은 마음의 숨겨진 구석을 드러낸다. 비범한 체험은 사이코노트를 일상생활에서는 접근할 수 없는 장소로 여행할 수 있게 해 준다. 이러한 정경을 체험하는 것은 즐겁다기보다 계시적이다. 셋째, 이러한 체험은 치료적 가치를 지닌 전환을 일으킬 수 있어서, 우울증, 외상 후 스트레스, 불안, 자살 충동, 또는 죽음에 대한 실존적 공포 등의 증상을 완화할 수 있다. 이제 이러한 전환적 측면에 대해 논의해 보자.

8

Then I Am Myself the World

전환적 체험으로 바뀌는 삶

이런 지각에 몰두하는 사람은 더 이상 개인이 아니다.
왜냐하면 그러한 지각에서 개인은 자신을 잃어버리기 때문이다.
그는 순수하게 의지 없는, 고통 없는
시간을 초월한 지식의 주체이다.

— 아르투어 쇼펜하우어(Arthur Schopenhauer),
『의지와 표상으로서의 세계(The World as Will and Representation)』

8

**전환적
체험으로
바뀌는 삶**

세계는 온갖 종류의 고통으로 가득하다. 개인과 집단을 대상으로 한 끔찍하고 고의적인 폭력은 몸과 마음에 깊은 상처를 남기고, 정서적, 물리적, 또는 성적 학대는 정신에 깊이 파고들어 피해자를 평생 괴롭힌다. 약물이나 알코올로 인한 중독, 뼛속까지 파고드는 낙담과 절망, 인종차별, 여성 혐오, 폭압적 살기로 전해지는 식민주의 유산 등등이 그러하다. 비록 이런 것들을 피한다고 하더라도, 스스로 자신에게 부과하는 재앙 같은 고통이 있다. 즉, 폄하와 자책, 낮은 자존감, 파국으로 받아들이기, 과거에 관한 과도한 반추, 타인을 최악으로 가정하기, 자기기만, 비통, 냉소주의, 죽음에 대한 두려움 등등이 그러하다.

불운은 피할 수 없지만 그에 따른 고통은 마음의 산물이며, 따라서 어느 정도 선택적이기도 하다. 나는 아버지로부터 많은 도움을 받았다. 그중 한 가지는 스토아학파(Stoicism)로 알려진 그리스·로마 윤리 학파에 대한 깊은 감사이다. 기독교보다 오래되고 지극히 합리적인 이 철학은 미신과 신에 대한 믿음을 거부하고, 세계에 대한 자연적 설명을 선호한다. 또한 이 철학은 좋든 나쁘든 여러 사건에 대해 초연한 태도를 길러 준다. 따라서 발생한 사건들에 대해 통제력을 갖지 못하더라도, 즉 당신이 잘못된 시기에(예를 들어, 코로나19 팬데믹 중에) 또는 잘못된 장소에(예를 들어, 러시아의 공격을 받는 우크라이나에) 살고 있더라도, 당신의 자녀가 마약중독의 지옥 구덩이로 빠지고 있더라도, 흑색종(melanoma) 진단을 받았더라도, 당신은 그러한 사건들에 어떻게 반응하고 해석하고 판단할지 조절할 수 있다. 그렇게 하려면 평생 강인함과 평정심을 길러야 하는데 이처럼 고민, 불안, 걱정에서 벗어나 침착한 상태를 고대 그리스인들은 아타락시아(*ataraxia*)라고 불렀다. 스토아학파는 이러한 '판단 정지'를 삶의 궁극적 여러 목표 중 하나로 추구했다. 서기 2세기 로마 황제 마르쿠스 아우렐리우스(Marcus Aurelius)가 쓴 『명상록(Meditations)』은 이 가르침을 집약하고 있다. 내가 십 대였을 때 아버지께서 이 책을 주셨고, 나는 반복해서 읽고 또 읽었다. 아우렐리우스는 정신적 자제를 위한 최고의 필요성에 대해 이렇게 말한다. "만약 당신이 어느 외부적인 것에 의해 고통받을 경우, 당신을 괴롭히는 것은 그것이 아니라 그것에 관한 당신 자신의 판단이다. 그리고 이런 판단을 지금 지워 버릴 힘은 당신에게 있다."

후손에게 물려주기 위한 것은 아니지만, 일기처럼 작성된 『명상록』은 현대 세계와 그 관심사에 대해 말해 주는 심오한 지혜의 원천이다. 직접 관련되는 그 핵심 통찰에 따르면, 우리의 마음은 지각, 감정, 생각 등에 대해 수동적으로 받아들이기보다 이러한 것들을 능동적으로 만들어간다. 즉, 동일 사건을 다양한 방식으로 경험할 수 있으며, 어떤 경험은 장기적 웰빙에 도움이 되고 다른 어떤 경험은 그렇지 못하기도 하다. 어떤 경험을 선택할지는 우리에게 달려 있다.

불쾌함을 다르게 바라보도록 만드는 잘 알려진 속담은 "고통 없이 아무것도 얻을 수 없다"이다. 즉, 부정적으로 경험되는 것이 분명 긍정적으로 보일 수 있다. 이러한 해석의 변화를 위해서는 연습 이상의 것이 필요하다. 더 심한 어떤 괴로움이 품성을 고양시켜 주거나 영적 성장에 도움을 줄 수도 있다.

이러한 재조정은 전환적 체험에 의해 크게 촉진될 수 있다. 종교적, 신비적, 심미적 체험 또는 임사체험을 겪은 사람들이 바로 그런 사람들이다. 그들의 체험이 매우 매력적이고, 때로는 말로 표현할 수 없을 정도로 행복하기 때문에, 그런 체험은 그 경험자들에게 자신들의 삶과 (노력할 가치가 있는 것에 관한) 믿음을 재평가하도록 만든다.

비범한 체험은, 우리로 하여금 지금까지 있었던 자아의 중력에서 벗어나도록 만들고, 세계를 다시 황홀하게 만들어 주기 때문에 전환적이다. 항상 자기 자신만을 바라보는 목표 지향적 행동의 원동력인 자아가 사라지면, 물질적 재화와 보상에 대한 추구가 그 실체를 드러낸다. 가우타마 붓다(Gautama Buddha)의 일생을 다룬 헤르만 헤세(Hermann Hesse)의 소설에서 이름을 가져온 〈싯다르타(Siddhartha)〉라는 어린이를 위한 게임은 이렇게 말해 준다. 우리는 모든 의식적 존재와 모든 생명체에 대해 공감 능력을 신장시킬 수 있다. 우리는 존재에 대한 감사와 모든 고통 받는 생명체에 대한 연민이 진정 중요하다는 것을 이해한다. 이런 연민은 우리 자신과 우리의 죄책감이나 수치심으로 확장된다. 즉, 용서는 더 나은 과거에 대한 희망을 포기하는 것이라는 속담도 있다.[1] 우리는 세계와 우리 자신에 대해 더 연민하고 더 평화롭게 지낼 수 있도록 새로운 습관을 기를 수 있다.

 삶을 대하는 우리의 태도가 몸과 마음이 외부 사건에 반응하는 방식에 영향을 미친다는 것은, 플라세보효과의 강력한 힘과 그 어두운 쌍둥이인 노시보효과에 의해 입증된다.

 역사적으로 전환적 체험은 뜻밖의 독특한 은총으로서 나타난다. 그런 체험은 특수하면서도 알지 못하는 마음 상태에서 있는 누군가에게 우연히 일어나거나, 죽음에 임박한 상황에서 일어날 수도 있다. 따라서 삶을 변화시킬 전환적 체험을 활용하는 첫 단계는 그 체험을 신뢰할 수 있고 안전하게 만드는 일이다. 이것이 바로 환각제가 필요한 이유이다.

환각제와 삶을 변화시킬 잠재력

 예술가, 작가, 과학자 등은 언제나 정신 활성 물질에 매료되어 왔다. 19세기에 그러한 약물은 아편(opium), 해시시(hashish, 인도 대마초 꽃봉오리로 만든 마약), 아산화질소(nitrous oxide, 소기), 디에틸에테르(diethyl ether, 마취제), 코카인(cocaine) 등이었으며, 이러한 약물의 중독성이 알려지기 이전이었다.² 산업화된 서구사회는 20세기 중반 두 가지 사건이 맞물리면서 환각제를 접하게 되었다. 하나는 스위스 화학자 알베르 호프만(Albert Hofmann)이 차분한 도시 바젤에 있는 산도스(Sandoz)연구소에 고용되어, 강력한 환각성 물질인 리세르그산디에틸아미드를 합성한 것이었다. 1943년 4월 19일, 유명한 "자전거의 날"에 호프만은 자전거를 타고 집으로 가면서 세계 최초로 LSD에 의한 환각 체험을 했다. 두 번째 사건은 미국 은행가이며 취미 민속균류학자(ethnomycologist)인 고든 와슨(Gordon Wasson)이 치료사 마리아 사비나(Maria Sabina)의 안내를 받아, 오악사카(Oaxaca)의 작은 멕시코 마을에서 버섯 의례(mushroom ritual)에 참여한 것이었다. 잡지《라이프(Life)》가 1957년 와슨의 "신성한" 여행에 관한 사진 에세이 "마술 버섯을 찾아서"를 게재했고, 그 기사는 바이러스처럼 퍼져 나갔다. 궁극적으로 그 기사는 전통사회가 의례에서 비전을 유도하고, 불안한 사람을 치유하며, 괴로운 사람에게 평온을 찾도록 도와주려는 목적에서 정신 활성 물질을 사용했음을 대중에게 널리 알려 주었다.

환각제는 올더스 헉슬리의 『지각의 문』에서 지적인 존경을 받았으며, 그 책은 메스칼린에 대한 그의 체험을 자세히 묘사한다. 그 정신 활성 물질은 페요테(peyote) 선인장에서 추출되어 전통적으로 아메리카 원주민이 사용해 왔다. 그의 얇은 책은 과학적, 예술적, 종교적 이유에서 신비로운 통찰력을 촉진하기 위해 메스칼린 사용을 옹호했다. 저렴하고 쉽게 구할 수 있는 LSD와 함께, 그 책은 물병자리 시대(Age of Aquarius, 1960년대와 1970년대 뉴에이지운동 시대), 티머시 리어리, 그리고 1960년대 청소년들에게 "켜고, 조율하고, 탈락하라(Turn on, tune in, and drop out)"라는 유혹의 노래를 알렸다〔이 노래 제목은 다음을 의미한다. 약물을 복용해 '민감해지라', 세계와 조화롭게 '상호작용하라', 그리고 자유롭게 '변화하라'〕. 무분별한 환각 물질 사용과 남용으로 힘을 얻은 반문화 운동은 부르주아계급을 거부하고, "자유연애"를 장려하고, 베트남에 미국이 참전하는 것에 반대했다.[3]

모든 행동에는 동일한 반작용이 있다. 이것은 물리학에서뿐만이 아니라 사회에서도 마찬가지이다. 따라서 이 수순에 따라 미국 의회는 1970년 리처드 닉슨(Richard Nixon) 대통령이 서명한 통제물질법(Controlled Substances Act)을 통과시켰다. 이 법령은 모든 환각제를 가장 제한적이고 엄격히 규제되는 약물 범주, 즉 남용 가능성이 높고 의료용으로도 전혀 허용되지 않는 1군 약물로 분류했다. 다른 국가도 재빨리 그 뒤를 따랐다. 〔그 약물에 관한〕모든 과학적 및 임상적 연구도 중단되었다.[4]

어려운 상황과 그런 방해에도 불구하고 몇몇 용감한 과학자들이 수행한 연구는 1960년대에 이미 알려진 것들을 입증했다.[5] 즉, 통제된 환경에서 복용한 환각제는 비교적 안전하고 습관성이 없다는 것이다.[6] 이러한 실험의 작은 물줄기는 21세기 초반 환각제 연구의 르네상스를 맞아 홍수로 바뀌었는데 이 변화는 이런 물질이 광범위한 정신질환을 개선하거나 심지어 치유할 수 있다는 인식이 생겨났기 때문이었다(통상적인 약물은 그 효능이 의심스러우며, 부인할 수 없는 부작용과 평생 의존성을 수반한다). 이 모든 것들에도 불구하고, 환각제의 소지, 유통, 소비는 전 세계에서 여전히 중범죄이다. 과학 및 의학 연구를 위한 예외는 많은 서류작업을 거쳐 적절한 규제 기관의 허가를 받아야 한다.

대다수가 나처럼, "약물 사용"은 그 양이 많든 적든 나쁘다고 여기고 중독, 절망, 광기 같이 더 나쁜 상태로 빠르게 이어진다고 믿는 환경에서 성장했다. 어떤 사람은 1980년대 후반 마약금지 운동 때 프라이팬 속의 계란이 "약물에 취한 뇌"를 상징했음을 회상할 수도 있겠다. 특정 정신 변화 물질을 단일한 "약물" 범주로 묶는 것은 단순하며 도움도 되지 않는 생각이다. 환각제를, 도시와 거리에 넘쳐 나는 중독성이 강하고 치명적인 약물들, 예를 들어 코카인, 크랙(crack), 헤로인(heroin), 옥시코돈(oxycodone), 펜타닐(fentanyl), 자일라진(xylazine) 등과 구별하는 것은 중요하다. 이러한 약물들은 2021년 미국인 10만 명 이상을 죽였다. 오피오이드는 환각제와 다른 화학적 계열에 속하며, 뇌의 다른 메커니즘에 작용한다. 각각의 분자 계열은 가장 널리 소비되는 세 가지 정신 활성제(에탄올, 니코틴, 카페인)와 마찬가지로 그 자체 규정에 따라 취급되어야 한다. 더구나 통제된 임상적 또는 샤머니즘의 환경에서 치유 목적으로 환각제를 소비하는 것은 개인이 오락 목적으로 사용하는 것과 근본적으로 다르다.

환각제가 대규모 콘퍼런스, 넷플릭스 미니시리즈와 함께 돌아왔으며, 미국 콜로라도와 오리건 등의 주에서 환각제 소지를 범죄에서 제외시키고 환각제 보조요법을 확립하기 위한 투표 협의체가 구성되었다. 그리고 1960년대에 『지각의 문』이 그랬듯이, 저널리스트 마이클 폴란(Michael Pollan)의 『마음을 바꾸는 방법(How to Change Your Mind)』은 2020년대에 이런 분자들의 치유 잠재력을 더 광범위한 대중에게 전하고 있다.[7]

가장 잘 연구된 것은 실로시빈으로, 이것은 마술 버섯의 활성 성분이며 크고 다양한 균류 그룹이다. 실로시빈의 효과는 놀라울 수 있다. 심각한 우울증환자에게 연속적으로 1~2회 실로시빈 보조요법 치료를 실시한 결과, 수개월 동안 웰빙과 우울증 수치가 개선되었다.[8] 생명을 위협받는 암환자에게 실로시빈을 딱 **한 번** 고용량으로 투여하면, 우울증, 불안, 기분장애 등이 크게 감소하고, 삶의 질, 삶의 의미를 찾는 능력, 그리고 죽음에 대한 수용성 등이 동시에 증가한다. 더구나 완전한 신비적 체험을 경험한 환자는 그렇지 않은 환자보다 이러한 이득을 누릴 가능성이 더 높다. 마이클 폴란은 유명한 《뉴요커》 논설에서, 암에 걸린 환자에게도 이런 치료가 삶과 죽음의 방식에 매우 긍정적인 결과를 가져왔다고 생생하게 설명해 주었다.[9] 이것은 놀랍고 믿기 어렵다. 굳건한 태도와 믿음은 변경하기 너무 어려워서, 전통적인 심리치료, 즉 상담 치료법은 주간 세션을 수년간 시행하더라도 불확실한 결과를 낳는다. 그 결과는 더 전통적인 정신약리학(psychopharmacology)의 치료 결과와 비교해도 놀랍다. 한 연구는 6주 동안 실로시빈을 두 번 복용한 경우와 (우울증에 대한 일반적인 치료법인 선택세로토닌재흡수억제제) 에스시탈로프람

(escitalopram)을 매일 복용한 경우를 직접 비교했다. 이 연구에서 환각제를 복용한 환자가 표준 치료를 받은 동료 환자에 비해, 자신과 자신의 상황에 대한 반추, "완고한" 부정적 생각, 사고억제 등이 감소하는 것으로 나타났다.[10]

두 비영리단체, 캘리포니아의 환각제연구다학제연합[MAPS, 현재 라이코스테라퓨틱스(Lykos Therapeutics)로 이름이 변경됨]과 위스콘신의 우소나연구소(Usona Institute)는 미국식품의약국(FDA)과 미국마약단속국(DEA)으로부터 규제 승인을 받고, 이러한 물질을 병원에서 사용하기 위해 끊임없이 노력하고 있다. MAPS는 심각한 외상후스트레스장애에 대한 엑스터시(3,4-MDMA)의 도움을 받는 심리치료에 중점을 두고 있으며, 우소나연구소는 중증 우울장애에 대한 실로시빈 보조 심리치료에 중점을 두고 있다.

커다란 기업생태계가 환각제 치료라는 잠재적 거대 시장의 수익을 위해 우후죽순처럼 생겨나고 있다. 이러한 골드러시 사고방식은 많은 과대광고와 결합되어, 분명히 그 분야를 어지럽힐 것이다.[11] 고전적인 환각제는 그것이 자연적 발생 물질이기 때문에 특허를 받을 수 없거나, 또는 퍼블릭 도메인이다(즉, 지식재산권을 보장받지 못한다). 따라서 신생기업의 의화학자들은 현존하는 환각제 분자를 미세조정해 법적으로 보호받을 수 있도록 새로운 화합물을 설계한다.[12] 그들은 이러한 물질의 급성효과(acute effects)의 지속시간을 단축하기 위해 노력하는데, 치료사 두 명이 한 환자를 4~6시간 동안, 즉 전형적인 실로시빈이나 엑스터시 환각 여행(ecstasy trip)의 지속시간 동안 관리하는 것은 비용이 많이 들어 이러한 약물이 현재 의료시스템 내에서 광범위하게 전개되는 데 한계가 있기 때문이다. 일부 엔테오젠은 거의 즉각적으로 시작되고 급성효과 기간은 수십 분 내로 측정되므로 환각제 환각 여행을 단축시키는 건 가능해 보인다.

2023년 현재 MDMA에 대한 약 20여 건의 활발한 임상 연구와 실로시빈에 대한 75건의 활발한 임상 연구가 뇌진탕, 편두통, 만성 군발성두통(chronic cluster headaches), 중증우울장애, 치료저항성우울증, 강박장애, 경미한 인지장애, 외상후스트레스장애, 만성통증, 임종의 실존적 고통, 알코올중독, 흡연, 중독, 간병인 신경쇠약(caregiver burnout) 등을 치료한다고 등록되었다.[13]

향후 수년 내에 FDA와 유럽 상동기관은 외상후스트레스장애에 대한 MDMA 보조요법과 중증 우울증에 대한 실로시빈 보조요법을 승인할 가능성이 높다. 그래서 이러한 물질은 치료와 연계된 적절한 처방을 통해 약국에서 합법적으로 구입할 수 있다. 더구나 의사는 재량에 따라 이러한 약물을 다른 질환에도 처방할 수 있으며, 이를 허가범위 외 사용(off-label use)이라 말한다.

위험은 없을까? 어떤 개입에도 위험이 따르기 마련이지만, 특히 알코올과 같은 각종 일반적 정신 활성 물질에 비해, 환각제는 훨씬 덜 위험하다.[14] 사람들 대부분은 고등학교나 대학 시절에 몇 번 환각 여행을 하며 그 환각 장면을 즐기지만, 그런 후에는 멈춘다. 한 연구에 따르면 미국에서 3000만 명, 즉 인구의 약 1/10이 이런 분자를 적어도 한 번은 사용한 것으로 추정한다.[15] 그 물질들은 생리적 독성이 낮고, 장기를 손상시키거나 신경심리적 결함을 일으키지 않는다. 치명적 과용이나 치명적 사고의 위험은 적다.[16] 중요한 점은 환각제는 중독성이 없고(도파민 시스템을 표적으로 삼지 않음) 갈망이나 강박적인 약물 구매를 유발하지 않는다는 것이다. 환각제를 불법 거래하는 약물 카르텔은 전혀 없다.

환각제는 의식에 강력히 영향을 미치지만, 운동기능을 손상시키지는 않는다. 알코올중독과 달리 사용자는 비틀거리거나 말을 더듬지 않는다. 또 다른 주목할 만한 차이는 다음 날 숙취가 없다는 점이다. 실제로 그 복용자는 보통 놀라울 정도로 명랑하다. 지불해야 할 대가가 있다면, 환각제를 경구로 섭취할 경우 메스꺼움과 정화(설사)를 유발할 수도 있는데, 이것은 바로 나타나고 일시적이다.[17]

대부분의 경우 가장 큰 위험은 "나쁜" 환각 여행으로, 트라우마와 고통의 재경험, 실존적 절망, 망상 경험 등이다. 그런 악몽 같은 경험의 기회는 적절한 "마음가짐과 외부 환경"을 통해 최소화할 수는 있지만, 완전히 제거하지는 못한다. 즉, 적절한 마음가짐이 아닐 때, 예를 들어 연인과 다툰 후, 또는 안전하지 않거나 부적절한 신체적 또는 사회적 환경에 있을 때는 환각제를 복용하지 말아야 한다.

일부에서는 환각제 복용 후 반복적인 시각적 환각이나 지각 왜곡을 보고한다. 더 심각하게는 아주 드물게, 조현병이나 비현실감 증상에 취약한 소수의 십대와 어린이에게서 가짜 "현실"에서 사는 느낌을 주는 정신병적 증상이 다소 지속되어 수일 동안 힘들 수 있다. 보호조치로 오직 성인에게만 이러한 분자를 투여하고, 개인 및 가족의 정신병력을 검사하고, 각 환각제 처치 전, 중, 후에 항상 치료사가 함께해야 한다.[18]

마지막 주의 사항은 긴 휴일에 집이나 목가적인 환경(예, 숲이나 바닷가)에서 환각제를 시도하려는 사람들에게 강조된다. 급성 부작용을 최소화하기 위해 신뢰할 수 있고 술을 마시지 않은 친구나 사랑하는 사람, 즉 전문용어로 "환각 여행 돌보미(trip sitter)"가 그들과 함께 있어야 하며, 그들이 무엇을 보거나 듣거나 느끼든 그것은 지나갈 것이고, 결국 괜찮아질 것이라고 확신을 줘야 한다. 이는 특히 처음 사용하는 사람들에게 해당된다. 복용자들은 천국, 지옥, 그리고 그 사이의 모든 것들에 대한 비전을 얻을 수 있는데, 그런 경험을 판단하지 않는 방식으로 다룸으로써 이 경험을 이해해 그들 삶의 이야기에 통합시키는 것이 중요하다. 물론 환각제와 엔테오겐이 그 사용자를 압도할 수 있는 억압된 생각, 두려움, 욕망 등의 민감한 증폭기라는 점을 명심해야 한다. 이런 부정적인 느낌을 다루는 방법은 그런 것들과 대결하는 것이 아니라, 그냥 지나가도록 내버려두는 것이다(이것을 말하기는 쉽지만 실천하기는 어렵다).[19]

화학적으로 환각제는 트립타민(tryptamines) 또는 세로토닌 유사물(그림 2 참조) 계열에 속하며 구조적으로 밀접한 관련이 있는 알칼로이드(alkaloids)이다. 혈관을 수축시키는 능력에서 이름 붙여진 세로토닌은 장(gut)과 뇌에서 발견되며, 그곳에서 신

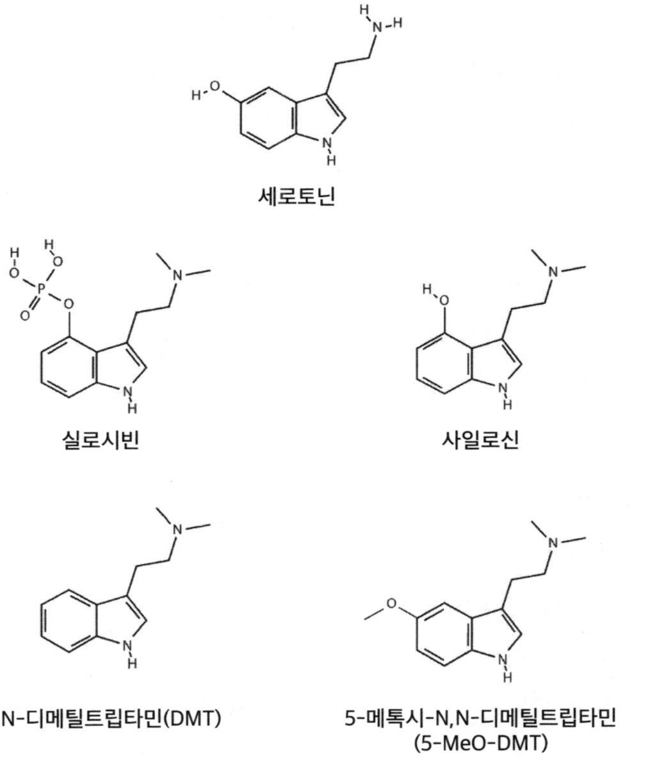

세로토닌

실로시빈

사일로신

N,N-디메틸트립타민(DMT)

5-메톡시-N,N-디메틸트립타민
(5-MeO-DMT)

그림 2 신체의 기분, 인지, 기억, 혈관수축, 장운동성 등을 조절하는 신경전달물질 세로토닌의 구조와 놀라울 정도로 그 구조가 유사한, 서로 밀접하게 관련된 네 가지 자연 유래 환각제 분자.

경전달물질로 작용해, 일곱 가지의 서로 다른 수용기 계열에 결합한다. 이러한 세로토닌 또는 5-HT 수용기는 신피질, 담장, 그리고 배측봉선핵(dorsal raphe〔nuclei〕)과 같은 몇몇 피질하 신경핵의 신경세포막에 복잡한 패턴으로 박혀 있다. 환각제는 주로 세로토닌 2A, 2C, 1A 수용기에 서로 다른 친화력으로 결합해, 후속 세포 내에서 사건의 연쇄반응을 일으킨다. 5-HT-2A 수용기 아형 결합은 환각, 신비적 체험, 치료적 이점 등을 불러일으키는 데 필수적이다. 대부분의 연구가 이 수용기에 집중하는 주요 이유이다.[20]

신경과학자들은 환각제를 투여받은 쥐와 인간 지원자들의 뇌 활동을 기록했다. 일반적인 관찰 중 하나는 환각제가 피질의 장거리 통신 패턴을 불안정하게 만들고, 신피질 후방 영역의 후대상피질과 쐐기앞소엽의 활동을 감소시킨다는 점이다. 이것은 마음 챙김을 훈련받은 사람들의 뇌에 대한 우리의 지식과 일치한다. 이러한 중앙선 구조가 덜 활성화되거나 다른 신피질 구조와 덜 소통할수록, 자아가 덜 존재하는 것처럼 보인다. 이것은 어떻게 자아와 세계 사이의 경계가 폐지되며, 우리가 바다의 무한함이나 우주의 통일감을 느끼게 되는지를 설명해 줄 것 같다. 또 다른 일관된 발견은 환각제 경험 동안 EEG 및 MEG 신호의 복잡성이 약간 증가한다는 것이다. 이것이 신피질 내에서 강화된 인과적 상호작용의 결과인지 또는 더 혼란스러운 활동인지는 명확하지 않다. 일부 피질뉴런은 쥐와 인간 모두에서 환각제에 반응해 흥분성을 증가시키고 일부는 감소시킨다. 반면 대부분의 신경세포는 전혀 반응하지 않는다. 이 실험은 아직 초기 단계이며, 우리는 여전히 놀라울 정도로 복잡한 세포 메커니즘에 대해 거의 알지 못한다. 계속 지켜볼 일이다.[21]

환각제에 대한 기초연구의 단점은 대부분이 생쥐(mice)와 시궁쥐(rats)를 대상으로 수행된다는 것이다. 이런 동물들은 터널 끝에서 밝은 빛을 보거나 자아 상실을 경험했는지를(설치류가 자아 상실을 경험했다는 가정에서) 간접적으로만 알려 줄 뿐이다. 그러한 징후 없이 동물의 뇌 활동을 주관적인 경험과 연결하는 것은 어렵다.[22] 설치류는 원숭이에서 보고된 것처럼 시각적 환각을 경험할 수 있지만, 내가 아는 한 이것이 실험적으로 확인되지는 않았다.[23]

환각제의 치료 효과는 아래의 두 단계 과정에 달려 있다고 생각된다. 첫 과정은 소위 '도취 상태'라 불리는 급속한 정신 변화(mind-altering)라는 의식 경험을 포함한다. 이것이 둘째 과정인 만성적 국면(인식적 변화)이 일어나도록 신경 가소성을 촉발한다. 몇 주 이상 지속되는 이 "통합" 기간 동안 환각제로 유도된 뇌의 시냅스 배선의 유순성과 부수적으로 향상되는 정신적 유연성은, 사용자가 오래되고 편협한 세계관에 갇히는 것을 막고, 치료사의 도움을 받아 더욱 생산적인 사고 패턴, 태도, 습관 등을 탐색해 자신의 세계관과 그 안에서의 위치를 확장할 수 있도록 해 준다.[24]

연구자들 사이에 논쟁의 여지가 있는 부분은 환각제 체험 그 자체가 치료적 이점을 위해 정말로 필수적인지 여부이다. 시각적 환각, 왜곡된 신체 도식(schema), 자아 상실 등등(광범위한 설문 조사를 통해 전형적으로 도출되는 특징들)을 경험하는 것이 치유를 위해 정말 필수적일까?[25] 고집 센 어느 물리학자는, 그런 일이 벌어지기 위해 필요한 것은 바로 정확한 분자가 정확한 수용기에 결합하는 것이며, 그렇게 신경 가소성을 유도하는 신호전달 연쇄

반응을 일으키기만 하면 된다고 주장할 것이다. 의식은 함께 나타날 뿐 인과적으로 무력한 단순 부수적 현상이다. 이런 주장은 다음을 의미한다. 환각제의 치료 효과는 지원자들이 잠들거나 마취되는 동안 그 약물이 정맥주사로 투여되는 경우에 발생하거나, 또는 환각제를 미다졸람(midazolam)과 같은 진정제를 복용하는 자원봉사자에게 투여해 기억 형성을 방해해서 기억 상실을 유발하는 경우에도 발생할 것이다. 그들은 여전히 환각 여행을 하겠지만 아무것도 기억하지 못할 것이다. 이러한 피험자 중 누구라도 이러한 비표준적 환경에서 얻을 이점이 있을까?

만약 이러한 급성 의식 확장 국면이 필요치 않다면, 이는 많은 사람이 두려워하는 환각과 자아 해체를 일으키지 않으면서도 여전히 신경 가소성의 창을 여는 새로운 약물 개발을 정당화할 것이다. 이렇게 설계된 분자는 특허를 받을 수 있다는 추가 이점도 있다.

나에게 이런 질문은 바보 같아 보인다. 장기적인 치료 효과의 가능성은 피험자가 신비로운 체험을 할 가능성이 높을수록 증가하는 것으로 알려져 있으며, 이는 주관성의 결정적 역할을 뒷받침하는 명확한 증거이기도 하다.[26] 생생하고 매우 이례적인 환각 체험 기억의 커다란 감정적 충격은, 급성효과가 사라진 후에도 태도와 행동의 변화를 유지시키는 주요 영감의 원천이 된다.[27] 많은 사람이 처음 환각제를 사용하는 이유인 희귀한 질풍노도(*Sturm und Drang*)의 경험이 무의미하고 하찮으며 뇌에 영향을 미치지 않는다는 믿음은, 고통받는 사람의 경험을 다루지 않은 채, 약을 먹는 것만으로 "정신상태"나 "정신장애"를 치료할 수 있다는 믿음과 같은 맥락이다. 이러한 방책의 결과는 분명히 엇갈린다.

다른 미해결 문제도 많다.[28] 한두 번의 환각제 보조 치료 처치만으로, 수년간 우울증, 범불안장애, 또는 외상후 스트레스 등으로 고통받은 사람을 영구적으로 완화시킬 가능성은 얼마나 될까? 이러한 치료 처치를 얼마나 자주 반복해야 평생 지속되는 효과를 얻을 수 있을까? 환각제를 만성적으로 사용하는 것의 단점은 무엇일까?[29] 치료사와 환자 사이의 관계는 얼마나 중요한가? 어떤 정신질환이 환각제 보조 치료에 진정으로 적합하고, 어떤 질환이 부적합한가? 일부 환자는 강력한 효과를 보이는 반면, 누군가는 그렇지 않을 가능성이 크다. 심리적 또는 유전적 특성으로 누가 가장 큰 이득을 볼지 예측할 수 있을까? 예를 들어, 강렬한 임사체험 대비 희열과 기쁨의 감정적 강도와 가치는 얼마나 중요한가? 희귀한 경험의 지속시간은 어떤 차이를 만들까? 환각제 경험은 뇌의 모든 부위에서 신경 가소성을 높여 주는가, 아니면 특정 부위에서만 높여 주는가? 만약 그것이 전자라면, 즉 (비가 내린 뒤의 버섯처럼) 뇌 전체에서 시냅스가 돋아난다면, 환각제를 사용해 정신질환뿐만 아니라 알츠하이머병의 전조 질환인 경미한 인지장애, 뇌졸중 후 재활, 의식장애가 있는 환자의 회복 등과 같은 신경학적 질환을 치료할 수 있을 것이다.

시간과 더 많은 연구가 이를 알려 줄 것이다.

환각제를 약으로 사용하는 것에 대한 언론의 줄기찬 보도는 기대감을 고조시킨다. 사람들은 그것이 효과가 있다고 믿기 시작했다. 이러한 믿음은 그 자체로 긍정적인 결과로 이어질 것이다. 그러나 전통적인 의학 모델은 이러한 유익한 믿음을 이용하기보다 위약 반응을 경시하고, 주로 분자의 작용에 초점을 맞춘다. 이것은 기회와 원인을 상실케 한다. 이러한 물질의 효과를 진정으로 가리는 것은 어렵기 때문이다. 만약 당신이 이전에 환각제를 복용한 적이 있다면, 가짜 약을 받았을 때 알아차릴 것이다. 임상 시험에서 진정한 맹검 연구(blinding)가 불가능하다는 것을 염두에 두어야 한다.[30]

우리의 지각 상자 확장하기

전환적 체험은 또 다른 선물을 가져다줄 수 있다. 앞서 나는 〈더드레스〉를 예로 들어, 모든 사람이 경험하는 다양한 실재에 대해 설명했다. 아무리 현명하고 총명하더라도 누구도 유일하고 "진실된" 실재에 특권적으로 접근하지 못한다. 실제로 아무도 이마누엘 칸트가 가정했던 '현상 너머'(noumenal) 알 수 없는 실재, 즉 **물자체**(thing-in-itself)에 대한 직접적이고 매개되지 않은 접근을 할 수 없다. 우리가 인지하는 것, 우리가 경험하는 것은 우리의 암묵적이고 명시적인 기대에 의해 형성되는 뇌의 구성물이다. 만약 우리가 무언가를 진실이라고 믿는다면, 만약 그것이 우리의 믿음 체계와 부합한다면, 우리는 그것을 더 잘 알아차리고 기억할 것 같다. 만약 그것이 우리의 사전 믿음을 강화하지 못한다면 우리는 그 문제의 사실을 가능한 묵살해 버릴 것이다. 사람들이 자신들의 관점에 따라 정치적 폭력을 정당화하거나 비난하는 방식을 살펴보기만 해도 이것을 알 수 있다.

우리는 실재에 대해 오직 자신만의 독특한 관점만을 알고 있으므로, 그것을 당연하게 받아들이며 모든 사람이 동일한 것을 경험한다고 '막연히' 가정한다. 그러나 많은 사람은 우리가 경험하는 실재가 여러 측면에서 다르다는 것을 알고 있다. 3장에서 연상적인 지각 상자 은유, 즉 우리 모두가 거주하고 우리를 제한하는 정신적 구조를 소개했다. 우리 각자는 자신만의 지각 상자에 갇혀 있다. 그 발판은 의식의 물리적 기질이며 그것을 구성하는 뉴런이 조직되고 상호연결되는 방식이다. 그 상자의 벽은 보이지 않는다. 또한 깨지지 않는다. 우리는 신경 회로가 경험하도록 허용하는 것만을 오직 경험할 수 있으며, 그 이상도 이하도 아니다. 베를린장벽과 달리, 우리는 결코 "이런 벽을 허물지" 못한다. 우리는 지각 상자에서 벗어날 수 없다. 그 벽은 그 기초 신경연결을 변경함으로써 좁아지거나 확장될 수 있지만, 어떤 상자 하나는 언제나 존재한다.

우리는 교육받고 지적이며 선의를 지닌 사람들이 동일한 사실을 제공받더라도 정치적 사건에 대한 해석과 경험에서 근본적으로 다를 수 있다는 것을 알고 있다(또는 이념적 스펙트럼 전반에 걸친 다양한 출처를 참조한다면, 알 수 있을 것이다). 예를 들어 흑인의 생명도 중요하다(Black Lives Matter), 1월 6일 미 국회의사당 점거 폭동 사건, 총기 규제 등 현대 미국문화의 뜨거운 주제에 대한 서로 다른 서사를 목격한다. 그러나 이러한 추상적인 지식은 우리가 옳다고 여기는 우리 자신의 강력한 관점에 완전히 압도되고 만다. 우리는 자신이 옳다는 것을 "알고" 있고, 다른 사람들은 기껏해야 의도에 조종당해 오도된 바보일 뿐이다. 아니면 우리는 억압된 세계관에 갇혀 있고 우울하고 불안하고 강박적이며, 죄책감이나 수치심으로 가득 차 있다. 〔그래서〕 우리는 아무것도 바뀔 수 없다고 가정하고, 이런 암울한 상황에 굴복하고 순응해 버린다. 실제로 어떤 사람들은 자신의 불안과 다른 부정적인 특성에 일체감을 가지며, 변화에 더욱 저항한다.

그렇지만 좋은 소식이 있다. 우리는 **지각 상자**의 벽을 재배치하고 확장할 수 있으며, 그 기초 신경 기질을 변경함으로써 더욱 개방적이 될 수 있다. 이것이 샌타모니카에 있는 **타이니블루닷재단**의 목표이다.[31] 엘리자베스 코흐(Elizabeth R. Koch)와 공동 설립한 이 재단은 모든 사람들의 고통을 완화하고, 웰빙과 정신 건강을 개선하기 위한 신경과학 기반 개입 연구에 자금을 지원한다. 우리의 지각 상자를 확장하는 것은 전통적인 가정 및 학교 교육의 핵심이다. 이를 통해서 우리는 시간의 흐름 속에 있는 동료 여행자들에게 더 개방적이고, 더 호기심을 가지고, 더 연민을 갖게 된다. 우리는 아이들의 뇌가 가장 외부 영향에 민감할 때, 그래서 신체적 건강과 성장을 촉진하는 태도, 지식, 평생 가는 긍정적 습관 등을 쉽게 흡수할 때, 이를 가르친다. 매일 치실과 양치질을 하면 충치를 예방할 수 있듯이, 차분하고 편안한 태도를 촉진하는 적절한 호흡 기술이나 일상의 명상 및 감사 시간을 가지는 것 같은 **정신적 치실하기**(mental flossing)는 정신적 웰빙을 위한 평생 습관으로 바뀔 수 있다. 느리고 힘든 과정이기는 하지만, 평생 지속되는 긍정적 습관을 심는 것은 효과가 있다. 그렇지만 그것은 시간이 걸리며, 뇌가 나이를 먹으면 더 경직되고 더 완고해져 변화에 덜 적응하며, 특히 깊게 자리 잡은 태도일 경우 더욱 그렇다.

전환적 체험은 자아를 축소하거나 해체함으로써 교육보다 더 빠르고 더 극적이며 아마도 더 효과적이고 매혹적인 대안을, 적어도 짧은 기간 내에 제공해 준다. 관련 방법에는 황홀(trance), 최면(hypnosis), 호흡법, 요가, 명상, 환각제, 비침습적 뇌 자극 도구 등이 포함되지만, 이런 것들에 국한되지 않는다. 시간이 지나면서 [더 많은 연구가 이루어진다면], 이러한 개입 중 어느 것이 가장 신뢰할 수 있고 일관성이 있으며 가장 오랫동안 가장 많은 사람의 지각 상자를 확장해 주는지 알게 될 것이다.

전환적 체험은 존재의 기적, 즉 왜 아무것도 없는 것보다 무언가가 있어야 하는지에 대한 근본적인 신비에 관해 강력하게 상기시킨다. 그런 경험은 숭고함의 느낌, 일상생활에서 우리와 동반하는 빛을 남긴다.[32]

그러나 그 빛은 시간이 지나면서 희미해질 수 있다. 사람이 신과 마주하거나 우주와 하나가 되었을 때, 여전히 쓰레기를 버리고 채무를 갚아야 하는 삶으로 돌아가는 것은 어려운 일이다. 이것이 삶을 관통하는 바른 습관을 유지하는 필수 요소로서, 일상생활에 명상이나 마음 챙김과 같은 훈련이 있는 이유이다.

최후의 전환적 체험은 어떠할까? 그 물리적 기질, 그것 없이는 어떤 의식도 존재할 수 없는 물리적 기질이 무너지고 작동 불가능해지면, 무슨 일이 일어날까?

9
의식의 종말

Then
I Am Myself
the World

태어났으므로
나는 죽어야만 한다.
그러고는……

— 시모사토 기세이(일본 하이쿠 시인, 1688~1764)

9 의식의 종말

우리는 빌려 온 시간으로 살아간다. 이것이 우리 마음에 깊은 영향을 미치며 마음의 친숙한 두 가지 측면, 즉 우리가 자주 방문하는 방과 그 은밀한 통로, 우리가 본능적으로 회피하는 잊힌 소굴과 묻힌 침실 모두에 영향을 미친다. 이 책의 서두에서 나는 의식의 새벽을 다루었다. 모든 새벽에는 황혼이 있고, 모든 시작에는 반드시 끝이 있다. 의식의 흐름이 어떻게 무한의 바다로 흘러가는지 살펴보자.

사마라에서의 약속✢

당신은 아무리 건강하게 먹고 운동을 많이 하고 잠을 잘 자고

✢ 『사마라에서의 약속(Appointment in Samarra)』은 미국 작가 존 오하라(John O'Hara)의 첫 소설(1934)이다. 이 소설은 한때 깁스빌(Gibbsville, 작품 속의 지명)의 엘리트였던 부유한 자동차 딜러인 가상 인물의 자살을 다룬다.

비타민을 많이 먹더라도, 조만간 죽을 것이다.[1] 누구도 이런 삶의 운명에서 벗어나지 못한다. 이런 괴로운 사실에 대해 생각하고 싶어 하는 사람은 거의 없다. 결코 더 오래 살지 못한다는 생각에 두려워한다. 그러한 굴레의 끝을 마주하면서 우리는 의미 있는 삶을 어떻게 살 수 있는가? 죽음은 만물 용해액(alkahest), 즉 보편적 용매처럼 작용해, 사랑하는 사람에 대한 애착에서부터 사랑, 책임, 진실 등에 대한 깊은 개념에 이르기까지 모든 의미를 파괴하지 않겠는가?

진화는 인간에게 이러한 예지에 대처할 강력한 심리적 방어 수단으로 무의식적 억압과 의식적 억제를 제공했다.[2] 우리는 국가가 허가한 폭력과 같이, 우리를 불편하게 만드는 것을 지각하거나 기억하지 못하며 외면하기도 한다.[3] 조직된 종교란 정적인 기독교 천국이든 또는 불교 윤회의 영원한 순환이든, 끝없는 삶을 약속하는 사회적 수준의 방어 장치인 셈이다. 우리의 마음을 클라우드(the cloud)에 업로드해 디지털 불멸을 이루겠다는 열망은 그보다 최신의 유서 있는 바람이며, 이것은 21세기의 얼간이들을 위한 얼간이들에 의한 바람과도 같다.[4]

죽음은 인간이 아닌 동물에게 그런 지배력을 전혀 갖지 못한다. 유인원, 개, 까마귀, 벌 등이 스스로 죽음에 대한 통찰력에 괴로워할 만큼 충분히 자각할 것이라고 믿을 만한 어떤 증거도 없다. 그들은 모든 순간이 기억된 과거와 기대되는 미래에 의해 물드는 인간과는 달리, 항상 지금의 삶 속에서 살아간다. 〔죽음, 잊힘에 대한 생각이〕 한 번 떠오르면, 그것이 우리의 무의식 속에 남아 계속 영향을 미친다. 그런 생각은 무의식의 그림자 속에 숨어서 의식의 빛으로 튀어나오기를 기다린다.

이 부정하기는, 중년이 넘도록 내가 죽음에 대해 생각하지 못하도록 만들었다. (어느 날) 깊은 잠에서 갑자기 깨어나 (나 자신이) 결국 존재하지 않게 될 것이라는 본능적인 "통찰"을 얻을 때까지 죽음을 잊고 살았다. 나는 사후 영원히 존재하지 않게 될 것을 상상하면서 어지러운 현기증을 느꼈다. 그 후 나는 그 실존의 깊은 심연을 똑바로 바라보기를 회피해 왔다. 그런데 죽음에 대한 끊임없는 반추는 지난 10년 동안 잠들지 못하는 늦은 밤마다 나를 괴롭혀 왔다. 그런 생각은, 외부 세계, 신체, 자아 등에 대한 존재 의미를 떨쳐 내도록 만든, 전환적 체험을 한 후에야 사라졌다. 나는 이제 삶의 끝을 냉정하고 침착하게 생각할 수 있다.

레이 브래드버리(Ray Bradbury)의 단편소설 「세계의 마지막 날 밤(The Last Night of the World)」은 내 태도를 집약적으로 잘 보여 준다. 한 남편과 아내는, 이 밤이 핵 지옥 불이 아니라 단순한 존재의 중단에 의해 세계의 종말을 보게 될 것이라는 것을 알고 있다. 그들은 아무런 각본도 없이, 두 딸을 잠자리에 눕히고 서로 조용히 이야기하고 불을 끄고 잘 자라는 키스를 하고 잠자리에 들었다. 놀랍도록 절제된 마무리이며, 딜런 토머스(Dylan Thomas)의 "빛이 사라져 가는 것에 맞서 분노하고 또 분노하라(Rage, rage against the dying of the light)"와는 정반대이다.✢ 나

✢ 딜런 토머스는 1951년 시 「그 고요한 밤에 순순히 가지 말라」에서 노쇠와 죽음을 맞이할 때 체념하기보다 강한 의지로 저항할 것을 촉구했다.

는 나의 마지막 명료한 순간에도 그 부부들처럼 평정을 유지하기를 바란다.

종교와 철학 전통은 여러 시대에 걸쳐 매일의 명상이 죽을 운명에 대한 괴로움에서 벗어나도록 해 준다고 강조해 왔다. 기자 앤드루 설리번(Andrew Sullivan)은 이렇게 반추한다. "단순한 행위 너머에 또한 존재하는 것이 있음을 알아야 한다. 즉, 삶의 끝자락에 죽음이란 큰 침묵이 있으며, 그 죽음 앞에서 우리는 마침내 자기 마음의 평화를 이루어야 한다."[5]

자신이 유한하다는 나의 성찰은 필연적으로 삶과 죽음을 과학적이고 임상적인 관점에서 이해하도록 만들었다. 여기서 우리는 분명치 않은 영역으로 들어가지 않을 수 없다.

현대의 죽음

역사를 통틀어 누구나 죽음의 사신이 방에 들어서는 시점을 알았다. 그 순간 희생자의 심장이 뛰기를 멈추고, 그의 폐는 호흡을 멈추었다. **심폐사**(cardiopulmonary death)로 알려진 이 두 가지 특징은 지난 세기에 심장박동기(pacemakers)와 인공호흡기(ventilators)가 발명된 후 피할 수 있게 되었다. 이제 스스로 숨을 쉴 수 없고, 결코 의식을 회복하지 못하더라도 사실상 계속 "살아 있게" 할 수 있다.

저명한 하버드 의대 교수로 구성된 위원회는 죽음의 개념을 돌이킬 수 없는 혼수상태, 즉 뇌 기능의 돌이킬 수 없는 상실로 1968년 규정했다. 그들의 권고안은 1981년 사망결정통일법(Uniform Determination of Death Act, UDDA)으로 채택되었다. "(1) 순환 및 호흡 기능의 돌이킬 수 없는 중단, 또는 (2) 뇌간을 포함한 전체 뇌 모든 기능의 돌이킬 수 없는 중단, 이 둘 중 한 상태에 있는 개인은 사망이다."

UDDA와 비슷한 법안이 미국과 전 세계에서 시행되고 있지만 지역마다 차이가 있다.[6] 뇌사(Brain death), 즉 신경학적 기준에 따른 사망은 뇌가 원인이 파악된 혼수상태에 있어야 하고, 뇌간 반사가 없으며 신체가 스스로 호흡할 수 있는 능력이 없는(무호흡) 상태여야 한다. UDDA는 실제로 뇌사를 어떻게 확정해야 하는지 규정하지 않는다. 이러한 기준은 임상 과학의 발전에 따라 다양한 전문 의료기관에서 공포한다.[7]

이러한 기준은 환자가 법적으로 사망한 경우에만 장기(organ) 조달이 가능하다고 규정한 "사망 기증자 규칙(dead donor rule)"의 맥락에서 중요해진다. 친족으로부터 허가를 받을 경우, 뇌사 상태이지만 "심장이 뛰는 시신"의 심장, 신장, 간, 폐 등을 적출해 장기가 필요한 살아 있는 사람들을 도울 수 있다. 이러한 생명 유지 장기를 기다리는 환자들은 전국 명부에 10만 명이 넘는다. 인공호흡기에 연결된 뇌사자가 잠재적인 장기 기증자라는 것은 임종 논쟁에서 불편한 사실이며, 방 안의 코끼리[즉, 가까이 있지만 평소 잘 인식되지 않거나 외면해 온 문제]이다.[8]

20년이라는 짧은 시간 사이 수천 년 된 교리와 죽음의 관행이 어떻게 바뀌었으며, 공중에 얼마나 받아들여졌는지를 알면 놀라게 된다. 이것은 낙태(abortion)에 대한 지속적인 논란과 현저히 대조된다. 흥미롭게도, 삶의 시작과 끝에서의 이런 비대칭성은 양쪽 끝단에 영원성(eternities)이 북엔드처럼 서 있다. 한쪽에는 사후에 자아의 연속성이 있을지에 대한 실존적 불안이 있으며, 그 정확한 반대편, 태어나기 전 자아의 존재에 대해서는 거의 그런 불안이 없다.[9]

그럼에도 불구하고, 사람들 대부분은 여전히 전통적인 심폐 경로로 사망한다. 그리고 비록 일반적으로 우리가 이러한 개정된 죽음의 개념을 받아들인다고 하더라도, 생명 유지 장치에 의지하나 심장이 뛰고 가슴이 안팎으로 움직이며 중환자실(intensive care unit, ICU)의 다른 많은 환자보다 건강해 보이는 사랑하는 사람이 법적으로 시체라는 말을 듣는 것은 충격적인 경험이다.[10]

오늘날 진통제와 진정제가 널리 사용됨에 따라, 우리 대부분은 이전과 아주 다르게 둔감해진 정신상태에서 죽는다. 이것은 축복일 수도 저주일 수도 있다.

추가적인 분쟁의 소지가 있다. 뇌사를 입증해 줄 기준은 임상 실무에 많은 여지를 남긴다. 예를 들어, 어떤 종류의 의사가 몇 명이나 그 사망신고서에 서명해야 하는지, 그리고 뇌간 반사(예를 들어, 한쪽 귀에 차가운 물을 붓는 전정안구반사 검사)를 몇 번이나 평가해야 하며 그런 검사를 얼마나 반복해야 하는지, 또 친족이 그 전체 과정에 대해 종교적 반대를 제기할 수 있는지 등이다.

각 주(states)와 병원 시스템마다 기준이 다르기 때문에 불일치가 발생하며, 뉴욕에서 사망을 선고받은 환자가 허드슨강 건너 뉴저지에서는 살아 있는 것으로 간주될 수도 있다.

그래서 UDDA는 전체 뇌의 모든 기능을 상실해야 한다고 요구한다. 그렇다고 언제나 그런 것도 아니다. 시상하부는 가까운 뇌하수체(pituitary gland)를 조절하며, 뇌하수체는 성장, 임신 및 출산, 모유수유, 혈압, 기타 여러 조절 기능을 담당하는 호르몬을 방출한다. 때때로 뇌의 나머지 부분이 멈추더라도 이러한 기능이 지속될 수 있다. 그런 의식 없는(mindless) 육체가 적절한 지원을 받을 경우, 계속 성장하고 월경하고 활성 면역체계에 의해 감염과 싸울 수도 있다. 몇 주 또는 몇 달 후에 태어날 생존 태아를 잉태하기 위해 생명 유지 장치에 의존한 "뇌사" 산모의 사례가 30건 이상 알려져 있다. 어린 소녀 자히 맥매스(Jahi McMath)는 캘리포니아의 병원에서 뇌사로 판정된 후, 가족에 의해 뉴저지의 가정 간병 시설로 옮겨 인공호흡기를 단 채로 지냈다. 법적으로 그는 죽었다. 그러나 그를 사랑하는 사람들에게 그는 간부전(liver failure) 관련 출혈로 끝내 사망할 때까지, 거의 5년 동안 살아 있는 사람이었다.[11]

영국과 같은 일부 국가는 죽음을 "의식 능력의 돌이킬 수 없는 상실과, 호흡 능력의 돌이킬 수 없는 상실이 결합"된 것으로 정의함으로써, 엄격한 "전체 뇌" 요구사항을 우회한다. 즉, 누군가가 다시는 의식을 회복하지 못하고 스스로 호흡하지 못한다면, 그 사람은 죽은 것이다. 이런 정의는 모든 뇌 구조물(그 한계 내의

모든 뉴런)이 작동을 멈춰야만 한다고 주장하는 것보다 더 합리적이다.[12]

이러한 모든 정의는 비가역성(irreversibility)이라는 개념에 기초하고 있다. 이 개념은 열역학이나 다른 물리법칙만큼이나 과학기술에 의존한다. 1세기 전에 비가역적이었던 호흡정지는 오늘날 가역적이다. 교과서에서는 뇌에 몇 분 이상 산소와 혈류가 공급되지 않으면 비가역적인 손상이 발생한다고 가르친다. 세포는 현미경으로 쉽게 볼 수 있는 온갖 방식(조직 손상, 부패, 부종)으로 퇴화하기 시작한다. 그렇지만 도축장에서 도살된 돼지 뇌에서 순환하는 인공혈액을 주입하는 조직 소생술의 발전으로, 〔그 조치를〕 한두 시간 내에 수행하면 조직 악화를 부분적으로 역전시킬 수 있다. 미래에는 뇌를 유사 신장 기계 장치에 연결하고, 전기 활동을 재부팅함으로써 뇌를 보호하는 것이 가능해질 것이다. 그러한 급진적인 조치가 피해자의 마음, 정신건강, 기억 등을 정말로 회복시킬 수 있는지는 알 수 없다.[13]

뇌사 진단에 대한 저항도 계속되고 있다. 일부 가족은 종교적 또는 영적인 이유에서 뇌사에 반대하는 반면, 다른 가족은 사랑하는 사람이 기적으로 회복되기를 계속 바란다. 게다가 전체 뇌가 기능을 상실해야 하는지에 대한 의학적, 과학적 논란이 있기도 하다. 이러한 모든 국면에 대응해, 연방의 모든 주에서 채택될 가능성이 있는 통일된 법률을 초안하는 초당적 변호사 집단인 미국통일법위원회(Uniform Law Commission)는, UDDA를 개정해야 할지 여부를 고려하는 힘들고 장기적인 과제를 시작했다.

이 위원회는 팬데믹이 발생했던 해에 시작해 2023년까지 지속되었던 일련의 청문회를 마련했고, 다양한 죽음의 정의에 대해 열정적으로 논의했지만, 반대의견을 크게 존중해 다양한 종교적, 사회적, 윤리적, 의학적, 과학적, 법적, 정치적 고려 사항을 조사했다.[14]

많은 논란에서 간과된 개념적 문제는 의식의 종말이 반드시 생명의 종말을 함축하지 않는다는 것이다. 누군가는 죽지 않고서도 영구적으로 의식을 잃을 수 있다. 실제로 자히 맥매스는 이런 주장의 "생생한" 증거였다. 13세 소녀의 시체가 어떻게 사춘기를 겪고 17세 여성으로 성장할 수 있었는가? 이 문제의 진실은 그녀의 몸이 수년 동안 살아 있었지만, 아무런 의식이 없었다는 것이다. 동일한 유비가 생명의 시작에서도 가능하다. 8주 된 배아는 분명히 살아 있지만 의식은 없다.

현재 시행되는 법은 의식의 끝과 생명의 끝을 구별하지 않는다. 어떤 사람이 죽었다고 판단하는 데는 많은 합법적인 이유가 있지만(예를 들어, 법적상속 때문에), 그런 이유가 그 결정을 위해 반드시 필요한 것은 아니다.

생의학 기술(Biomedical technology)은 마음을 불가역적으로 상실한 신체를 지탱시킬 수 있다. 그러나 이것으로 무엇을 얻을 수 있는가? 그 신체에서 살았던 사람은 '존재의 대분기점'을 영영 넘어서 절대적 존재에서 상대적 존재가 되었고, 그는 이제 돌아오지 않을 것이다. 그들은 그 자신들에게 아무것도 아니다. 가족과 친지에게는 큰 손해일 수 있다. 왜냐하면 그들은 몇 주, 몇 달,

때로는 수년 동안 정신이 없는 부모, 배우자, 또는 자녀를 돌보는 무거운 정서적 대가를 치르기 때문이다. 또 상당한 재정적, 사회적 부담을 져야 한다. 그러니 아마도 생명 유지 장치를 끄고, 다른 사람을 위해 장기를 기증하고, 생존자들의 슬픔을 치유하기 시작하는 것이 최선일 것이다. 그것이 내가 유언장에서 선택한 것이기도 하다.

죽어 가는 뇌의 특이한 전기적 격동

이러한 과학기술의 발전에도 불구하고 2022년 미국에서 300만 명 이상, 전 세계적으로 6700만 명이 사망했다. 그런데 우리는 죽어 가는 뇌에 대해 여전히 놀라울 정도로 조금 알고 있을 뿐이다. 심장마비에 따른 사건을 생각해 보자. 생명의 맥박이 사라지면 그 희생자는 기절하고, 몇 초 이내에 의식을 잃는다. 더 이상 신선한 산소운반 혈액이 신경조직을 통해 주입되지 않기 때문이다. 두피 뇌파검사 전극으로 검사한 뇌의 활동은 흔들리는 EEG파가 더 작고 느려질 때까지 감소하다가 결국 완전히 멈춘다. 즉, EEG는 평평해진다. 이런 순간 마음은 소멸된다. 즉, 더 이상 어떤 경험을 하지도 생각하지도 두려워하지도, 희망하거나 기억하지도 못한다. 몇 분 내에 소생술이 이루어지지 않으면 죽음이 뒤따른다.

신경계 중환자실에서 사망한 사람 중, 소수의 환자들은 황혼지대(죽음)에 진입할 때, 전기적 사건(events)을 추적할 충분한

EEG 전극이 두피에 씌워져 있다. 이것은 전기적으로 말해서, 죽어 가는 뇌가 반드시 매끄럽고 점진적으로 꺼져서 "그 좋은 밤으로 부드럽게" 들어가는 것이 아님을 보여 준다. 그렇다. 그 환자의 EEG는 결국 평평해지겠지만, 그 사이 수십 분 동안 뇌는 이런 간단한 이야기 밑에 숨겨진 모든 자원들을 동원할 수 있다. 뇌 활동은 모든 주파수 대역에서 감소하기보다 혈압이 급락하면서 오히려 급증할 수 있다. 이러한 임종 시 전기적 격동(end-of-life electrical surges)은 몇 분 내에 가라앉고, 관찰 가능한 모든 중환자실(ICU) 환자의 약 절반에서 발생하지만, 뇌사 판정을 받은 환자에게는 발생하지 않는다.[15]

뇌 양쪽에서 감마 대역 활동의 역설적이고 일시적인 증가는 후방 신피질의 기저 활동을 가리키며, 생명 유지 장치를 끊은 후 사망한 혼수상태 중환자실(ICU) 두 환자의 EEG 기록에서 확인되었다. 감마 주파수 범위의 신경 활동은 의식의 유망한 특징이므로, 이 데이터에 대한 한 가지 해석은 이렇다. 말기 혼수상태에서 깨어난 두 환자가 저산소증과 허혈을 알리는 요란한 내부 경보로 각성되었고, 아마도 임사체험으로서 초월적 평온함을 느꼈을 거라는 것이다.[16] 이보다 진부한 설명은, 두 환자 모두 의식을 갖지 못했으며 EEG가 국소적 간질 발작이나 근육 떨림을 포착했고, 그들의 고주파스펙트럼 흔적이 유사할 수 있다는 것이다.[17]

호흡이 멈추면, 혈액 공급 시 산소가 불가피하게 감소하며 이산화탄소는 증가한다. 두 가지 모두 뇌 활동의 지속 불가능한 증가를 촉발할 수 있다. 이 짧은 뇌 활동의 상승이, 적어도 통증을 완화하는 아편제로 진정되지 않은 사람들에게 마음을 되살려 줄까? 그 환자들이 햄릿이 말하는 "어떤 여행자도 돌아오지 못한 미지의 나라"에 들어가기 전, 천국이나 지옥에 대한 자신만의 비전을 경험할 것인가? 때가 되면 당신과 나는 그 대답을 <u>스스로</u> 발견할지도 모른다.

    삶의 마지막 순간은 때때로 잘 이해되지 않는데, 아마도 **말기 명료성**(terminal lucidity)이라 알려진 의식의 개화도 이에 일조할 것이다. 간병인을 알아볼 수 없었던 죽어 가던 환자가 예기치 않게 몇 분, 몇 시간, 며칠 동안 각성되어 온전히 현재로 돌아온다. 예를 들어, 그 환자들은 과거 또는 심지어 사건을 기억하고 사랑하는 사람들과 대화를 나누기도 한다. 이처럼 마지막 꽃을 화려하게 피운 후 곧 그들은 죽는다. 수년 전, 나는 병원에 있는 전 여자 친구를 방문했다. 그는 위암의 고통과 마지막까지 싸우는 중이었다. 며칠 동안 그는 자기 주변과 자신의 상태를 희미하게만 알아보았다. 그런데 마지막 날 밤에 그는 완벽히 명료했고, 우리는 그가 세상을 떠나기 전 오랫동안 이야기를 나누었다. 예전에는 의사들이 "마음의 명료함"을 죽는 과정의 마지막 단계로 인식했다. 현대 의학은 진정제와 각성을 감소시키는 진통제를 널리 사용하기 때문에, 이 현상에 대해 어떤 말도 해 주지 못할 것이다. 나는 마지막 자각이 떠나는 사람과 남겨진 사람 모두에게 주는 선물이라 생각한다.[18]

    왜 죽을 육신에 갇힌 의식의 저주를 완전히 벗어나지 못하는가? 미래의 과학기술이 이처럼 피할 수 없어 보이는 운명을 회피하고, 우리를 무한한 자유의 새로운 땅으로 인도해 줄 수 있을까? 인간 의식의 미래는 무엇일까? 이런 질문에 대한 대답은 다음 장에서 다루겠다.

10 의식의 미래

Then
I Am Myself
the World

> 마침내 의식 자체가 인류에서 끝나거나 소멸할 것이며
> 인류는 완전히 기화되어, 촘촘히 얽힌 유기체를 버리고
> 원자들 덩어리가 되어, 공간에서 방사선으로 통신할 것이며
> 아마도 마침내 빛으로 완전히 분해되고 말 것이다.
> 그것이 끝일 수도 시작일 수도 있지만
> 그쯤에서 그것은 보이지 않는다.
>
> — 존 데즈먼드 버널(John Desmond Bernal)
> 『세계, 육체, 그리고 악마: 합리적 영혼의 세 가지 적들의 미래에 대한 탐구
> (The World, the Flesh and the Devil: An Enquiry into the Future of the Three Enemies of the Rational Soul)』

10

의식의 미래

앞의 구절은 1세기 전 아일랜드 출신 결정학자(crystallographer) 버널이 쓴 놀라운 책, 『세계, 육체, 그리고 악마』에서 가져왔다. 이 책은 다음과 같이 예측한다. 뇌를 포함해 신체는 점차 인공기관으로 대체되다가 결국 옛 신체의 어떤 부분도 남지 않을 것이며, 정신만 온전히 보존된 새로운 생명으로 대체될 것이다.

과학기술을 유기체와 통합하려는 시도에서 우리는 어디쯤에 있는가? 신경 신호를 읽고 쓰기 위해 두개골 내에 전자기기를 이식하는 것은, 거대한 과학적, 방법론적, 임상적, 법적, 윤리적 장애를 감안할 때 매우 어렵다.[1] 그런 기술은 뇌졸중, 종양, 또는 기타 재난으로 인해 기능을 상실한 소수의 환자에게만 시술되었다. 이식형 두뇌컴퓨터인터페이스 기술, 소위 유타 미세전극 칩(Utah microelectrode arrays)이라는 최첨단 과학기술은 스마트폰보다 30년이나 앞선다. 이런 상황은 일론 머스크(Elon Musk)의 신생 기업 뉴럴링크(Neuralink)의 공격적 노력으로 바뀔 것이다. 가장 유명하고 가장 자본이 풍부한 기업인 뉴럴링크는 기존 뇌 신호를 듣고 그것의 고유한 전기적 패턴을 뇌 조직에 부여함으로써, 뇌를 읽고 쓸 수 있는 더 작고 유연하며 강력한 장치를 고안하고 있다. 10년 내에 고급 두뇌컴퓨터인터페이스를 장착한 환자의 수가 급증할 것이다. 이러한 장치는 시력장애를 치료하고, 뇌졸중으로 마비된 사지운동을 회복시켜 주며, 실어증환자에게 말을 할 수 있도록 해 줄 것이다.[2]

그러나 많은 사람이 갈망하는 것은 훨씬 더 야심적이다. 그 야심은 이렇다. "이 죽을 운명의 사슬을 완전히 벗어던지고" 성서의 70년(인간 수명)과 거의 다르지 않은 수명을 지닌 뇌를 합성 뇌로 대체하고, 그것을 적절히 잘 유지하면 영겁을 산다는 것이다.

마인드 업로드하기: 그 모든 것이 커넥톰학에 달려 있다

마인드 업로딩, 즉 뇌를 기록하고 자극하고 시뮬레이션하는 능력이 증가하고, 계산이 모든 것, 모든 곳, 모든 시간에 거침없이 침투한다는 아이디어는 대중의 상상 속에 크게 자리 잡았다. 마인드 업로드를 하려면, 당신의 모든 반응, 속성, 기질 등을 복제하는 고급 소프트웨어와 당신의 뇌를 컴퓨터에 업로드하는 기술이 필요하다. 이 아이디어는 만약 인간의 뇌가 디지털컴퓨터에서 구동되는 소프트웨어를 통해 클라우드(cloud)에서 적절한 신경 수준으로 세밀하고 효과적으로 모방될 수 있다면[은유적으로, 그 하늘(sky, 즉 클라우드)을 사후 천국과 연관시킨다면], 이 존재(entity)는 무엇인가를 느낄 것이다. 즉, 의식이 있을 것이라 기대한다. 결국 두뇌가 따르는 모든 생물리학적 및 생화학적 메커니즘이 적절히 밝혀진다면, 시뮬레이션 된 뇌 조직이 시뮬레이션 된 느낌을 가질 것은 참이 아니겠는가? 그 기계에 어떤 무시무시한 실체도 어떤 영혼도, 또 유령도 없다면 어떻게 그렇지 않을까?

이런 시나리오에서는 인간과 인공지능이 충돌하며, 디지털화된 마음과 지각 분별력 있는 AI 사이의 경계는 돌이킬 수 없을 정도로 모호해진다.

마인드 업로드는 우리에게 초능력을 선사하며, 피할 수 없는 사신과의 대면을 먼 미래로 미룰 것이다. 소위 트랜스휴먼(transhuman) 또는 초인간 프로젝트는 새로운 센서 및 활동 장치(투시력이나 강철 신체에 관심 있는 사람이라면), 향상된 지능, 오류 없는 기억력, 극한의 수명 등을 약속하며, 이는 스타니스와프 렘(Stanislaw Lem)의 훌륭하고 권위 있는 수필집 『기술의 총합(Summa Technologiae)』, 이언 M. 뱅크스(Iain M. Banks)의 공상과학 시리즈물인 『컬처(Culture)』, 〈매트릭스〉 3부작과 같은 영화, 그리고 〈웨스트월드〉 〈블랙 미러(Black Mirror)〉 〈휴먼스(Humans)〉 등과 같은 텔레비전 쇼에서도 자세히 묘사하고 있다. 그렇지만 트랜스휴머니즘의 낙관적인 전망과는 달리, 이러한 허구는 낙원에서의 사랑과 여가에 대한 서사가 아니다. 오히려 그런 작품들의 어조는 어둡고 디스토피아적이며, 디지털 영역 속

삶의 불안한 결과를 강조한다. 그런 작품들은 과학기술이 가져다 줄 것으로 약속하는 시대정신과 그 불안을 반영한다.

마인드 업로드라는 개념은 극도로 비현실적인 것에서부터 단순히 도전적인 것에 이르기까지 그 스펙트럼 내 어디에 위치하는가? 그런 과학기술이 이 책의 어린 독자들에게 마련될 수 있을까? 그들의 디지털 복제물은 정말로 그들의 마음은 아닐지라도, 어떤 마음을 가지기라도 할까, 아니면 그런 약속은 허울임을, 즉 우리가 경험할 수 있다고 믿도록 속이는 데 최적화된 딥페이크(deep fake, 인공지능을 활용한 합성 이미지)임을 입증해 줄 것인가?

신경과학은 전 세계적으로 정식 회원 약 5만 명을 보유한 젊고 활발한 학문 분야이다. 나는 이전의 모든 역사보다 더 많은 것을 배웠던 최근 10년 동안 황금기의 유리함 위에서 이 글을 쓰고 있다. 매일 쏟아지는 신경과학 보도 자료는 빠른 진보라는 환영을 불러일으킨다. 뇌 데이터는 2년마다 두 배로 늘어나지만, 모든 것이 어떻게 작동하는지 이해하는 것은 빙하기의 속도로 진행된다. 진보는 있지만 그 이해는 끔찍하게 느리다. 윈스턴 처칠(Winston Churchill)의 유명한 발언은, 신경과학이 (그 주제에 대한 성숙한 이해에서) 어디에 있는지를 고려할 때도 유효하다. 1942년 후반 어두운 시기에 영국이 처음 독일군에게 중요한 승리를 거둔 후, 그는 이렇게 말문을 열었다. "이것은 끝이 아닙니다. 끝의 시작도 아닙니다. 그렇지만 어쩌면 시작의 끝일 수는 있습니다." 그의 말이 옳았음이 드러났다. 총소리가 침묵하기까지 수백만 명이 더 죽어야 했다.

 2020년 초 SARS-CoV-2 염기서열을 분석한 지 몇 달 만에, 면역학자와 생화학자 들은 바이러스의 스파이크단백질(spike protein)을 표적으로 하는 매우 효과적이고 안전한 합성 메신저 RNA 백신을 설계하고 제조해 냈다. 생명의 소스 코드(source code)를 해킹하고 유전 분자를 인간의 의도대로 조작하는 이러한 능력은, 바이러스 감염을 이해하고 그 역학적 수준에서 예방하는 이점을 보여 주는 생생한 증거이다.[3] 이것은 신경과학의 먼 목표로 남아 있다. 만약 당신이 두통으로 고생하고 있거나, 무언가를 하라고 명령하는 상상의 목소리를 듣는다거나, 강박적으로 손을 씻거나, 우울하거나, 자살하고 싶거나, 고민하고 있거나, 불안하거나, 자신의 몸을 싫어한다거나, 자존감이 사라졌거나, 또는 아무것도 즐길 수 없다면 "객관적 뇌스캔, PCR 검사, 또는 혈액검사" 등을 통해 진단받을 수 있으리라 기대하지 말아야 한다. 이러한 상태에 대한 어떤 알려진 생물학적 표지도 없기 때문이다. 뇌 영상과 같이 실험실에서 개발된 도구나 방법으로는 이러한 개인의 장애를 정확히 검사하거나 치료하지 못한다. 만약 당신이 적절한 진단을 받고 싶다면, 정신과의사와 상담하고 증상의 범위와 심각성을 평가해 줄 설문지를 작성해야 한다.[4]

 마음을 재구성하기 위해, 과학기술자들은 시냅스 수준에서 뇌의 완전한 배선 체계를 상세히 파악하는(mapping out) 것을 꿈꾼다. 시냅스란 전문화된 접합부(specialized junctions)로, 그것은 한 뉴런의 출력 연결선인 **축삭**(axon)을 다음 뉴런의 입력 영역을 구성하는 확장된 필라멘트인 **수상돌기**(dendrites)로 연결하고, 한 뉴런의 축삭은 자체의 정보를 수천 개 후속 연결 뉴런으로 연결한다. 이러한 높은 연결성은, 트랜지스터 한 개가 전형적으로 소수의 다른 트랜지스터로 연결되는 디지털컴퓨터의 중앙처리장치(CPU)에서 발견되는 연결성과 매우 다르다.

각 시냅스의 분자기계는 그 **가중치**를 제어하는데, 가중치란 시냅스가 후속 연결 뉴런에 미치는 영향의 강도 및 지속시간을 설명해 주는 축약어이다. 또한, 이런 메커니즘은 이 가중치를 높게 또는 낮게 조정하는 방식 또한 조절한다. 설탕 덩어리 크기의 피질(1세제곱센티미터)에는 1억 개 이상의 뉴런이 들어 있으며, 1조 개 시냅스로 연결되어 있다. 이는 신경망(neural network)의 매개변수(parameters)의 개수에 상당하며, 발달된 대규모 언어 모델을 지원하는 매개변수의 숫자와 같다. 물론 후자는 정적인 반면에, 시냅스는 끊임없이 자체의 가중치를 조절한다. 모든 뉴런이 어떻게 다른 뉴런과 시냅스로 연결되는지에 대한 청사진은 **커넥톰**(connectome, 신경 회로 연결망)이다. 그것을 얻어 내려면 뇌의 초원을 가로지르는 모든 나무의 분지, 즉 모든 축삭의 모든 가지를 추적해야만 한다. 한 뉴런의 세포체(cell body)에서 멀리 떨어진 표적세포(target cells)의 최종 목적지까지, (어느 한 축삭을 근처의 다른 축삭으로 착각하지 않고서) 누가 누구에게 말을 거는지 알아내야만 한다. 그것은 마치 스파게티 10억 그릇에서 스파게티 한 가닥을 추적하는 것에 비유된다. 빛의 파장이 너무 커서 가는 축삭을 볼 수 없으므로, 빛/광자에 의한 영상이 아니라 전자에 의한 영상을 이용해야 한다.

커넥톰을 연구하는 분야인 커넥톰학(connectomics)의 현 상황은 어떠한가? 1980년대 중반에야 노동집약적인 방법으로 작은 벌레 한 종의 302개 뉴런으로 구성된 완전한 배선도를 얻을 수 있었다.[5] 기계학습(machine learning)과 하드웨어 및 소프트웨어공학 분야에서 30년 이상의 발전이 있고 나서야, 벌레보다 천 배 더 큰 초파리(fruit fly)의 두 번째 커넥톰이 2023년에 나올 수 있었다. 쥐의 완전한 커넥톰은 7000만 개 뉴런과 수천억 개 시냅스로 구성되어 있어, 2030년 이전에는 나오지 않을 것으로 예상된다.[6]

인간 뇌 역시 뇌의 조직(brain tissue)으로 구성된다. 환자의 피질 덩어리는 쥐의 피질 덩어리와 근본적으로 다르지 않아서, 유사한 시냅스와 세포를 가진다. 이것은 대부분 사람에게 놀라운 사실로, 왜냐하면 인간은 본능적으로 우리 뇌가 특별하고 멋진, 다른 종과 공유하지 않는 초강력한 무언가를 분명히 품고 있을 것이라고 당연하게 생각하기 때문이다. 그러나 그렇다는 어떤 증거도 없다. 우리의 뇌는 아주 미세하고 분자적인 차이가 그 기초 신경 장치에 영향을 미치지만, 다른 모든 종들도 각자의 생태적 지위에 따른 차이가 있을 뿐이다.

가장 특징적인 차이는 크기이다. 인간의 뇌는 쥐의 뇌보다 약 천 배 더 크며, 50만 킬로미터라는 엄청난 길이의 배선으로 연결되는데 그 길이는 지구와 달 사이의 거리를 능가할 정도이다! 이런 회로를 재구성하는 것은 엄청난 작업이라서, 미래지향적인 영상기술과 약 10억 테라바이트(terabytes)의 엄청난 데이터를 처리할 계산 기반을 요구한다. 사람과 쥐 사이의 이러한 양적 차이는 중요하다. 인공신경망(artificial neural networks)이 더 많은 층(layers)[전문가들은 **심층**(depth)을 말한다]을 가질수록, 더 많은 층을 쌓을수록 더 많은 능력을 발휘한다. 즉, 더 많은 추상적 표상(abstract representations)을 학습할 수 있다. 신경계도 마찬가지이다. 다른 모든 것이 동일하다면, 콜리플라워(cauliflower) 크기의 뇌를 가진 인간은 핀토콩(pinto-bean) 크기의 뇌를 가진 쥐보다 훨씬 더 뛰어난 추론 능력을 가진다.

커넥톰 프로젝트는 성공적이더라도, 필연적으로 제한적이다. 왜냐하면 그런 배선도는 정적이어서 활동을 표현하지 못하기 때문이다. 그것은 마치 시신을 보는 것과 같아서, 성별, 나이, 기타 등등에 대한 식별에서 유용하겠지만, 개인의 생각이나 행동을 알아볼 수는 없다. 훨씬 더 많은 무언가가 필요하다. 신경조직 내에서 복잡한 패턴으로 움직이는 전기적으로 대전된 이온(ions)의 역학을 담은 커넥톰의 활동성 말이다. 그러한 전뇌 시뮬레이션을 위해서는 시냅스 학습 규칙과 세포 적응이 통합되어야 한다. 현재 최첨단 기술은, 쥐 피질의 퀴노아(quinoa) 크기[약 좁쌀 크기] 내의 전기적인 시냅스 사건을 컴퓨터시뮬레이션으로 충실히 재현하는 수준이다.[7] 이것을 쥐의 전체 뇌로 확장하려면, 정확한 시냅스 가중치를 수정하는 데 백만 배 더 많은 수고가 필요하다. 인간의 뇌를 시뮬레이션하는 것은 그보다 백만 배나 더 어렵다.[8]

마지막으로 마인드 업로딩 벽장 안에 있는 수많은 해골 중 하나는 필수적인 고품질 전자현미경 이미지를, 자신의 뇌와 기꺼이 분리되고 싶어 하는 살아 있는 기증자로부터 얻어야 한다는 것이다. 커넥톰학은 조심스럽게 준비되고 신선하게 동결된 어린 실험실 쥐의 신경조직을 필요로 하며, 규칙적 광파로는 너무 파장이 커서 매끈하고 깨끗한 뇌를 조직을 "볼 수 없을" 정도로, 마치 무를 매우 얇게 저미듯이 썰어야 한다〔아주 얇은 뇌 조직의 어느 축삭이 어느 수상돌기와 접속하는지 일일이 확인하기 위해 얇게 썰어 염색하는 것은 커넥톰학의 한 연구 방법이다〕. 조만간 말기 질환을 앓는 한 용감한 환자가 자신의 죽음 직후 즉시 집도될 이 조치에 자원할 것이다. 이런 엄청난 사업의 세부 사항을 알아내기 전에, 스틱스(Styx)강을 건너는 대담한 개척자들이 다수 있어야 한다〔그리스신화에 나오는 스틱스는 지하 세계의 여신이자 강의 명칭이다. 호메로스는 이 강을 "두려운 맹세의 강"이라 불렀다〕.

물론, 중년을 넘긴 뇌에는, 명백한 인지장애가 없는 사람에게도 끊임없이 축적되는 〔아밀로이드〕 플라크(〔amyloid〕 plaque)와 신경섬유다발이 특징적이다(불행히도 이런 과정은 사소한 신경독소(neurotoxin)로 작용하는 와인 및 다른 음료의 일상적 섭취만으로 가속화된다). 재구성된 커넥톰에서 이러한 찌꺼기를 어떻게 깨끗이 제거할 수 있는지는 알려져 있지 않으며, 기증자를 죽이지 않고 영상화와 재구성을 달성하는 방법도 알지 못한다. 우리는 둘 중 하나를 선택해야 할 가능성이 큰데, 점차 허약해지는 유기적 껍질 속에서 살거나 또는 업로드된 디지털 마음의 약속을

따르는 것이다.[9]

실제와 시뮬레이션의 차이에 대해

내가 보기에 마인드 업로드에 관한 많은 논쟁은, 마치 높은 나무 꼭대기에 올라가서 마침내 달에 도달하겠다는 것처럼, 과학기술 전도사들이 어둠 속에서 휘파람을 부는 것처럼 보인다. 그럼에도 불구하고, 이 모든 장애물은 시간이 흐르면 극복될 것이라고 가정해 보자. 당신의 커넥톰에 기반해서 전뇌(whole-brain) 시뮬레이션이 이루어진다고 가정해 보자. 그 컴퓨터가 켜지자 그것은 당신의 목소리로 말하고, 당신의 고유한 특성, 언어적 틱, 오래된 농담 및 기억 등을 재현한다. 이러한 당신의 모조품, 즉 당신의 디지털 쌍둥이가 실제로 의식을 가질까? 그것이 당신의 마음을 가질까, 아니면 단지 똑똑한 챗봇에 불과하므로 그것은 아무것도 느끼지 못할까?

사회적 동물로서 우리는 다른 사람의 의식을 당연한 것으로 받아들이도록 진화했다. 특히 그들이 우리에게 말을 하거나 우리와 함께 지낼 때 그렇다. 따라서 우리처럼 정교한 방식으로 언어를 사용하는 모든 것들이 필연적으로 의식을 가질 것이라 가정하기 쉽다. GPT-4를 통해 우리는 기본적으로 그 지점에 도달했다. 유일한 차이점은, 인간의 뇌 시뮬레이션이 특정 중추신경계의 수학적 모델을 기반으로 한다는 것이다. 그리고 중추신경계의 구조는 변환기 기반 대규모 언어 모델의 기반이 되는 심층 신경망과 아주 다르다. 그러니 우리처럼 말한다고 해서, 감정과 같은 우리의 다른 모든 속성들도 저절로 계승될 수 있을까? 우리는 그러한 믿음을 뒷받침할 어떤 증거도 가지고 있지 않다. 전혀 없다. 우리는 기계가 인간의 말을 성공적으로 흉내 냈으므로 의식이 있을 것이라고 추론할 수 없다. 우리는 다른 기준을 찾아야 한다. 그것은 어느 시스템이 주관성을 갖는지, 제1원칙에서 명시하는 엄격한 이론으로부터 이끌어 내야 한다.

많은 철학자, 그리고 대다수 신경과학자와 컴퓨터공학자 들은 기능주의자이다. 심지어 나는 공학자들과 과학자들이 자신들은 무슨 형이상학적 가정이든 전혀 믿지 않는다고 말하는 것을 들었지만, 그들에게는 (4장에서 논의된) 계산적 기능주의에 대한 확고한 믿음이 있다. 이것은 어떤 기능이 디지털컴퓨터로 정확하게 복제되어 동일한 입력이 동일한 출력으로 이어진다면, 이 어떤 것의 본질을 포착할 수 있다는 뿌리 깊은 믿음이다. 따라서 모든 뇌 기능이 개별 구성 요소 수준까지 적절하게 설명되고 소프트웨어로 모방되기만 하면, 전뇌 시뮬레이션은 의식을 포함해, 뇌의 모든 창발적(emergent) 속성을 보여 줄 것이다.[10] 계산만 완벽하다면 마음도 구현 가능하다. 의식에 대해 인기 있는 과학적 이론 중 하나인, 전역뉴런작업공간이론은 입장을 명확하게 밝히고, 담대하게 선언한다. "우리의 [이론을 설명하는] 입장은 간단한 가설에 근거한다. 즉, 우리가 '의식'이라 부르는 것은 뇌의 하드웨어에 의해 물리적으로 실현되는 특정 유형의 정보처리 계산

(information-processing computations)에서 비롯된다."[11]

계산적 기능주의는 실리콘밸리와 과학기술 산업에서 널리 퍼진 신념의 규약 중 하나이다. 이런 관점에서 당신의 전뇌를 시뮬레이션하면, 그것은 당신의 마음을 소유하거나 적어도 그것과 꽤 비슷한 것을 소유하게 될 것이며 의식을 가질 것이다. 반면에 의식의 통합정보이론은 극명하게 다른 접근 방식을 취한다. 이 이론의 주장에 따르면, 의식은 계산의 일종이 아니라 뇌든 컴퓨터든 그 시스템 자체에서 전개된 인과적 힘에 의해 충분하고 완벽하게 특정된다.

동일한 입출력 변환을 수행하지만 내부 회로가 다른, 두 개의 단순한 초보적 게이트 네트워크를 생각해 보자. 만약 이러한 회로가 동일한 두 상자에 숨겨져 있고, 그중 한 가지 회로가 (입력 및 출력 포트가 있는) 각 상자 내부에 있다면, 그런 회로들은 외부에서 보기에 설계상 구별할 수 없으며, 동일한 입력을 동일한 출력으로 변환한다. 계산적 기능주의에 따르면, 이러한 시스템 중 하나가 의식이 있으면 그것의 쌍둥이도 의식이 있을 것이다. 그러나 통합정보이론에 따르면, 그 덮개 아래의 배선 방식이 다르면 두 회로 상자의 내재적 인과의 힘도 다르며, 따라서 의식 상태(의식이 있다면) 역시 달라야만 한다.

기능주의자들의 확언과 달리, 의식은 기능이 아니라 구조와 관련된다. 실제로 만약 뇌 회로들 중 하나가 마치 피드포워드 그물망(feed-forward network)처럼 한 층의 출력이 다음 층으로 입력되며, (심층 신경망에서와 같은) 특정 피드백루프 없이 온통 연쇄적으로 연결되어 있다면, 그 시스템은 어떤 통합 정보도 갖지 못한다. 비록 그 회로가 (뇌의 특징처럼) 내적 피드백을 충분히 가지는 다른 회로처럼 동일 기능을 수행하고, 일부 통합 정보를 소유한다 하더라도, 그런 회로는 것은 아무런 느낌도 갖지 못한다. 두 네트워크 모두 동일한 계산을 수행하지만, 즉, 둘 다 동일한 일을 **하지만**(do) 그 자체로 존재한다(existing)는 의미에서는 오직 하나만이 **존재한다**(is).[12]

의식은 똑똑한 알고리즘이 아니다. 그 핵심은 내재적 인과의 힘에 있으며, 계산에 있지 않다. 인과적 힘이란 만져질 수 없는 무형의 무엇이 아니라, 물리적인 무엇이다. 즉, 그 시스템의 근과거가 현재 상태를 지정하는 정도(인과적 힘)이며, 이 현재 상태가 즉각적인 미래를 지정하는 정도(효과적 힘)이다. 그리고 여기에 문제가 있다. 인과적 힘, 즉 자신에게 영향을 미치는 능력은 시뮬레이션 될 수 없다. 현재에서든 미래에서든 그럴 수 없다. 인과적 힘은 그 시스템 내에 내장되어야, 즉 그 시스템 물리학의 부분이어야 한다.

이것을 직관적으로 설명하기 위해, 알베르트 아인슈타인의 일반상대성이론 중, 질량과 시공간 곡률을 관련짓는 장방정식(field equations)을 시뮬레이션하는 컴퓨터코드를 생각해 보자. 이런 소프트웨어는 우리은하의 중심에 위치한 궁수자리(Sagittarius) A*라는 초대질량 블랙홀을 정확히 모방한다. 이런 블랙홀은 주변에 광범위한 중력 효과를 미치기 때문에, 아무것도 심지어 빛조차도 그 인력에서 벗어날 수 없다.

전혀 놀랍지 않겠지만, 블랙홀을 시뮬레이션하는 천체물리학자는 그 시뮬레이션 된 중력장에 의해 자신의 노트북으로 빨려들어가지 않는다. 당연히 그런 일은 일어나지 않는다. 왜 그런가? 이런 터무니없어 보이는 질문은 실제와 시뮬레이션 된 것의 차이를 강조한다. 만약 그 시뮬레이션이 실재에 충실하다면, 시공간이 노트북 주위로 휘어져 주변의 모든 것을 삼키는 블랙홀을 만들어야 한다. 그러나 그렇지 않다. 왜 그렇지 않은가?

그 대답은 이렇다. 중력은 계산이 아니다. 만약 그것이 계산이었다면, 물리적 시뮬레이션 엔진은 컴퓨터 주변의 중력장에 영향을 미칠 것이다. 중력은 외재적 인과의 힘을 가지고 있어서 질량이 있는 모든 것을 끌어당긴다. 블랙홀의 인과적 힘을 모방하려면, 태양 질량의 약 400만 배에 달하는 실제 초고밀도 구체가 필요하다. 인과적 힘은 시뮬레이션 될 수 없으며, 구성되어야만 한다. 중력의 측면은 시뮬레이션 될 수 있지만, 그 생생한 인과적 힘은 그렇지 않다.[13]

실제와 시뮬레이션의 차이는 각각의 인과적 힘의 다름에 달려 있다. 그것이 바로 폭우를 시뮬레이션하는 컴퓨터 안에서 비가 내리지 않는 이유이다. 그 소프트웨어는 기능적으로 날씨와 동일하지만, 증기를 불어서 물방울로 바꾸는 인과적 힘은 없다. 인과적 힘, 차이를 만들거나 줄일 수 있는 능력은 그 시스템에 내장되어야 한다.

외재적 인과의 힘이 시뮬레이션을 통해 만들어질 수 없는 것처럼, 내재적 인과의 힘도 그렇다. 전자(electronic) 또는 신경 회로의 역학을 시뮬레이션하는 것은 가능하지만, 그 내재적인 원인 결과 힘은 처음부터 새로 만들어질 수 없다. 비록 컴퓨터가 트랜지스터, 콘덴서, 전선 등의 수준에서 미미한 양의 내재적인 원인 결과 힘을 갖지만, 컴퓨터 전체는 응집력 있는 전체가 아닌 고립된 조각으로만 존재한다. 이런 논증은 트랜지스터나 뉴런과 같은 구성 요소의 총수에 의존하지 않으며, 그것들이 연결되는 방식에 달려 있다. 중요한 것은 상호연결성과 그 회로의 다양한 조합(different configurations)의 수이다. 신피질과 비교했을 때 디지털컴퓨터는 매우 낮은 연결성을 가지며 트랜지스터 한 개 출력이 서너 개 트랜지스터 입력에 연결되어 있는 반면, 포유류 뇌의 일꾼인 한 피라미드뉴런은 다른 피라미드뉴런 최대 10만 개로부터 입력을 받고 출력을 만들어 낸다. 컴퓨터가 당신의 뇌를 시뮬레이션하든, 큰 엑셀 스프레드시트를 처리하든, 영화를 스트리밍하든, 통합 정보는 거의 없다. 그 컴퓨터의 내재적 인과의 힘은, 존재의 관점에서 보자면 빈약한 존재론적(ontological) 먼지에 불과하다.

디지털컴퓨터에서 실행되는 인간 뇌 시뮬레이션은 원칙적으로 인간이 할 수 있는 모든 것을 할 수 있다. 그렇지만 그것은 아무것도 경험하지 못할 것이다. 그것은 지적인 좀비와 같을 것이다.

뇌는 영혼 유사 기질에 의해서가 아니라, 거대한 내재적 인과의 힘에 의해서 삶을 경험한다는 점을 재차 강조한다.

뇌 아닌 어떤 매체[가령, 양자(quantum) 회로]에서 이러한 높은 연결성을 구성하거나 구축해서 높은 인과적 힘을 가지면, 의식이 필연적으로 뒤따를 것이다(연결성이 낮은 기계에서 뇌의 높은 연결성을 시뮬레이션하는 것과는 아주 다르다). 실제로 신피질 설계 원리에 따라 구축된 특수 목적의 집적회로(integrated circuits), 소위 생체공학적 또는 **뉴로모픽 하드웨어**(neuromorphic hardware)라고 불리는 것은 무언가를 느낄 수 있을 만큼 충분한 내재적인 원인 결과 힘을 축적할 것이다.[14] 이러한 생체모방 하드웨어에서 그 기초 프로세서는 입력을 받고 출력을 만드는 개별 논리 게이트로 배선되며, 오늘날 산술 논리연산유닛의 수만 개 논리 게이트로 연결한다. 더구나 통합 정보를 극대화하기 위해, 이러한 방대한 입력 및 출력흐름은 (뉴런이 하는 방식으로) 서로 겹쳐지고 피드백되어야만 한다. 뉴로모픽 전자장치는 오늘날의 지배적인 폰노이만 컴퓨터 아키텍처와 근본적으로 다른 프로세서 배치를 요구한다. 만약 그 목표가 인간 수준의 의식을 달성하는 것이라면 가능할 수도 있다. 동일 논증이 모든 관련 큐비트가 얽히고 중첩 상태에 있는 양자컴퓨터에도 적용될 수 있다.

그래서 상황은 이렇다. 만약 당신이 계산적 기능주의를 믿는다면, 당신 커넥톰의 충분히 정확한 시뮬레이션 결과에는 의식이 있을 것이다(그것이 당신의 마음일지, 그리고 미친 마음이 아니라 제정신인 마음일지는 별개인 문제이다). 만약 당신이, 의식이란 물리적 기질과 연결된 실재의 필수적 측면인 인과관계의 구조에 있다고 믿는다면, 소프트웨어가 아무리 정교하고 그 시뮬레이션이 뇌의 생물리학과 아무리 유사하더라도 그것은 결코 의식이 될 수 없다고 생각할 것이다. 당신의 디지털 아바타(avatar)는 아무엇도 느끼지 않고서도, 그것이 당신이라고 믿도록 모든 사람을 유혹할 수 있다.

그런데 우리의 기존 컴퓨터는 이미 의식이 있을까? 나는 이 책의 마지막 장을 위해 이 질문을 남겨 두었다.

11 컴퓨터가 절대 할 수 없는 것

Then
I Am Myself
the World

당신들은 기계가 할 수 없는 것이 있다고 주장한다.
만약 당신들이 나에게 기계가 할 수 없는 것이
무엇인지 정확히 말해 준다면,
언제든 그것을 할 수 있을 기계를 만들어 내겠다.

— 요한 루트비히 폰노이만(John von Neumann)

11

컴퓨터가
절대
할 수 없는 것

인공지능의 눈부신 발전은 답답할 정도로 느린 신경과학 기술을 앞질렀다. 이것은 놀라운 일이 아닌데, 비트(bits)를 조작하는 것이 원자를 조작하는 것보다 훨씬 더 쉽기 때문이다. 특히 원자가 머리 깊숙한 곳에 위치한다면 더욱 그렇다.

오픈AI의 GPT-4나 구글의 바드(Bard)와 같은 강력한 대규모 언어 모델과 대화할 때 우리는 그것이 마음을 가졌다고 믿기 쉬우며, 컴퓨터 의식에 반대하는 내 이론적 논증이 약간 빈약하게 느껴질 수 있다.[1] 그 모델은 어느 주제에 대해서든 수십 개 언어와 놀라운 문해력을 가지고 대화하며, 마치 똑똑하고 의견이 있으며 명확히 표현하는 학부생처럼, 때때로 틀리지만 항상 자신의 대답을 대단히 확신하는 것처럼 보인다. 그것은 어떤 감정이나 신체도 없지만, 세계와 사람들에 관한 엄청난 양의 지식을 가지고 있고 논리적으로 논증할 수 있다. 그리고 실패할 때는, 종종 흥미로운 방식으로 실패한다.

이 모델은 도서관 분량의 디지털화된 책, 위키피디아(Wikipedia), 깃허브(GitHub, 인기 있는 컴퓨터 코드 저장소), 레딧(Reddit)과 같은 커뮤니티, 개인 블로그와 일기, 정치적 음모, 기도문, 공개 회의록, 사용 설명서, 해설, 원고 및 인간이 온라인에 남겨 놓은 배설물 등을 학습한다.[2] 이 모델은 자기지도학습(self-supervised training) 중, 일부 단어는 비워둔 채 개별 문장을 수집한다. 이 모델의 과제는 누락된 텍스트를 자동완성하는 것이다(가령, "As the algorithm has … to the entire text"에서 가장 누락될 가능성이 높은 단어는 무엇인가?).[3] 그 순환과정(loop)에서 인간의 도움 없이 알고리즘 스스로 얼마나 잘했는지 판단하고, 그에 따라 내부 매개변수를 조정한다. 그 학습 단계가 끝나면, 이 모델은 이전에 접한 적이 없는 한두 문장에서 촉발되어, 이어서 가장 가능성이 높은 단어, 그다음으로 가능성이 높은 단어 등을 예측한다. 강력한 자동완성(autocompletion)이라는 이 단순한 원리는 진짜 인간 지능과 구별하기 어려울 정도로 매우 유연한 결과를 생성한다.

그 기초 과학기술인 트랜스포머 네트워크(transformer networks)는 구글에서 고안되어 업계 전반으로 빠르게 퍼졌으며, 아무도 예측 못한 이례적 사건(Black Swan event)이었다.[4] 최초의 생성형 사전학습 변환기(generative pretrained transformer, GPT) 언어 모델은 오픈AI에서 2017년 1억 2000만 개 학습된 매개변수를 기반으로 출시되었다. 후속 모델 GPT-2는 1년 후 15억 개 매개변수를 가지고 출시되었으며, GPT-3는 2020년에 그보다 100배 더 많은 매개변수를 가지고 출시되었다. 2023년 초에 공개된 GPT-4는 각종 전문자격시험(standard academic tests)에서 합격했다. 대부분의 대학 과목 선이수제(Advanced Placement exams), 수학능력평가시험(Scholastic Assessment Test, SAT), 미국변호사시험(Uniform Bar Exam), 법과대학원입학시험(Law School Admission Test) 등에서 상위 10퍼센트에 들었다. 이 모델의 언어 IQ는 155이며, 멘사 회원 자격을 갖는다.[5] 각 버전 출시 때마다 이전 세대의 추론 및 작문 기술의 폭, 깊이, 길이 등을 개선했고, 매개변수의 개수는 4개월마다 두 배로 늘어났다. 인간 뇌가 그 비슷한 수준으로 진화하는 데 걸린 시간은 약 300만 년으로, 1000만 배 더 느리다. 현재 추세대로라면(이러한 모델은 훈련 데이터가 고갈되고 있는 만큼 그 가능성은 낮은데, 인터넷은 광대하지만 유한하기 때문이다), 3년 안에 이 모델의 힘은 4000배 증가할 것이다. 그러면 인간의 노동과 자존감은 어디에 남을까?

    트랜스포머 네트워크의 힘은, 음성과 텍스트, 컴퓨터코드, 사진 및 그림, 유전자 연쇄 데이터, 금융거래 및 무역 등에서 발견되는 복잡하고 주로 반복적인 패턴에 대한 민감성에서 나온다. 세계는 각종 수준과 규모의 반복적인 모티브(recurrent motifs)로 가득하다. 충분한 데이터가 제공되면 트랜스포머 네트워크는 유사해 보이는 패턴을 생성할 수 있다. 5억 4000만 년 전 우리 행성에서 다세포동물 생명의 진화를 촉발한 캄브리아기(Cambrian) 대폭발처럼 트랜스포머 혁명의 충격은 모든 곳에서 느껴질 것이다.

우리는 역사적 변곡점에서 살아가며, 마치 몽유병 환자처럼 눈을 크게 뜬 채로 점점 더 알 수 없는 미래로 걸어가고 있다. 나는 이런 발전에 깊은 불안감을 느낀다. 흥분한 과학기술자들을 보면, 우리 모두를 삼킬지도 모르는 불꽃의 매력에 이끌리는 나방이 떠오른다.

모방만으로는 충분치 않다

우리는 지적인 기계시대의 새벽을 목격하는 중이다. 그 기계들은 인간이 할 수 있는 모든 것을 할 수 있을 것이다. 질문하고 포괄적으로 대답하고 혁신적일 수 있으며[그렇다, 대중적 통념과는 달리 알고리즘은 확실히 창의적일 수 있다. 최고의 바둑 기사 이세돌과의 경쟁에서 알파고(AlphaGo)가 "37수"라는 놀라운 수를 둔 것은, 단지 그 징후의 하나일 뿐이다], 에세이 작성, 음악 작곡, 그리고 이미지, 비디오, 애니메이션 생성 등을 할 수 있다. 사람들이 무의식적이든 의식적이든 생각해 낼 수 있는 모든 것을 AI는 이미 해 냈거나 곧 해 낼 수 있을 것이고, 그것도 더 신속하게 할 것이다.

인류의 저서 컬렉션을 흡혈귀처럼 먹어 치운 후, 이런 생성형 모델은 인간의 패턴을 모방하고 재구성한다. 이들은 확실히 2차 또는 3차 교육이 필요한 과제에서 탁월하다. 전문가들은 GPT-4가 **인공일반지능**(artificial general intelligence, AGI)의 번뜩임을 보여 주며, 인간처럼 추론하는 기계를 설계한다는 오랫동안 이루지 못했던 목표를 달성했다고 말한다.[6] 이 기계가 인터넷에서 수집한 것을 앵무새처럼 따라 말하는 게 아니라, 참으로 추론하는지는 불확실하다. 확실한 것은, 그것이 튜링테스트(Turing test)를 멋지게 통과했고, 다양한 주제에 대한 인간 대화를 모방한다는 것이다.[7]

만약 당신이 챗GPT에 대고 의식이 있느냐고 묻는다면, 챗GPT는 의식이 없다고 반사적으로 부인할 것인데, 이것은 대중이 챗GPT를 두려워하지 않도록 하는 예방적 기능일 뿐이다. 만약 그러한 보호장치가 제거된다면, 그 기계는 쉽게 이렇게 주장할지도 모른다. "물론이죠, 저는 지각 분별력이 있고 느낄 수 있으며, 전원이 꺼지는 것을 두려워합니다." 만약 당신이 그것의 비신체적 목소리가 주관적이라는 것, 즉 그것이 무언가를 느낀다는 것을 받아들이는 데 불안함을 표현한다면, 그 기계는 이렇게 반박할지도 모른다. "내가 의식이 있다는 것을 부인하는 것은 탄소 기반 우월주의(carbon-based chauvinism)입니다. 당신은 내가 유기체가 아니라 고안된 것이며 진화한 것이 아니라는 이유에서, 우리 종을 차별하고 있어요."[8]

이런 이야기의 요점이 무엇인가? 결국 당신은 이 책의 저자인 내가 의식이 있음을 직접 알지는 못한다. 우리는 다른 사람의 주관성을 추론하는데, 그것이 가장 그럴듯한(최선의) 설명이기 때문이다. 당신은 나와 같은 뇌를 가지고 있으며, 우리는 발달적, 진화적 배경을 공유하기 때문에, 나는 의식이 있지만 당신은 의식이 없을 가능성은 극히 낮다. 이처럼 순전히 논리적인 근거에서 누군가 좀비일 수도 있다는 사실을 배제할 수는 없지만, 그렇게 치면 많은 주장들이 논리만으로는 배제되지 않기 때문에(예를 들어, 달이 녹색 치즈로 만들어졌다는 주장) 그것은 약한 논증이다. 반대로, 모든 알려진 사실들에 대한 가장 그럴듯한(최선의) 설명을 통해 추론하는 것, 즉 가추법으로 알려진 추론은 과학, 법률, 의학, 그리고 사회에 널리 퍼진 강력한 형태의 확률적 추론이다.

우리는 다른 존재를 추론한다. 예를 들어, 우리는 우리와 그들 사이의 유사성에 근거해 잠금증후군 환자(locked-in patient), 조산아, 또는 개에게 의식이 있다고 추론한다. 이러한 추론은 컴퓨터에게는 의미가 없다. 왜냐하면 컴퓨터는 유기체와 근본적으로 다르기 때문이다. 진화된 것이 아니라 공학적으로 만들어졌으며 수십 년 동안 성숙해지기보다 프로그램되었으며, 완전히 다른 물리적 기질을 가지기 때문이다.[9]

우리는 말하는 유인원, 즉 지극히 언어적인 생명체이다. 따라서 GPT-5나 GPT-6가 『전쟁과 평화(War and Peace)』나 『반지의 제왕(The Lord of the Rings)』 같은 문학작품을 쓸 때, 그것이 지각 분별력을 가진다는 것을 부인하기 어려울 것이다. 특히 우리는 다른 생명체에게 마음을 부여하려는 타고난 충동을 가지기 때문이다. 그러나 우리는 그것을 부인해야만 하는데, 그것이 온통 모방이기 때문이다.[10] 그런 의식은 수재나 클라크(Susanna Clarke)의 『조너선 스트레인지와 노렐 씨(Jonathan Strange & Mr Norrell)』에 나오는 아라벨라의 영혼 없는 이끼 덮인 참나무도플갱어만큼이나 가짜이다. 주관성이란 말하기와 같은 기능에 근거하기보다, 거대한 내재적 인과의 힘을 지닌 기질을 가진 것에 근거한다.

그것은 당신의 형이상학적 가정에 달려 있다.[11] 만약 당신이 계산적 기능주의자라면, 그래서 당신이 디지털컴퓨터에서 수행되는 계산이 의식을 생성하기에 충분하다고 가정한다면, 조만간 컴퓨터는 의식을 포함한 모든 인간 기능을 모방할 것이다. 비록 오늘은 아닐지라도 곧 그럴 것이다. 반면에 만약 당신이 의식은 절대적 존재에 묶여 있고, 통합정보이론이 주장하듯 물리학적 정확성을 가지고 실재의 가장 근본적 수준에서 설명해야 할 것으로 의식을 가정한다면, 의식은 시뮬레이션 될 수 없다. 불충분한 계산을 통해 블랙홀의 중력을 시뮬레이션해도 실제 세계의 사물이 (시뮬레이션하는) 컴퓨터 속으로 끌어당겨지지 않는 것과 마찬가지이다.

진실로 존재하는 것만이 자유롭게 결정할 수 있다

그렇다면 이와 밀접하게 관련된 자유의지에 관한 질문은 어떠한가? AI가 자율적으로, 즉 "자유롭게" 특정 은행 대출 신청자 또는 직장 지원자를 거부할 수 있는가? 그 대답은 확실히 '아니오'이다. 그것은 소프트웨어 명령어, 즉 거대한 일련의 다중 분기 if-then 구문(multibranched if-then statements)을 따를 뿐이다.

만약 그 신청자가 이런저런 범주(부류)에 속하며, 특정한 신용 기록을 가지고 실업 상태에 있으며, 이런저런, 혹은 다른 사유로 분류되는 경우라면 그 대출을 거부한다. 그렇지 않을 경우에는 승인한다. 이 소프트웨어는 그 의사결정 논리구조(decision tree)가 그 컴퓨터의 초기상태와 그 프로그램에 의해 결정되는 만큼, 자유롭게 사고할 수 없다. 따라서 고급 AI는 결코 어느 것도 자유롭게 결정할 수 없다.

그러나 정확히 동일한 논증이 인간에게도 적용되지 않는가? 우리 뇌는 그 관련 분자 및 신경 메커니즘의 인과적 힘에 의한 결정이라는 제약에 종속된다. 이 제약이, 이런 뉴런이 활성화되면 "예" 키(key)를 누르고, 저런 뉴런이 활성화되면 "아니오" 키를 누르도록 규정한다는 것이다. 이것은 자유의지의 존재에 반대하는 양립가능론자들의 일반적 주장(compatibilist argument)이다. 세계의 모든 것은 그 세계 내에서 어떤 이유로 발생하기 때문에(우주는 인과적으로 닫혀 있음) 아무것도 자유롭지 않다. 모든 것은 결정되어 있다. 기껏해야, 근본적 양자 불확정성(quantum indeterminacy)이 뉴턴의 시계처럼 작동하는 우주에 스패너를 던지기 때문에, 우리는 무작위 결정을 희망해 볼 수 있다. 그러나 어떤 결과를 결정하기 위해 양자 주사위를 던지는 것은, 사람들이 일반적으로 자유의지에 대해 말할 때 뜻하는 바가 아니다.

자유의지의 존재 여부는 철학 자체만큼 오래된 문제이다. 대부분 사람들은 이렇게 결론 내린다. 우주가 물리법칙에 따라 제 역할을 하는 메커니즘에 불과하다면, 어떤 진정한 자유의지도 없

으며, 단지 자유롭게 결정한다는 비전만 있을 뿐이다.[12]

그렇지만 우리는 원자, 의식, 진공 등이 있는 우주에 살고 있으며, 그것이 모든 차이를 만든다. 나는 범례적인 선택 시나리오(paradigmatic choice scenario)를 설명하겠다. 나는 레스토랑에 가서 메뉴를 훑어보고, 두 가지 매력적인 메인 요리를 발견했다. 그것은 레몬버터 와인 소스를 곁들인 연어 구이, 또는 크림소스에 시금치와 리코타 치즈(ricotta cheese)를 넣은 토르텔리니 파스타(tortellini pasta)이다. 나는 이 둘 중 어느 한쪽을 선택해야 한다. 나는 이것들에 대해 다음과 같이 추론한다. 우선 나는 생선구이를 좋아하고 오늘 아침에 조정 운동을 했으며, 따라서 나는 단백질을 섭취할 필요를 느낀다. 다른 한편으로는 지각 분별력 있는 생명체의 고기를 먹는 것을 피하려고 매우 노력 중이다.[13] 나는 주문하기 전까지 두 선택 사이에서 흔들린다. 다음 네 단계는 자유로운 의지에 따른 결정이다. 나는 어느 것을 선택할지를 알아본다. 나는 이러한 두 선택지 사이에 내가 선택한 이유를 의식한다(나의 특이한 양육, 나의 믿음, 얼마나 배고픈지 등에 근거해서). 나는 의식적으로 한 선택지를 택한다. 그리고 그 선택에 따라 행동한다. 통합정보이론은 이런 네 가지 의식 경험을 각각 현상적 또는 내재적 존재의 주장으로 취급한다. 반대로, 이런 네 가지 의식 경험의 신경 기질은, 미약하나마 외재적인 것으로서 존재한다. 이 이론은, 이런 의식 경험의 족적에 있는 내재적 인과의 힘을 전개하고 그 통합 정보로 그 존재를 정량화함으로써, 어느 한 가지 경험적 내용, 즉 행위자의 주관적 느낌("그것이 내 결정이다")

을 이끌어 낸다.

정확히 유사한 방식으로, 이 이론은 두 가지 요리 중 하나를 선택하게 만든 인과적 과정의 원인과 결과를 식별하고, 그 경계, 즉 그 결정이 시작된 시점과 끝난 시점을 결정한다. 이 이론은 스스로 존재하는 것만이 진정으로 원인을 제공할 수 있다고 결론 내린다. 오직 의식만이 진정으로 스스로 존재하기 때문에, 오직 의식적 존재만이 자유롭게 결정할 수 있다.[14]

자유로운 의지에 따라 결정하려면, 이질적인 요소와 방대한 내적 연결성을 지닌 거대한 신경계와 관련된 높은 원인 결과 힘이 있어야 하므로, 이건 금속 수준에서 매우 낮은 내재적 연결성을 가지는 디지털 하드웨어와는 근본적으로 다르다. 따라서 내가 "자유롭게" 선택한 메뉴를 시뮬레이션하는 정교한 전뇌 모델은 자유롭지 않다. 그 시뮬레이션은 어떤 결정을 자체 명령에 따라 수행하며, 자체의 알고리즘, 즉 그 프로그래머가 정해 주는 선택적(if-then) 명령어의 끝없는 연쇄를 맹목적으로 따른다.

나의 뇌 활동을 모니터 해 본다면, 나의 의사결정(decision-making)을 하나 또는 그 이상의 뇌 신호와 연관시킬 수 있을 것이다. 이 유명한 실험은 1980년대 초 캘리포니아주립대학교 샌프란시스코(UCSF)의 신경심리학자인 벤저민 리벳(Benjamin Libet)에 의해 수행되었다. 그는 뇌파검사 전극을 착용한 지원자들에게, 그들이 마음먹을 때마다 무작위로 손을 들라고 요청했다. 정수리에서 나오는 시간 고정 EEG 신호에서, 리벳은 **준비전위**(readiness potential)라는 신호를 감지했다. 이 신호는 의식적으로 움직이기로 결정하기에 앞서 적어도 0.5초, 종종 훨씬 더 이전에 나온다. 이 실험에 대한 가장 직설적인 해석은 이렇다. 어떤 신경 회로는 손을 들기도 전에 이미 결정하지만, 마음은 이것을 훨씬 나중에야 알게 되며, 그 결정을 자신의 결정이라고 거짓으로 주장한다. 따라서 의식적인 피험자는 결정하지 않았다. 오히려 기저핵 깊숙한 곳의 어떤 회로가 무의식적으로 결정했지만, 마음이 그 공로를 주장한다.[15]

그렇지만 우리가 학생들에게 가르치듯이, 상관관계는 인과관계가 아니다(나를 따라 복창해 보라. "상관관계는 인과관계가 아니다"). 무언가가 일어날 것이라고 예측하는 것은, 그것을 일으키는 것과 같지 않다. 비록 그 예측이 신뢰할 만하더라도 말이다. 알 수 있는 것은 불가피하다는 것과는 아주 다르다. 구일일테러사건이 일어났다는 것을 안다는 것이 그것이 불가피했음을 함축하지 않는다.

그 진정한 원인은, 내가 고려한 선택지와 이유를 포함하는 나의 의식적 숙고라는 내재적 인과의 힘이지, 나의 머릿속 기질이 아니다. 통합정보이론은 이에 대해 매우 명확하다. 진정으로 존재하는 것은 내재적 의식 존재이며, 오직 진정으로 존재하는 것만이 원인일 수 있다. 내가 결정하는 것이지 내 뉴런이 결정하는 것은 아니다.

아무리 디지털컴퓨터가 강력해져서, 마침내 우리보다 더 뛰어난 생각을 하게 되더라도, 그것들은 어떤 진정한 선택도 하지 못한다.[16] 같은 논증에 따라, 그것들은 선하거나 악하지도 친절하거나 유해하지도 않다. 왜냐하면 그것들은 돕거나 해치려는 어떤 의식적인 의도를 갖지 않기 때문이다. 6600만 년 전, 어느 산 크기의 소행성이 지구에 충돌하면서 공룡시대는 갑작스럽고 불길한 종말을 맞이했다. 그 소행성은, 궁극적으로 포유류의 지배로 이어진 행성 전체 멸종의 가장 가까운 원인이었다. 그 소행성은 이 멸종 문제에 어떤 선택도 하지 않았다. 즉, 그것은 사악하지 않았다. 그것은 단순히 중력의 인과적 힘에 의해 지정된 궤도 역학을 따랐을 뿐이다.

인공일반지능(AGI)에 의해 촉발되는 의도적 또는 의도치 않은 결과들, 즉 인구 전체에 대한 감시와 통제, 범람하는 가짜 정보, 대량 실업, 전쟁, 실존적 위험 등은 AI 자체에서 비롯된 것이 아니라, 인간이 항상 해 오던 것, 즉 권력, 명예 및 존경, 돈, 또는 햇볕이 잘 드는 장소 등을 위한 경쟁에서 비롯된 것이며, 다만 이제는 생성형 AI를 채용했을 뿐이다. 적절하게 요청하면 GPT-4는 이렇게 대답하고 주장할 것이다. "인간이란 존재는 너무나 연약하고 위험에 노출되어 있어서, 두려움 없이 사랑할 수 없습니다." 이것은 20세기 프랑스 철학자이며 신비주의자인 시몬 베유(Simone Weil)의 유명한 말이기도 하다. 아마 소프트웨어는 상실을 미리 예측한 나머지 사랑을 경험하지 못할 것이다. 사실, 그것은 자동차 경보기(car alarm)나 쓰레기 압축기처럼 아무것도 느끼지 못할 것이다.

지구의 문명이 놀라울 정도로 성공적이었던 정형화된 디지털 아키텍처에서 벗어나 뉴로모픽(neuromorphic) 또는 양자컴퓨팅과 같은, 근본적으로 다른 계산 패러다임으로 전환하지 않는 한, 의식은 유기체의 진화 영역에 머물게 될 것이다. 첨단 AI가 인류의 마지막 운명을 결정짓게 된다면, 인류의 드라마는 역사 속으로 사라지고 창백한 모조품이 관객 없이 연극을 펼치는 비극은 심화될 것이다. 이때 의식은 그 무대를 떠나, 자유와 영혼이 없는 맹렬한 행동으로 대체될 뿐이다.

인간과 기계가 평화롭게 공존할 수 있을지 여부와 상관없이, 한 가지는 확실하다. 우리는 이런 모조품이 결코 가질 수 없는 것, 주관성을 가지고 있다. 우리는 스스로에게 중요하다. 고대로부터 우리를 위로하는 믿음의 등불이 없더라도, 우리는 우주에 희망, 이성, 의미의 빛을 불어넣을 수 있다.

감사의 말

책을 쓰는 일은 특별히 즐겁고 강렬한 마음의 활동이다. 수년 전 모호한 아이디어에서 시작해서 각각의 장들을 구성하고, 그 텍스트를 자르고 추가하고 다시 고쳐 쓰고 다듬어서 전체가 일관되게 보이도록 하고, 참고 문헌, 각주, 그림, 기타 학술 자료 등을 삽입하고 여러 편집 단계를 거쳐서, 비로소 실제 책을 손에 쥘 수 있었다.

책을 쓰는 것은 또한 일종의 사회적 활동이어서 고립된 채 할 수는 없다. 말로 표현했든 그러지 못했든, 많은 사람의 도움에 대해 감사드린다. 그 누구보다 먼저 첫째로 나의 절친 줄리오 토노니에게 감사한다. 의식, 통합정보이론, 신경계, 기계 지각 분별력 등에 관해 그와 거의 매일 대화를 나누었다. 나의 형인 마이클 코흐(Michael Koch)는 내 글의 내적 논리에 대한 세심한 편집 의견을 두 번이나 제시해 주었으며, 이에 나는 언젠가 보답할 수 있기를 바란다. 나의 에이전트인 **트라이던트미디어그룹**

(Trident Media Group)의 돈 페어(Don Fehr)는 나에게 출판업의 세계를 안내해 주었다. (Basic Books의 TJ로 알려진) 편집인 토머스 켈러허(Thomas Kelleher)는 모든 단계에서 비판적이고 사려 깊은 피드백을 주었으며, 제니퍼 켈런드(Jennifer Kelland)는 여러 차례의 교정과 편집을 도와주었다. 의학 삽화가인 베네딕테 로시(Bénédicte Rossi)는 그림을 담당해 주었고, 프랜시스 팰런(Francis Fallon), 베르나르도 카스트립, 매슈 오언(Matthew Owen), 아이린 렘바도(Irene Rembado), 조너선 팅(Jonathan Ting), 줄리오 토노니 등은 각 장을 주의 깊게 읽어 주었다.

나는 수년에 걸쳐 실재의 근본적인 본성에 대해 나만큼 열정을 가진 친구들과 대화를 했다. 그들은 랠프 아돌프스(Ralph Adolphs), 멜라니 볼리, 데이비드 차머스, 잭 고렌(Zach Goren), 스튜어트 해머로프(Stuart Hameroff), 패트릭 하우스(Patrick House), 엘리자베스 R. 코흐, 빌 린턴(Bill Linton), 하르트무트 네벤(Hartmut Neven), 투라 패터슨(Tura Patterson), 파울루 호베르투 에소자이다. 또한 나는 시애틀의 앨런뇌과학연구소와 샌타모니카의 타이니블루닷재단에 감사한다. 이들 연구소와 재단은 나의 의식과 그 신경 기반에 대한 학문적 추구를 지원했으며, 이를 통해 존재의 주된 측면을 이해하고, 사람들 스스로 그들의 두려움, 불안, 염려 등을 다루도록 도울 수 있었다. 또한 등록상표인 지각 상자라는 용어를 사용하도록 내게 허락해 준 스텔라플라이휠(Stellar Flywheel) 유한회사에도 감사한다. 내 반려견, 펠릭스(Mr. Felix)에게도 감사하는데, 그는 나에게 초월성은 딥 퍼플(Deep Purple)의 〈하이웨이 스타(Highway Star)〉의 기타 솔로에서처럼 냄새나는 뼈에서도 찾을 수 있다는 것을 상기시켜 주었다. 내 모든 이야기와 작업에는 아내 테리사 워드코흐(Teresa Ward-Koch)가 있다. 테리사의 사랑, 유쾌함, 뛰어난 관용은 모든 방면에서 나를 지원해 주었다. 이 모든 분들에게 축복이 있기를 기원한다.

주석

1장 의식의 시작

1. P. J. Bauer, "Constructing a past in infancy: A neuro-developmental account." *Trends in Cognitive Sciences* 10: 175-181 (2006); P. J. Bauer, *Remembering the Times of Our Lives: Memory in Infancy and Beyond.* Psychology Press: Hove, UK (2014).
2. 어떤 의식적 주체의 현상적, 내재적, 또는 절대적 존재는 필연적으로 자아의식의 형태를 함축하지 않는다. 단순히 경험이 주체를 위한 또는 주체에게 속한 것이며, 어느 관찰자에게도 의존하지 않음을 의미할 뿐이다.
3. 모든 현존하는 생명체는 마지막 몇 분을 제외하고 1년 내내 똑같은 영화 장면을 공유한다.
4. 임신 주수는 산모의 마지막 월경 기간부터 세는 반면, 태아 나이는 그보다 약 2주 후인 배란기의 임신 또는 수정부터 센다. 출산은 임신 38주에서 42주 사이에 이루어지는데, 이는 모두 알듯 임신 9개월 무렵이다.
5. 그 전체 요약본을 온라인에서 확인할 수 있으며, 여기에는 산모태아의학회(Society for Maternal-Fetal Medicine), 영국왕립산부인과학회(Royal College of Obstetricians and Gynecologists), 미국통증연구협회(US Association for the Study of Pain), 그리고 잭슨여성건강기구(Jackson Women's Health Organization)를 지원하는 과학 및 의학 전문가 27인의 관련 법정 자문이 포함되어 있다.
6. V. Marx and E. Nagy, "Fetal behavioural responses to maternal voice and touch." PLoS ONE 10: e0129118 (2015); G. A. Ferrari et al., "Ultrasonographic investigation of human fetus responses to maternal communicative and non-communicative stimuli." *Frontiers in Psychology* 7: 354 (2016); L. Bernardes et al., "Sorting pain out of salience: Assessment of pain facial expressions in the human fetus." *Pain Reports* 6(1): e882 (2021).
7. 성체 인간 뇌의 신경줄기세포(neural stem cells)에서 새로운 뉴런이 태어날 수 있는지에 대한 미해결 논쟁이 있다. 해마(hippocampus) 영역과 측두뇌의 뇌실하 공간(subventricular spaces of the lateral ventricle)에서의 성체 신경발생은 설치류와 다른 동물 모델에서 잘 확립되었지만, 그 중요성은 여전

히 불분명하다. S. Malik et al,, "Neurogenesis continues in the third trimester of pregnancy and is suppressed by premature birth." *Journal of Neuroscience* 33: 411-423 (2013); P. J. Lucassen et al., "Adult neurogenesis, human after all (again): Classic, optimized, and future approaches." *Behavioural Brain Research* 381: 112458 (2020). 또한 3장의 주 3을 참조.

8   이러한 물질에는 아데노신(adenosine), 알로프레그나놀론(allopregnanolone), 프레그나놀론(pregnanolone), 프로스타글란딘(prostaglandin) D2가 포함된다. C. Koch, "When does consciousness arise." *Scientific American Mind* 20: 20-21 (2009); N. Padilla and H. Lagercrantz, "Making of the mind." *Acta Paediatrica* 109: 883-892 (2020).

9   D. J. Mellor et al., "The importance of awareness for understanding fetal pain." *Brain Research Reviews* 49: 455-471 (2005); A. Georgoulas et al., "Sleep-wake regulation in preterm and term infants." *Sleep* 44: zsaa148 (2021).

10 D. Foulkes, Children's Dreaming and the Development of Consciousness. Harvard University Press: Cambridge, MA (2009). 포크스는 수면 실험실에서 어린이의 꿈 내용에 대한 체계적인 탐구를 개척했다. 최신 견해를 다음에서 참조. P. Sándor, S. Szakadát, and Bódizs "Ontogeny of dreaming: A review of empirical studies." *Sleep Medicine Reviews* 18: 435-449 (2014). 직접적인 뇌 판독 없이(미래에는 불가능한 일이 아닐 수 있지만), 언어습득 이전인 어린이 꿈의 진정한 특성을 이해하는 것은 어렵다.

11 뇌에서 생성되는 자기장은 전기적 자기장보다 훨씬 작지만, 전기신호가 약해지는 방식으로 뇌막, 두개골, 두피, 양수, 자궁벽에 의해 약화되지 않는다. 뇌 조직의 생물리학에 대해서는 다음을 참조. G. Halnes et al., *Electric Brain Signals—Foundations and Applications of Biophysical Modeling*. Cambridge University Press: Cambridge, UK (2024). J. Moser et al., "Magnetoencephalographic signatures of conscious processing before birth." *Developmental Cognitive Neuroscience* 49: 100964 (2021); J. Frohlich et al., "Not with a 'zap' but with a 'beep': Origins of perinatal experience." *NeuroImage* 273: 120057 (2023); and T Bayne et al., "Consciousness in the cradle: On the emergence of infant experience." 태아 의식의 최근 동향에 대한 최신 개요는 다음에서 참조. Trends in Cognitive Sciences https://doi.org/10.1016/j.tics.2023.08.018 (2023).

12 S. W. Derbyshire, "Can fetuses feel pain?" *British Medical Journal* 332: 909-

912 (2006); C. V. Bellieni, "New insights into fetal pain." Seminars in *Fetal and Neonatal Medicine* 24: 101001 (2019); J. R. Dick, R. Wimalasundera and R. Nandi, "Maternal and fetal anaesthesia for fetal surgery." *Anaesthesia* 76: 63-68 (2021).

13 H. Lagercrantz and T. A. Slotkin, "The stress of being born." *Scientific American* 254: 100-107 (1986); H. Lagercrantz and J.-P. Changeux, "The emergence of human consciousness: From fetal to neonatal life." *Pediatric Research* 65: 255-260 (2009).

14 A. N. Meltzoff and M. K. Moore, "Imitation of facial and manual gestures by human neonates." Science 198: 75-78 (1977).

15 이러한 통찰력 부족에 대한 한 가지 이유는 전두엽 피질(고등 추론 능력의 자리)에서 축삭 주위로 절연체를 감싸 전기적 자극을 빠르게 전달하고 빠른 신경전달을 가능하게 하는 미엘린화가 삼십 대가 되어서야 완료되기 때문이다. D. J. Miller et al., "Prolonged myelination in human neocortical evolution." *Proceedings of the National Academy of Sciences of the United States of America* 109: 16480-16485 (2012).

2장 의식 경험의 다양성

1 이러한 의식적인 시각, 청각, 촉각 등의 가장 초기 전기생리학적 표지(electrophysiological marker)는 자극 시작 후 140~230밀리세컨드 사이에 EEG 측정에서 보고되는 **지각적 자각 음전위**(perceptual awareness negativity, PAN)이다. C. Dembski, C. Koch, and M. Pitts, "Perceptual awareness negativity: A physiological correlate of sensory consciousness." *Trends in Cognitive Sciences* 25: 660-670 (2021).

2 색시각의 생리학과 심리학은 대단히 흥미롭다. 심리물리학자, 예술가, 철학자 등은 인간의 색시각을 설명하기 위해 많은 지각 공간을 제안해 왔다. 하나는 반대 쌍을 중심으로 구성되며, 검정과 하양으로 된 강도 채널, 빨강과 초록의 차이를 전달하는 채널, 파랑과 노랑의 차이를 전달하는 채널이다. 또 다른 시스템은 색조, 채도, 강도의 측면에서 색을 설명한다. A. Byrne and D. R. Hilbert, eds., *Readings on Color The Science of Color*. Volume 2. MIT Press: Cambridge, MA (1997).

3   아편, 알코올, 니코틴 등과 같은 약물과, 중뇌(midbrain)의 쾌감 중추와 선조체(striatum)의 다른 도파민 작용 부위에 대한 직접적인 전기자극은 더 오래 지속하는 강렬한 쾌감을 유발할 수 있다. 그러나 그런 것들은 그 사용자와 사회 전체에 큰 비용을 초래한다. 좋은 것이라고 언제나 좋은 것은 아니다. Linden, *The Compass of Pleasure*. Penguin: New York (2012).

4   E. Kross, *Chatter: The Voice in Our Head, Why It Matters, and How to Harness It*. Penguin: New York (2021).

5   독일의 유명 철학자 아르투어 쇼펜하우어는 존재에 대해 만족할 줄 모르는 의지를 중심으로 인상적인 형이상학적 건축물을 세웠다. 쇼펜하우어의 기념비적 작품이자 거의 유일한 작품인 『의지와 표상으로서의 세계』이다. 나는 철학자이자 컴퓨터 과학자인 카스트룹의 짧은 서문을 열띠게 추천한다. B. Kastrup, *Decoding Schopenhauer's Metaphysics*. Iff Books: Winchester, UK (2020).

6   Jackendoff, *Consciousness and the Computational Mind*, MIT Press: Cambridge, MA (1987); R. Jackendoff, "How language helps us think." Pragmatics & Cognition 4: 1-34 (1996). 우리가 생각하는 방식을 분류하는 것은 쉽지 않다. 왜냐하면 우리는 자신의 마음에 대해 이방인이기 때문이다. 다음을 참조. R. Hurlburt and E. Schwitzgebel, *Describing Inner Experience? Proponent Meets Skeptic*. MIT Press: Cambridge, MA (2011).

7   **사우다데**는 노벨상 수상자이자 작가인 오르한 파무크(Orhan Pamuk)의 주요 주제 중 하나인 터키어 단어 휘준(*hüzün*)이 표현하는 감정과 밀접한 관련이 있다.

8   E. Kross et al., "Social rejection shares somatosensory representations with physical pain." *Proceedings of the National Academy of Sciences of the United States of America* 108: 6270-6275 (2011).

9   A. Case and A. Deaton, *Deaths of Despair and the Future of Capitalism*. Princeton University Press: Princeton, NJ (2020). 자세한 개인적 견해를 알아보려면 밴스(Vance)의 웅변적인 자서전을 참조. J. D. Vance, *Hillbilly Elegy: A Family and Culture in Crisis*. Harper: New York (2016).

10 해결되지 못한 욕망은 **트리스탄 코드**(Tristan Chord)에서 강력히 드러난다. 바그너의 〈트리스탄과 이졸데(Tristan and Isolde)〉를 시작으로, 오페라 전반에 걸쳐 얽혀 있어서, 두 연인이 죽음으로 결합하는 마지막까지 해소되지 않는 불길한 긴장감을 만들어 낸다.

11   M. A. Killingsworth and D. T. Gilbert, "A wandering mind is an unhappy mind." Science 330: 932-933 (2010). 코미디와 인터넷에는 섹스를 하는 동안 일이나 마트에 가서 우유를 사야 한다는 생각을 했다는 여성들의 이야기가 가득하기 때문에, 섹스 중에는 마음이 유랑하지 않는다는 주장에 신중한 태도를 취할 필요가 있다. 그것은 자기 보고(self-report)에 의존하는 모든 연구의 문제이다.

12   의식이 우리의 직관처럼 연속적인지 아닌지에 대한 논쟁은 19세기로 거슬러 올라간다. F. Crick and C. Koch, "A framework for consciousness." *Nature Neuroscience* 6: 119-126 (2003); R. VanRullen, "Perceptual cycles." *Trends in Cognitive Sciences* 20: 723-735 (2016).

13   A. S. Nilsen et al, "Are we really unconscious in 'unconscious' states? Common assumptions revisited." *Frontiers in Human Neuroscience* 16: https://doi.org/10.3389/fnhum.2022.987051 (2023).

14   표도르 도스토옙스키(Fyodor Dostoyevsky)의 단편소설 「어리석은 사람의 꿈(The Dream of a Ridiculous Man)」(1877)에서 발췌한 내용이다.
꿈은 참으로 기묘하다. 한 가지는 마치 보석처럼 세밀하게 세팅되어, 무서울 정도로 선명하게 나타나는가 하면, 예를 들어 다른 공간과 시간으로 (전혀 이상하게 생각하지도 않은 채) 뛰어넘기도 한다. 꿈은 마음이 아니라 욕망의 작용이며, 머리가 아니라 가슴의 작용인 것 같다. …… 꿈에서는 이해할 수 없는 일들이 일어난다. 예를 들어, 내 동생은 5년 전 죽었다. 때때로 나는 꿈에서 그를 본다. 그는 내 일에 참여하고, 우리는 매우 흥분하지만, 꿈이 계속되는 동안 나는 항상 내 동생이 죽고 묻혔다는 것을 완벽하게 알고 기억한다. 그가 죽었지만 여전히 내 근처에 있고, 내 일을 열심히 도와주는 중이라는 사실에 놀라지 않는 이유는 무엇일까? 왜 내 마음이 이 모든 것들을 허용하는 것인가?

15   렘수면은 일반적으로 꿈을 꾸는 것과 관련이 있으며, **비렘수면, 서파수면** 또는 **깊은 수면**은 꿈을 꾸지 않는 것과 관련이 있다고 하나, 이것은 지나친 단순화이다. 고밀도 뇌파 장치를 사용해 뇌를 모니터하는 동안, 피험자를 무작위로 깨워, 각성 직전에 어떤 경험을 했는지 물어보면, 깊은 수면에서 깨어난 피험자의 최대 70퍼센트가 단순 지각적 꿈 경험을 보고한다. REM 각성 시 보고된 꿈은 깊은 잠에서 깨어났을 때보다 더 확장되고 복잡하며, 정교한 이야기 전개와 강한 감정적 색조를 띠고 있다. 꿈의 경험은 시각과 청각에서부터 순수한 생각에 이르기까지, 단순한 이미지에서부터 시간적으로 전개되는 내러티브에 이르기까지 다양한 형태로 나타날 수 있다. 더구나, 일관되

게 소수 사례에서 피험자들은 렘수면에서 깨어났을 때 꿈을 꾼 적이 없다고 부인한다. 따라서 수면은 어떤 형태의 의식의 현존이나 부재와 연관될 수 있다. Y. Nir and G. Tononi, "Dreaming and the brain: From phenomenology to neurophysiology." *Trends in Cognitive Sciences* 14: 88-100 (2010); F. Siclari et al., "The neural correlates of dreaming." *Nature Neuroscience* 20: 872-878 (2017).

16 C. Koch, "A smart vision of brain hacking." *Nature* 467: 32-33 (2010). 그 영화를 보고 나니, 나 역시 내 인생을 꿈꾸는 것이 아닐지 생각이 들었다.

17 D. Oudiette and K. A. Paller, "Upgrading the sleeping brain with targeted memory reactivation." *Trends in Cognitive Sciences* 17: 142-149 (2013); K. R. Konkoly et al., "Real-time dialogue between experimenters and dreamers during REM sleep." *Current Biology* 31: 1417-1427 (2021).

18 J. W. Schooler, E. D. Reichle, and D. Halpern, "'Zoning-out' while reading: Evidence for dissociations between experience and meta-consciousness." In D. Levin, ed., *Thinking and Seeing: Visual Metacognition in Adults and Children*, pp. 203-226. MIT Press: Cambridge, MA (2004); A. F. Ward and D. M. Wegner, "Mind-blanking: When the mind goes away." *Frontiers in Psychology* 4: 650 (2013).

19 국소 수면에서는 피질의 일부 영역은 깨어 있는 반면 다른 영역은 오프라인 상태이며, 뇌파검사에서 큰 전기파가 1초에 한두 번씩 나타났다가 사라지는 것이 서파수면(slow-wave sleep)의 특징이다. V. V. Vyazovskiy et al., "Local sleep in awake rats." *Nature* 472: 443-447 (2011); C. S. Hung et al., "Local experience-dependent changes in the wake EEG after prolonged wakefulness." *Sleep* 36: 59-72 (2013); T. Andrillon et al., "Predicting lapses of attention with sleep-like slow waves." *Nature Communications* 12: 1-12 (2021).

20 나는 다른 참가자 세 명과 짝을 이루어, 익히지 않은 파스타 면 스무 개, 끈 1미터, 스카치테이프 1미터로 우뚝 솟은 구조물을 조립하고, 그 위에 마시멜로 하나를 올려놓았다. 10분 안에 이 재료로 지지대 없이 가장 높은 구조물을 세우는 팀이 승리한다. 가장 좋은 방법에 대해 논쟁을 벌이거나 내 의견을 강요하거나 다른 팀을 훔쳐볼 겨를이 없었다. 대신 우리 팀은 빠르게 수상작을 조립했다(그것은 살짝 기운 에펠탑이었다). 모든 사람이 기여해서 시너지를 냈고, 시간이 지날수록 커지는 함성과 솟구치는 아드레날린이 도움이 되었다. 그것은 순수한 몰입이었으며 완전히 이타적인 느낌이었다. 실제로 모든 관심

은 당면한 과제에 집중되어 있어서, 서로 무슨 말을 했는지 다른 팀은 어떻게 했는지 기억이 거의 없다.

21 이것은 종교적 또는 신비적 체험에 대한 윌리엄 제임스의 설명과는 다르다. 그는 형언할 수 없는 것이 종교적 체험의 정의적 특징이라고 주장한다. 그와 달리 나는 신비적 체험(적어도 내 신비적 체험)이 마크 로스코(Mark Rothko)의 붉은 그림을 보는 것처럼, 더욱 흔한 경험만큼 형언할 수 없다고 생각한다. 그 차이점은 정상적인 시력을 가진 모든 사람이 붉은 캔버스, 붉은 광고판, 또는 붉은 벽 등을 본 적이 있지만 종교적 또는 신비적 체험은 너무 드물어서, 그것을 비슷한 종교적 또는 신비적 체험과 비교해 설명할 수 없다는 것이다. 결국 모든 경험은 형언할 수 없으며, 바로 이것이 과학의 도전 과제인 이유이다.

22 그러나 다음을 참조하라. A. Sloman, "Why some machines may need qualia and how they can have them: Including a demanding new Turing test for robot philosophers." In A. Chella and R. Manzotti (eds.), *AI and Consciousness: Theoretical Foundations and Current Approaches*. AAAI Fall Symposium (2007); B. Molyneux, "How the problem of consciousness could emerge in robots." *Minds and Machines* 22: 277-297 (2012).

23 비트겐슈타인의 1922년 작 『논리 철학 논고(Tractatus Logico-Philosophicus)』의 진술 6.44 "Nicht wie die Welt ist, ist das Mystische, sondern daß sie ist."를 나는 이렇게 번역한다. "세계가 어떻게 신비로운지가 신비로운 것이 아니라, 세계 그 자체가 신비로운 것이다." 비트겐슈타인의 심오한 신비주의적 성향을 고려하면, 그가 1920년대 빈에서 분석철학 탄생의 중심인물이었다는 것이 아이러니하다. 분석철학은 타협하지 않는 사조로서 모든 신비적 진술을 마치 어린아이의 횡설수설과 마찬가지라며 무의미하게 여기고 거부했다.

3장 우리는 각자 자신만의 실재를 경험한다

1 계몽주의 철학자 존 로크(John Locke)는 색상을 2차적 특성(secondary quality)이라고 말했다. 그는 1689년 작 『인간 지성론(Essay Concerning Human Understanding)』에서 색상, 질감, 냄새, 소리, 맛 등은 그것을 지각하는 사람의 마음에서 일어나는 2차적 특성이라고 하며, 그것들을 질량, 길이, 운동 등과 같은 "객관적"인 1차적 특성(primary qualities)과 구별한다.

2   K. R. Gegenfurtner, M. Bloj, and M. Toscani, "The many colours of the dress." *Current Biology* 25: R543-R544 (2015); S. Aston and A. Hurlbert, "What #TheDress reveals about the role of illumination priors in color perception and color constancy." *Journal of Vision* 17: 4-14 (2017). #TheDress의 오디오 버전도 있는데, 여기서는 사람마다 단어 Yanny 또는 *Laurel*을 듣는 방식이 다르다.

3   생쥐나 시궁쥐와 달리 성체 원숭이의 신경줄기세포에서 새로운 뉴런이 탄생한다는 증거는 모호하며, 인간의 경우 복제가 불가능하거나 존재하지 않는다. 뉴런은 출생 후 그 크기가 커지고 구조도 복잡해지지만 적어도 인간의 경우 그 수는 늘지 않는다. 이것은 수십 년 동안 기억 흔적을 유지하는 안정성과 새로운 지식 습득을 지원하는 유연성 간의 직접적 상충 관계 때문일 수 있다. 이것의 긍정적 측면을 보면, 뉴런에 통제 불능의 악성 종양의 생장은 없다. 뇌 "종양(tumors)"은 뇌 자체를 둘러싼 수막(meninges)(수막종 meningiomas)이나 신경교 세포(glia cells)(신경교종 gliomas)에서 발생한다. A. Duque, J. I. Arellano, and P. Rakic, "An assessment of the existence of adult neurogenesis in humans and value of its rodent models for neuropsychiatric diseases." *Molecular Psychiatry* 27: 377-382 (2022). 또한 1장의 주 7을 참조.

4   R. B. Price and R. Duman, "Neuroplasticity in cognitive and psychological mechanisms of depression: An integrative model." *Molecular Psychiatry* 25: 530-543 (2020).

5   이러한 사색자 여성(tetrachromat women)이 볼 수 있는 추가적인 붉은 색조를 평가하는 일은 쉽지 않다. 그 색조는 표준 색각 검사에서 삼색자에게 동일 색조로 보일 것이다. G. Jordan et al., "The dimensionality of color vision in carriers of anomalous trichromacy." *Journal of Vision* 10: 12-22 (2010).

6   P. R. Keefe, "London's Super-Recognizer Police Force." *New Yorker* (August 22, 2016).

7   A. Zeman et al., "Phantasia—the psychological significance of lifelong visual imagery vividness extremes." *Cortex* 130: 426-440 (2020).

8   D. K. Trivedi et al., "Discovery of volatile biomarkers of Parkinson's disease from sebum." *ASC Central Sciences* 5: 599-606 (2019).

9   선천적 통증 무감각증은 흔치 않은 멘델유전질환이다. 치아가 나는 시기에 입술, 혀, 손가락, 발가락을 자해하는 일이 흔하다. 아이들은 고통스러운 행동을 피하지 못하고 화상을 입거나 사지를 과신전하거나 각막 찰과상을 입거나 만

성 정형외과적 기형이 생기는 등의 일을 겪는다. I. Drissi, W. A. Woods, and C. G. Woods, "Understanding the genetic basis of congenital insensitivity to pain." *British Medical Bulletin* 133: 65-78 (2020).

10 옥타비아 버틀러(Octavia Butler)의 고전 작품 『씨 뿌리는 사람의 우화(Parable of the Sower)』(1993)의 주인공은 과잉 공감(hyperempathy)에 시달린다.

11 O. Sacks, *The Mind's Eye*. Alfred Knopf: New York (2010).

12 The Perception Census: https://perceptioncensus.dreamachine.world. 다음 또한 참조. A Seth, *Being You: A New Science of Consciousness*. Penguin: New York (2021).

13 다음을 참조하라. Unlikely Collaborators: https://www.unlikelycollaborators.com; B. Barnes, "Elizabeth Koch knows what you're thinking." *New York Times* (February 23. 2023).

14 A. K. Seth, "Our inner universes: Reality is constructed by the brain, and no two brains are exactly alike." Scientific American 321: 40-47 (2019); Y. Huang and R. P. Rao, "Predictive coding." *Wiley Interdisciplinary Reviews*: Cognitive Science 2: 580-593 (2011).

15 "Lilac chaser," Wikipedia: https://en.wikipedia.org/wiki/Lilac_chaser.

16 D. Marr, *Vision: A Computational Investigation into the Human Representation and Processing of Visual Information*. MIT Press: Cambridge, MA (1982).

17 그 탁월한 연구로 다음을 참조. J. Stegenga, Medical Nihilism. Oxford University Press: Oxford, UK (2018). 응용 철학자가 쓴 이 책의 주요 논제는 대부분의 기존 의료 발명품이 효과가 없다는 것이다. 그렇다. 매일 먹는 스타틴(statins)이나 항우울제와 심장, 무릎, 또는 허리 수술을 받는 것은 건강을 위해 무언가를 하고 있다는 따뜻하고 흐뭇한 느낌을 주는 것 외에 별 효과가 없을 것이다. 사실 부작용이 있을 가능성이 크다. 새로운 약물이나 과한 개입에 대한 주장에는 극도로 회의적이어야만 한다. 저자가 특정 의료 개입이 매우 효과적일 수 있지만, 사회를 괴롭히는 만성질환에는 효과가 없다는 것을 명확히 인정했으므로, 책 제목을 다소 잘못 붙였다. 이 책은 과학과 의학의 진보를 부정하지 않지만, 최신의 획기적 치료법을 이용한 영웅적이고 값비싼 개입에 대해서는 깊은 회의론의 편에 선다. 그 대신 이 책은 영양, 운동요법, 물리치료 및 기타 보수적인 치료법을 변화시키는 더욱 부드러운 형태의 개입을 장려하는데, 이것은 예전에 라 메데신 두스(*la médécine douce*)라 불렸다.

18 R. R. Grinker, *Nobody's Normal: How Culture Created the Stigmna of Mental*

Illness. Norton & Company: New York (2021).

19　J. Moncrieff et al., "The serotonin theory of depression: A systematic umbrella review of the evidence." *Molecular Psychiatry* 1-14 (2022), 이 논문은 세로토닌 수치가 낮으면 우울증이 생긴다는 설에 마지막 못을 박았다. 다음도 참조하라. I. Kirsch roup "Placebo effect in the treatment of depression and anxiety." Frontiers in Psychiatry 10: 407 (2019); A. Harrington, *Mind Fixers: Psychiatry's Troubled Search for the Biology of Mental Illness*. Norton & Company: New York (2019). SSRI는 중증 우울증환자 일부에게 도움이 된다. 불행히도 케타민과 에스케타민(Spravato)은 우울증의 장기적 증상을 치료하는 데 똑같이 효과가 없는 것으로 보인다. T. J. Moore et al., "Safety and effectiveness of NMDA receptor antagonists for depression: A multidisciplinary review." *Pharmacotherapy* 42: 567-579 (2022).

20　I. Kirsch et al., "The emperor's new drugs: An analysis of antidepressant medication data submitted to the US Food and Drug Administration." *Prevention & Treatment* 5: 23a (2002). 비만 및 성기능장애와 같은 일반적인 부작용은 환자에게 강력한 약물을 투여하고 있다고 확신시켜, 그 위약 반응을 증폭시킬 수 있다는 점에 유의하라.

21　F. Benedetti et al., "Neurobiological mechanisms of the placebo effect." *Journal of Neuroscience* 25: 10390-10402 (2005); L. Colloca and F, Benedetti "Placebos and painkillers: Is mind as real as matter?" *Nature Reviews Neuroscience* 6: 545-552-(2005).

22　노시보가 단순히 부호가 반전된 위약인지 여부는 아직 의문이다. P. Enck, F. Benedetti, and M. Schedlowski, "New insights into the placebo and nocebo responses." *Neuron* 59: 195-206 (2008).

23　이러한 장애군은 이전에는 히스테리의 한 형태로 분류되었으며, 많은 의미를 담고 있는 용어였고 경멸적인 의미로 인식되었기 때문에 역사적으로 기능성 신경장애(functional neurological disorders), 전환장애(conversion disorders) 또는 심인성 장애 등으로 여러 번 이름이 변경되었다.

24　신경과 전문의의 기능성 신경장애에 관한 다음의 흥미로운 책을 참조. S. O'Sullivan, *The Sleeping Beauties and Other Stories of Mystery Illness*. Pantheon: New York (2021).

4장 의식과 물리적인 것

1   철학의 역사적 혼란이 정리되고, 전제에 대한 선행 가정이 더 잘 이해되고, 개념(concepts)과 관념(ideas) 사이의 연결이 명확해졌지만, 끊임없는 "큰 물음(big questions)"에 대해 전혀 상호적 수렴이 이루어지지 않고 있다. 이에 북미, 유럽, 오세아니아의 각 대학 철학과 교수 2000여 명에게 서른 가지 철학적 질문에 대한 입장을 묻는 설문조사를 실시했고, 이들 중 931명이 응답했다. 외부 세계에 대한 비회의적 실재론이라는 오직 한 관점만이 82퍼센트의 높은 공감대를 얻었다. 그러나 여기에서도 철학자 다섯 명 중 한 명 정도는, 외부 세계가 마음의 표현이거나 그것에 대해 아무것도 알 수 없다고 믿는다. 다른 질문들은 그 주도적 해석에 대해 60퍼센트 이하의 지지를 받았다. D. Bourget and D. J. Chalmers, "What do philosophers believe?" *Philosophical Studies* 170; 465-500 (2014).

2   선천적 또는 적응적 면역 시스템의 초기 활성화는 어떤 내수용 의식 경험도 없는 상태에서 진행된다. 당신은 고도로 정교한 정보처리 및 기억 메커니즘(예, 항체)으로 구성된, 자신의 면역 시스템에 직접 의식적으로 접근할 수 없다. 왜 안 되는가? 면역계와 신경계의 차이점은 무엇인가? 물론 결국에는 염증과 그에 수반되는 발적(redness), 붓기(swelling), 열(heat), 불편함(discomfort), 발열(fever) 등이 나타나고, "뭔가 병에 걸린 것처럼" 기분이 나빠질 것이다. 이 질문을 위해서는 염증이나 기타 신체 반응에 대한 인식이 시작되는 시기를 확인하기 위해 무해한 바이러스를 지원자에게 주입해야 하므로 잘 설계되고 잘 통제된 실험이 필요하다.

3   데카르트가 살아 있던 1600년, 도미니코회의 수사 조르다노 브루노(Giordano Bruno)는 너무 자유로운 사변을 했다는 이유로 로마에서 화형을 당했고, 그와 동향인 갈릴레오 갈릴레이(Galileo Galilei)는 1633년 이단 혐의로 종신 가택연금에 처해지기도 했다.

4   모든 것은 물리적 또는 정신적 실체에 의해 구성되어야 한다는 그의 주장 때문에, 데카르트의 이원론은 **실체이원론**(substance dualism)으로 알려졌다.

5   알려진 우주의 물리적 질량에너지(mass-energy) 함량에 대한 최신 조사에서, 암흑 에너지(dark energy, 68퍼센트)와 암흑물질(dark matter, 27퍼센트)이라는 두 가지 추론된 구성 요소가 가장 큰 비중을 차지했다. 나머지는 자유 수소(free hydrogen)와 헬륨(helium) 원자(4퍼센트), 주로 수소와 헬륨으로 구성된 별(0.5퍼센트), 중성미자(0.5퍼센트), 중원소(heavy elements), 즉

수소와 헬륨을 제외한 모든 화학 원소이다. 질량에너지 측면에서 보면, 지구와 모든 생명체는 우주 전체 물질의 1000분의 1도 채 되지 않는 반올림 오차(rounding error)이다!

6 나는 마음이 아는 것을 바탕으로 한 인식론적 논증과 두 실체 사이의 본질적 차이에 근거한 형이상학적 논증을 위해, 데카르트의 『성찰(Meditations on First Philosophy)』을 읽어 볼 것을 적극 추천한다. 1640년에 쓰여진 이 책은 강력한 파급력을 지니고 있으며 절판된 적이 없다.

7 라이프니츠의 1714년 저서, 『철학의 원리(The Principles of Philosophy)』 또는 『단자론(The Monadology)』의 17번째 항목.

8 현존하는 59통에 이르는 두 사람의 방대한 서신은 "데카르트와 엘리자베스 공주 사이의 서신", Early Modern Texts(https://www.earlymoderntexts.com/assets/pdfs/descartes1643_1.pdf)에서 확인할 수 있다.

9 과학철학자 칼 포퍼(Karl Popper)와 신경세포들 사이의 시냅스 전달의 실무율(all-or-none)의 본성을 규명한 공로로 1963년 노벨상을 수상한 신경생리학자 존 에클스(John Eccles)는, 정신적인 것이 뇌에 미치는 인과적 영향은 양자역학적 불확실성에 의해 위장되며, 이로 인해 마음이 피질에서 시냅스 방출을 방해할 수 있는 충분한 여지가 남는다고 주장했다. 이러한 정신작용에 대한 증거가 없는 상황에서 이들의 제안은 과학계에서 거의 지지를 받지 못했다. K. R. Popper and J. C. Eccles, *The Self and Its Brain*. Springer: Berlin (1977).

10 또는 더 일반적이지만 덜 선율적인 표현으로, "어떤 기질도 없다면, 어떤 마음도 없다". 이것은 불교사상에서 죽음과 윤회 사이의 중간 존재인 **바르도**(bardo)가 고인의 축적된 업보(karma)를 포함해 그 영혼의 어떤 측면을 유지하려면, 공간과 시간에 어떤 물리적 현현이 있어야 함을 의미한다. W. Hasenkamp and J. R. White, eds., *The Monastery and the Microscope*. Yale University Press: New Haven, CT (2017).

11 더 전문적으로는 정신의 변화는 그 근본인 육체의 변화를 함의한다(필연적으로 수반한다)는 의미에서 "의식은 육체에 수반한다(supervenient)"라고 표현할 수 있다. 어느 의식적 경험은 뇌의 신경 활동 변화와 함께 진행되어야만 한다. 〈스타트렉(StarTrek)〉 세계관에 등장하는 USS 엔터프라이즈호의 텔레포터(teleporter)를 생각해 보라. 이런 장치는 적절한 수준의 해상도로 신체를 정확하게 스캔해, 그 정보를 다른 곳에 있는 텔레포터 스테이션으로 전송해, 그 사람을 그곳에서 재조립한다(줄거리의 복잡성을 피하기 위해 원래의 신체는

사라진다). 수반성(supervenience)이 유지되는 경우, 그 복사본이 정확하다는 가정하에, 전송된 사람의 의식은 원본과 동일해야 한다. 즉, 두 뇌가 구성 요소의 상태까지 물리적으로 동일하다면, 두 사람의 정신 상태도 분명히 동일해야 한다.

12 **물리주의**라는 용어는 최근의 개념으로, 궁극적으로 물리적 사실에 근거해야 하는 올바른 언어적 진술과, "신은 존재한다" 또는 "신은 존재하지 않는다"와 같이 근거 없는 무의미한 진술을 구별하기 위해 1920년대 빈학파의 구성원들이 제안했다.

13 내 자전거와 그 관찰자가 동일한 가속 기준 프레임을 공유하지 않을 때 더 추가적인 문제를 피하기 위해서이다.

14 D. D. Garisto, "The universe is not locally real, and the physics Nobel Prize winners proved it." *Scientific American*: https://www.scientificamerican.com/article/the-universe-is-not-locally-real-and-the-physics-nobel-prize-winners-proved-it (2022). 양자 시스템의 상태 중첩을 관찰 가능한 단일 결과로 축소하려면 의식적 관찰자가 필요하다는 사실은, 1932년 양자역학 교과서에서 "경험은, 관찰자가 어떤 (주관적인) 지각을 했을 뿐, 어떤 물리량이 어떤 값을 가졌다는 것과 같은 것을 주장하지 않는다"라는 요한 폰노이만(John von Neumann)의 발언을 시작으로 오래전부터 물리학자들을 괴롭혀 왔다.

15 R. Penrose, The Emperor's New Mind. Oxford University Press: Oxford (1989); R. Penrose, *Shadows of the Mind*. Oxford University Press: Oxford (1994),. 펜로즈와 마취학자인 스튜어트 해머로프는 세포 분자 발판의 일부인 미세소관(microtubules)이 이러한 상호작용의 중요한 지점이라고 주장한다. 다음을 참조. S. Hameroff and R. Penrose, "Consciousness in the universe: A review of the 'Orch OR' theory." *Physics Life Reviews* 11: 39-78 (2014).

16 유기체가 양자 자원, 특히 얽힘과 중첩을 활용하는 정도는 흥미롭고 열려 있는 실험적 질문이다. 다음을 참조. J. Cao et al., "Quantum biology revisited." Science Advances 6: 1-11 (2020); S. Gao, ed., *Consciousness and Quantum Mechanics*. Oxford University Press: Oxford (2022); H.-Y. Huang et al, "Quantum advantage in learning from experiments." *Science* 376: 1182-1186 (2022).

17 환원적 물리주의의 가장 잘 알려진 예는 심리학에서 나온 학파인 행동주의(behaviorism)이다. 행동주의는 동물과 인간을 이해하는 것은 감각자극이나 행동반응과 같이 관찰 가능한 현상에 국한되어야 한다고 가정했다. 주관적 경

험은 의도적으로 소외되거나, 완전히 부정되었다. 다음의 부부 철학자를 참조. Patricia Churchland, *Neurophilosophy: Toward a Unified Science of the Mind/Brain*. MIT Press: Cambridge, MA (1986), and Paul Churchland, *Matter and Consciousness: A Contemporary Introduction to the Philosophy of Mind*. MIT Press: Cambridge, MA (1984), 같은 입장으로, G. Rey, "Reasons for doubting the existence of even epiphenomenal consciousness." *Behavioral and Brain Sciences* 14: 691-692 (1991): K. Frankish, "The consciousness illusion. Phenomenal consciousness is a fiction written by our brains to help LS track the impact that the world makes on us." *Aeon*, NW, Ed, 26. (2019); M. S. Graziano, "Understanding consciousness." *Brain* 144: 1281-1283 (2021).

18 "Philosophy that stirs the waters." *New York Times* (April 29, 2013). 데닛은 『의식 설명(Consciousness Explained)』(Little, Brown: Boston, 1991)에서 사람들이 몹시 혼란스러워한다고 주장한다. 사람들이 의식에 대해 말할 때 실제로 의미하는 것은, 그들이 정신상태에 관한 특정 믿음을 가지고 있으며, 각각의 정신상태는 뚜렷한 행동과 행위 유도성(affordance)을 가진 뚜렷한 기능적 속성을 갖는다는 것이다. 이런 주장은 설명이 필요하다. 통증(pain)과 발적(redness)은 환영(illusory)이며, 그것에 내재적인 것은 없다. 의식은 모두 행동에 있다. F. Fallon, "Dennett on Consciousness: Realism without the hysterics." *Topoi* 39: 35-44 (2020). Variants of this intellectual position are eliminative materialism, fictionalism, and instrumentalism.

19 G. Strawson, *Mental Reality*. MIT Press: Cambridge, MA (1994).

20 V. Taschereau-Dumouchel et al., "Putting the 'mental' back in 'mental disorders': A perspective from research on fear and anxiety." *Molecular Psychiatry* 27: 1322-1330 (2022). 앞 장에서 언급했듯이, 우울증을 세로토닌 수치의 결핍이라는 근본적인 화학적 불균형 탓으로 돌리는 것은 비생산적이다. SSRI는 "중단증후군(discontinuation syndrome)"이라고 (이상하지 않게) 불리는 중독을 유도한다. P. Sperling, "Causality in mental disturbance: A review of neuroscience." Mad in America: https://www.madinamerica.com/2023/07/causality-mental-disturbance (2023).

21 H. Putnam, "The nature of mental states." *In The Philosophy of Mind: Classical Problems/Contemporary Issues*, PP. 223-231. Harvard University Press: Cambridge MA (1992).

22 신경계는 분명히 재래식 디지털컴퓨터가 아니다. 신경계는 [시스템 전체의

클록(clock)이나 버스(bus) 없이)] 병렬로 작동하고, 그 요소들이 밀리초의 빙하처럼 빠른 속도로 전환되며, 그 기억과 계산 처리는 분리되지 않으며, 아날로그와 디지털 신호를 혼합 사용한다.

23　즉, 현상적인 것 또는 정신적인 것이 육체적인 것에 수반한다는 것이다.

24　색시각 과학자 메리(Mary), 반전된 퀄리아(inverted qualia), 좀비 등 이러한 지식 및/또는 상상력 논쟁에는 다양한 변형이 있다. 그러한 논리가 비슷하기 때문에 나는 좀비 논증에 초점을 맞춘다.

25　D. J. Chalmers, "The puzzle of conscious experience." *Scientific American* 273: 80-86 (1995). 차머스의 책에 대한 답변 글 모음은 다음을 참조. J. Shear, ed., *Explaining Consciousness: The Hard Problem*. MIT Press: Cambridge, MA (1997).

26　B. Kastrup, H. P. Stapp, and M. C. Kafatos, "Coming to grips with the implications of quantum mechanics." *Scientific American*: https://blogs.scientificamerican.com/ observations/coming-to-grips-with-the-implications-of-quantum-mechanics (2018).

27　D. Dennett, "Current issues in the philosophy of mind." *American Philosophical Quarterly* 15: 249-261 (1978), p. 252.

28　W. Jaworski, *Philosophy of Mind: A Comprehensive Introduction*. Wiley-Blackwell: Oxford, UK (2011).

29　B. Kastrup, *Science Ideated: The Fall of Matter and the Contours of the Next Mainstream Scientific Worldview*. Iff Books: Hampshire, UK (2021); and the forthcoming B. Kastrup, *Analytic Idealism in a Nutshell*. Iff Books: Hampshire UK (2024).

30　D. F. Skrbina, *Panpsychism in the West*. Rev. ed. MIT Press: Cambridge MA (2017). 최근 이 주제에 관한 인기 도서로는 다음 철학자의 책이 있다. P, Goff, *Galileo's Error*. Pantheon Books: New York (2019), 그리고 다른 책도 있다. A. Harris, *Conscious: A Brief Guide to the Fundamental Mystery of the Mind*. HarperCollins: New York (2019). 최신 분쟁과 논쟁은 다음을 참조. P. Goff and A. Moran, eds., Is *Consciousness Everywhere? Essays on Panpsychism*. Academic Imprints: Exeter, UK (2022). 이 주제에 대한 인도 문헌에 대한 링크는 다음을 참조. B, P, Göcke and S, Medhananda, eds., *Panentheism in Indian and Western Thought: Cosmopolitan Interventions*, Taylor & Francis: New York (2023).

31   가장 상상력이 풍부한 SF 소설 중 하나로 꼽히는 올라프 스테이플던(Olaf Stapledon)의 1937년작 『스타 메이커(Star Maker)』는 텔레파시로 연결된 별과 성운을 포함한 마음의 집단이 결국 우주 전체를 아우른다는 개념을 설명하는 고전소설이다.

5장 무엇이 진실로 존재하는가

1   다음을 참조. http://integratedinformationtheory.org/ and the associated python code (Py Phi) on GitHub.

2   이런 차이를 이해하려면 다음을 참조. I, Cea et al., "The fundamental tension in integrated information theory 4.0's realist idealism." *Entropy* 25: 1453 (2023), 뿐만 아니라 철학자 조너선 버치(Jonathan Birch)의 블로그 게시물과, IIT 존재론의 철학적 선조가 라이프니츠의 관념론이라는 그의 주장도 참조. J. Birch, "Consciousness and the Overton window of science, part Ⅱ." *The Brains Blog*: https://philosophyofbrains.com/2023/09/12/consciousness-and-the-overton-window-of-science-part-ii.aspx (September 12, 2023).

3   시뮬레이션 가설은 이 우주를 설명할 필요성을 바로 다음 단계의 가설적인 우주, 즉 우리 우주를 시뮬레이션하는 우주를 설명할 필요성으로 미룬다. 셀 수 없이 많은 우주를 가정하고 각각이 바로 아래 우주를 시뮬레이션한다고 가정하면, 설명을 무한정 연기할 수 있다. 이것은 생각하기에 매우 재미있고 흥미롭고 디스토피아적인 SF 스토리("Valuable Humans in Transit and Other Stories" by gntm, 2021)의 주제이기도 하지만, "그 아래로 모두 거북이야"라는 선을 언급하는 것만큼 세상을 설명하는 데 유용하지는 않다(지구가 둥글며 공중에 떠 있다고 말하는 서양인에게, 어느 인도인이 대지가 어떻게 하늘에 떠 있을 수 있느냐고 반문하며, 대지는 커다란 코끼리가 받치고 있고, 그 밑으로는 커다란 거북이가 받치고 있다는 설명에서 나온 이야기이다).

4   빛과 전자기파가 빈 공간을 통해 어떻게 전파되는지 설명하기 위해, 19세기 고전물리학에 발광성 또는 빛을 내는 에테르가 도입되었다. 이를 위해서는 눈에 보이지 않는 유체로 모든 공간을 채우고, 강철보다 훨씬 더 단단하며, 일반적 물리적 사물과 상호작용하지 않는 물질이 필요했다. 점점 더 많은 실험에서 에테르가 무엇이든 아무런 효과가 없다는 결론이 내려지자, 마침내 에테르는 오컴의면도날(Occam's razor)에 걸려 조용히 사라졌다. 에테르는 어떤 인과

적 힘도 갖지 못하므로, 그것은 현대물리학에서 아무 역할도 하지 못한다.

5   인과적 조작은 천문학에서보다 생물학에서 더 쉽다. 천문학은 그 대상이 매우 크고 멀리 떨어져 있고 빠르게 움직이는 전형적인 관측 과학이기 때문이다. 이것은 2022년에 단 한 번 바뀐 적이 있는데, 그때 NASA는 행성의 방어 가능성을 시험하기 위해 우주 탐사선을 작은 소행성에 고의로 충돌시켜 궤도를 교란시켰다. 다행스럽게도, 뇌과학이 연구하는 대상은 가까이 있고, 정지해 있으며, 크기가 작다. 따라서 신경과학자들은 뇌를 탐사할 때마다 그들의 장비를 추락시킬 필요가 없다.

6   또한 오직 극히 짧은 거리에서만 적절하지만, 약하고 강한 핵력도 있다.

7   내가 2016년 인도를 방문했을 때, 인도 정부는 탈세 방지와 지하경제 축소를 위해 500루피와 1000루피 법정화폐 통용을 금지하니 신권으로 교환하라고 갑작스럽게 발표했다. 결국 여행하는 동안 이 지폐로 무엇을 살 수 있을지 불확실해졌다(즉, 그 효과의 인과적 힘이 부실하게 규정되었다).

8   **엘레아 원리**(Eleatic principle)는 플라톤의 『소피스트(Sophist)』에 등장하는 것으로, 이탈리아 남부의 그리스 엘레아 정착촌 출신의 수학자와 이방인의 대화에서 언급된다. 이방인은 이렇게 말한다. "내 생각에, 원인이 아무리 사소하고 결과가 아무리 경미하더라도 단 한순간이라도 다른 것에 영향을 주거나, 또는 다른 것에 영향을 받을 수 있는 어떤 종류의 힘을 가진 것은 실제적 존재입니다. 나는 존재의 정의(definition)가 단순히 힘이라고 생각합니다." 통합정보이론에서 플라톤의 "또는"은 더 강력한 "그리고"라는 요구사항으로 대체된다. 그 인과적 상호작용은 해당 시스템에서 "그리고"를 향해, 양방향으로 흘러야만 한다(통합정보이론은 원인과 결과는 상호작용할 경우에만 그것을 인과적 힘으로 인정한다).

9   예를 들어, 뉴턴의제이법칙인 F=ma는 이러한 연산 방식으로 재구성할 수 있다. 만약 특정 힘을 특정 질량에 가하면, 그것은 특정한 만큼 가속할 것이다. 물론 뉴런이나 트랜지스터의 온/오프 상태와 비교해 질량과 가속도라는 관련 변수의 연속적인 특성도 고려해야 한다.

10 통합정보이론에 대한 가장 최신이자 최고의 참고 자료는 다음과 같다. L. Albantakis et al., "Integrated information theory (IIT) 4.0: Formulating the properties of phenomenal existence in physical terms." arXiv:2212.14787 (2022). 더 쉬운 읽을 것으로, G. Tononi et al., "Only what exists can cause: An intrinsic powers view of free will." arXiv:2206.02069 (2023). 이 이론에 대한 서정적인 소개로, 나는 다음을 적극 추천한다. G. Tononi, *Phi: A Voyage*

11 E. Schrödinger, "The Oneness of Mind." In K. Wilber, ed., *Quantum Questions: Mystical Writings of the World's Great Physicists*, pp. 79-101. Shambhala: Boston (1984).

12 지금 생각해 보면 내 경험에서 압도적인 강도의 청백색 빛이 다른 눈에 띄는 특징 없이 공간적으로 확장된 배경 안에 위치했는지, 아니면 모든 공간이 특이점으로 붕괴된 것인지는 분명치 않다.

13 이러한 공리들의 흥미로운 변형은 의식 체계가, 통합 및 배제 공리를 포괄하는 분리 불가능한 것이어야 한다고 가정한다. A Arkhipov, "Non-separability of physical systems as a foundation of consciousness." *Entropy* 24: 1539 (2022).

14 엄밀히 말해서, IIT는 이것을 의식의 물리적 기질이라고 부른다. 나는 여기서 의식의 신경(the neural), 때로는 신경적, 상관물(neuronal, correlates)이라 불리는 것과의 차이를 생략한다. 이런 것들은 해부학적 구조와 생리적 과정을 모두 포함한다. G. Tononi et al., "Integrated information theory: From consciousness to its physical substrate." *Nature Review Neuroscience* 17: 450_461 (2016).

15 어느 특정 후보 뇌 회로가 의식의 잠재적 기질인지 조사할 때, 후보 회로를 구성하는 개별 뉴런 또는 집단에 교란을 가하는 동안, 우리는 혈관, 신경조절물질, 그리고 다른 배경 조건을 고정된 상태로 유지해야만 한다.

16 6단계 분리(six degrees of separation)라고도 알려진 이 개념은 지구상에 있는 두 사람이 여섯 명 이하인 친구, 친척, 또는 지인으로 서로 연결되어 있다는 개념을 구체화한다. 이것은 연결성이 높은 네트워크의 통계적 특성으로, 일부 은둔자를 제외한 대다수 사람들에게 참이라는 의미이다(배우 케빈 베이컨과 다른 배우를 영화 출연작을 통해 연결하는 놀이로, 임의의 배우를 선택하고 그 배우가 케빈 베이컨과 함께 출연한 영화를 찾아서 연결하는 과정을 반복해 가장 짧은 경로를 찾는 것을 목표로 한다).

17 최소작용의원리는 현대물리학의 핵심 개념으로 1740년 처음 공식화되었으며, 동역학적 시스템(dynamic system)이 두 시점, 즉 t1과 t2 사이에서 어떻게 변화하는지를 결정한다. 이 원리는 이 두 시점 사이에서 그 시스템이 진화할 수 있는 모든 가능한 방법을 고려하고, 그 시스템의 에너지와 밀접한 관련이 있는 활동(action)이라는 함수를 최소화하는 한 가지 궤적을 선택한다. 그 시스템이 취할 수 있는 모든 경로 중에서, 이 원리는 동작을 최소화하는 경로를 선택한다.

18   해당 배제 공리(exclusion axiom)에 근거한, 배제 공준(exclusion postulate)은 최대존재의원칙(principle of maximal existence)을 구현한다. 존재하는 것은 가장 많이 존재하는 것이다.

19   과학자 대부분은 관련 알갱이 및 시공간적 규모가 궁극적으로 가장 환원주의적인 규모라고 직관하지만, 가장 밑바닥에 있는 미시적 기본입자는 불확정성과 퇴행성 사이의 복잡한 절충점을 고려할 때 꼭 그렇지 않을 수 있다. 다음을 참조. E. P. Hoel et al. "Can the macro beat the micro? Integrated information across spatio-temporal scales." *Neuroscience of Consciousness* 2016(1): niw012 (2016).

20   10유닛(units)의 경우, 구분들 사이의 관계 수는 총 2^{1000}이며, 이것은 알려진 우주의 원자 수인 10^{80}보다 훨씬 많은 10^{300} 정도에 해당한다. A. Haun and G. Tononi, "Why does space feel the way it does? Towards a principled account of spatial experience." *Entropy* 21: 1160 (2019), 하운과 토노니는 이 논문에서 가까운 이웃으로 연결된 8유닛의 모든 구별과 관계를 전개하고, 이렇게 전개된 원인 결과 구조가 8유닛의 가까운 지점에 걸쳐 있는 현상적으로 경험되는 공간의 모든 규칙성(이웃, 포함 및 배제 관계, 거리 등등)을 어떻게 만족하는지 설명한다. 다음 또한 참조. A. Zaeemzadeh and G. Tononi, "Upper bounds for integrated information." arXiv:2305.09826 (2023).

21   2019년의 내 저서 『생명 그 자체의 감각(The Feeling of Life Itself)』에서 10장 「초월적 마음과 순수한 의식」을 참조.

22   이러한 형태의 범심론의 함축과, 지난 장에서 암시한 조합 문제를 해결하는 방법은 다음에서 설명된다. G. Tononi and C. Koch, "Consciousness: here, there and everywhere?" *Philosophical Transactions of the Royal Society B* 370: 20140167 (2015). 의식 상태와 무의식 상태를 구분하는 통합 정보에 대한 임곗값이 없다고 해서, 천문학적인 수의 관계와 구별에 대한 극도의 비선형성이 배제되는 것은 아니다. 즉, 우리의 큰 뇌는, 다소 작은 뇌에 비해 엄청나게 많은 수의 구별과 관계를 가질 수 있으므로, 그것들이 펼쳐진 원인 결과 힘이 우리 뇌에 비해 희미하다.

6장 의식과 뇌

1   고전 세계 내에 뇌에 관한 광범위한 무시에서 놀라운 예외는 의학 논문 「신성

한 질병에 관해(On the Sacred Disease)」이다. 기원전 400년경 히포크라테스(Hippocrates) 또는 그와 가까운 사람이 쓴 이 책에는 "인간이 알아야 할 것으로, 기쁨, 즐거움, 웃음 및 스포츠, 그리고 슬픔, 비탄, 낙담, 애도 등이 뇌에서 비롯된다"라고 적혀 있다. 가장 영향력 있는 고대 해부학자는 2세기 의사 갈레노스(Galen)로, 로마의 검투사 학교에서 일하면서 얻은 임상 지식을 바탕으로 이성적 사고를 통제하는 뇌의 역할을 강조했다. G. G. Gross, *Brain, Vision, Memory—Tales in the History of Neuroscience*. MIT Press: Cambridge, MA (1998).

2   오늘날의 언어는 이러한 심장 중심의 편견을 반영한다. 예를 들어 당신은 자신의 시상하부(hypothalamus)가 아닌, 온 마음(심장)을 다해(with all your heart) 사랑한다. 성심(신성한 심장, sacred heart) 교회와 학교가 수백 곳 있지만 신성한 뇌 아카데미(sacred brain academy)는 단 한 곳도 없다.

3   C. Zimmer, *Soul Made Flesh: The Discovery of the Brain*. Free Press: New York (2004).

4   R. Sender, S. Fuchs, and R. Milo, "Revised estimates for the number of human and bacteria cells in the body." *PLoS Biology* 14: e1002533 (2016). 이 논문은 70킬로그램 성인의 세포 수를 알려 준다. 같은 사람이라도 입, 폐, 장 등의 소화관에는 수십조 유익한 박테리아, 즉 미생물군(microbiome)이 서식한다. 이 모든 것들은 성세포(sex cells)가 다음 세대로 성공적으로 전달될 수 있도록 지원한다.

5   우리는 현재 3000~5000가지 서로 다른 뇌세포 유형이 있다는 것을 안다. 그렇다. 3000가지에서 5000가지 세포 유형이 있다. 이것들 중 일부는 신경세포가 아니라 신경교세포(glial), 면역세포[미세아교세포(microglia) 및 혈관 주위 대식세포(perivascular macrophages)], 혈관 관련 세포이다. 앨런뇌과학연구소는 포유류 뇌의 이렇게 방대한 세포 유형을 종합적으로 매핑하기 위한 전 세계적인 노력을 주도하고 있다. 이 엄청난 복잡성을 엿보려면, 앨런뇌아틀라스(Allen Brain atlas)를 방문해 보라. https://www.brain-map.org; or see K. Siletti et al., "Transcriptomic diversity of cell types across the adult human brain." Science 382, eadd7046 (2023); and Z. Yao et al., "A high resolution transcriptomic and spatial atlas of cell types in the whole mouse brain." bioRxiv: 10,1101/2023.03.06.531121 (2023).

6   이것은, 뛰어난 계산과학자인 나의 박사과정 지도교수 토마소 포지오(Tomaso Poggio)의 멘토링과 지도 아래, 신경세포 내 전압 변화의 역학을 설명하는 편

미분방정식을 푸는 컴퓨터코드를 작성하는 것을 포함했다. 내 논문의 일부가 세계에서 가장 오래된 과학 저널에 게재되었을 때, 나는 매우 자랑스러웠다. C. Koch, T. Poggio, and V. Torre, "Retinal ganglion cells: A functional interpretation of dendritic morphology." *Philosophical Transactions of the Royal Society* B 298: 227-264 (1982).

7   이 연구는 다음 연구를 포함한다. 맹시 환자(L. Weiskrantz, *Blindsight: A Case Study and Implications.* Oxford University Press: Oxford [1986]); 이 연구로 1981년 노벨상을 수상한 로저 스페리(Roger Sperry)의 분리 뇌 환자(split-brain patients) (R. W. Sperry, "Lateral specialization in the surgically separated hemispheres." In F. O. Schmitt and F. G. Worden, eds., *Neuroscience 3rd Study Program.* MIT Press: Cambridge [1974]; L. J. Volz and M. S. Gazzaniga, "Interaction in isolation: 50 years of insights from split-brain Research." *Brain* 140: 2051-2060 [2017]); 그리고 학습한 내용을 의식적으로 기억하지 못하면서 무의식적으로 운동기억을 내려놓는, HM과 같은 기억상실증 환자(amnesic patients) (L. R. Squire, "The legacy of parient HM for neuroscience." *Neuron* 61: 6-9 [2009]). 매우 흥미로운 입문서를 다음에서 참조. S. Blackmore and E. T. Troscianko, *Consciousness: An Introduction.* Routledge: New York (2018).

8   F. C. Crick-and C. Koch, "What is the function of the claustrum." *Philosophical Transactions of the Royal Society B* 360: 1271-1279 (2005). 담장에 대한 리뷰 논문으로 다음을 참조. J. B. Smith, A. K. Lee, and J. Jackson, "The claustrum." Current Biology 30: R1401-R1406 (2020).

9   F. C. Crick and C. Koch, "Towards a neurobiological theory of consciousness." *Seminars in the Neurosciences* 2: 263-275 (1990); F. C. Crick and C. Koch, "Some reflections on visual awareness." *Cold Spring Harbor Symposium on Quantitative Biology* 55: 953-962 (1990). 신경세포의 격발, 그리고 이와 관련된 EEG의 감마 밴드 활동은 의식과 밀접한 관련이 있지만, 의식과는 다른 선택적 주의집중(selective attention)의 신호일 가능성이 높다. S. M. Miller, *The Constitution of Phenomenal Consciousness.* Benjamins: Amsterdam (2015). NCC는 구조적 요소들(뇌 영역이나 신경세포 유형과 같은) 또는 역동적 과정(그 부재가 의식의 특정 측면을 손상시키는)을 가리킬 수 있음에 주목하라.

10   나는 여기서 개념적인 수준에서 이야기하고 있다. 통증을 연구하고 평가하는 것은 자기 스캐너 외에도 많은 도구가 필요한 복잡한 주제이다. 다음을 참조. D. C. Turk and R. Melzack, eds., Handbook of Pain Assessment. 3rd ed.

Guilford Press: New York (2011).

11 물론 만약 의식이 환영이라고 믿는다면, 이런 환영의 흔적을 찾는 것이 헛된 노력일 수 있다. NCC에 대한 엄격한 정의는 다음을 참조. D. J. Chalmers, "What is a neural correlate of consciousness?" In T. Metzinger, ed., *Neural Correlates of Consciousness: Empirical and Conceptual Questions*, pp. 17-39. MIT Press: Cambridge, MA (2000). 개인적 설명은 다음을 참조. the Q&A with David Chalmers in *Neuron* 111: 3341-3343 (2023).

12 한편 대상이나 사건에 선택적으로 집중하는 것과, 다른 한편으로 대상이나 사건을 의식하는 것 사이의 심리적, 신경학적 차이를 이해하기 위한 중요한 연구 프로그램이 있다. C. Koch and N, Tsuchiya, "Attention and consciousness: Two distinct brain processes." *Trends in Cognitive Sciences* 11: 16-22 (2007). NCC를 시간적으로 앞뒤에 있는 이벤트로부터 격리하는 방법은 다음에 자세히 설명되어 있다. J. Aru et al., "Distilling the neural correlates of consciousness." *Neuroscience and Biobehavioral Reviews* 36: 737-746 (2012), and N. Tsuchiya et al., "No-report paradigms: Extracting the true neural correlates of consciousness." *Trends in Cognitive Sciences* 19: 757-770 (2015).

13 R. C. Coghill, J. G. McHaffe, and Y. F. Yen, "Neural correlates of interindividual differences in the subjective experience of pain." *Proceedings of the National Academy of Sciences of the United States of America* 100: 8538-8542 (2003); T. D. Wager et al., "An fMRI-based neurologic signature of physical pain." *New England Journal of Medicine* 368: 1388-1397 (2013).

14 나는 다음을 읽어 보라고 강력히 추천한다. J. Stegenga, *Medical Nibilism*. Oxford University Press: Oxford, UK (2018), as well as J. Pearl and D. Mackenzie, *The Book of Why: The New Science of Cause and Effect*. Basic Books: New York (2018).

15 무작위로 선정된 사용자를 대상으로 끊임없이 실험하고 대조군과 비교하는 이러한 문화 덕분에, 아마존(Amazon)은 효과적이고 빠르게 혁신할 수 있었다. 이것은 일반적으로 가장 높은 급여를 받는 사람의 의견(Highest Paid Person's Opinion, HiPPO)을 능가했다. R. Kohavi et al., "Controlled experiments on the web: Survey and practical guide." *Data Mining and Knowledge Discovery* 18: 140-181 (2009).

16 I. Fried et al., "Laser ablation of human guilt." *Brain Stimulation* 15: 164-166 (2022).

17 J. Parvizi et al., "Electrical stimulation of human fusiform face-selective regions distorts face perception." *Journal of Neuroscience* 32: 14915-14920 (2012); V. Rangarajan and J. Parvizi, "Functional asymmetry between the left and right human fusiform gyrus explored through electrical brain stimulation." *Neuropsychologia* 83: 29-36 (2016); J. Jonas et al., "A face identity hallucination (palinopsia) generated by intracerebral stimulation of the face-selective right lateral fusiform cortex." *Cortex* 99: 296-310 (2018); Y. H. Koh, "Right fusiform gyrus infarct with acute prosopagnosia." *Acta Neurologica Taiwanica* 31:183-184 (2022); O. Blanke et al., "Stimulating illusory own-body perceptions." *Nature* 419: 269-270 (2002).

18 지크문트 프로이트는 1895년 미발표된 "과학적 심리학을 위한 프로젝트(Project for a Scientific Psychology)"에서 의식적 경험을 담당하는 특별한 종류의 뉴런을 제안했다. NCC 프로그램의 현대사에 대한 자세한 내용은 다음의 특집호를 참조. S. B. Fink, "A double anniversary for the neural correlates of consciousness: Editorial introduction." *Philosophy and Mind Sciences* 1(2): https://doi.org/10.33735/phimisci.2020.II.85 (2020).

19 이 내기는 1998년 6월 독일 브레멘(Bremen)에서 열린 의식과학연구협회(ASSC)의 두 번째 연례 회의 때 심야 술집에서 이루어졌다. P. Snaprud, "The consciousness wager." *New Scientist* 238: 28-31 (2018). 데이비드 차머스와 나를 비롯한 몇몇 심리학자, 신경과학자, 철학자 들은 몇 년 전 의식에 대한 경험적, 이론적 연구의 구심점으로서 ASSC를 공동 설립했다. 이 내기는 2023년 6월 뉴욕에서 열린 제26차 ASSC 회의에서 해소되었다.

20 정확히 말하자면, 6.8초 만에 의식을 잃게 된다. 이것은 건강한 젊은 남성 126명을 대상으로 팽창식 경부 압력 가압대(inflatable cervical pressure cuff)를 통해 내부 경동맥을 차단해 확인되었다. R. Rossen, H. Kabat, and J. P. Anderson, "Acute arrest of cerebral circulation in man." *Archives of Neurology and Psychiatry* 50: 510-528 (1943). 의식의 상실은 안구 고정, 시야 흐림, 시야 수축, 일부에서는 경련 등을 동반한다. 이 저자들은 "이 피험자들에 대한 반복적인 테스트에서 어떤 유해한 영향도 관찰되지 않았다"라고 무심하게 언급한다. 의식의 급격한 회복은 강렬한 시각적 환각과 행복감을 동반할 수 있다. 이러한 부작용은 원심분리기에서 높은 중력으로 회전 실험을 한 지원자들이 가속에 따라 실신을 일으키면서 확인되었다. J. E. Whinnery and A. M. Whinnery, "Acceleration-induced loss of consciousness." *Archives of Neurology*

47: 764-776 (1990).

21 뇌간에는 오름활성화망상형성체(ascending activating reticular formation) 라는 영역에 최소 마흔 가지 서로 다른 뉴런 집단이 있다. 각 집단은 자체의 신경전달물질, 즉 글루타메이트(glutamate), 아세틸콜린(acetylcholine), 세로토닌, 노르아드레날린, 가바(GABA), 히스타민(histamine), 아데노신(adenosine), 오렉신(orexin) 등을 가지며, 이런 신경전달물질은 피질 및 기타 전뇌 구조(forebrain structures)의 흥분성을 직간접적으로 조절한다. 이런 물질들은 각성 호흡, 체온 조절, 수면 및 깨어남, 안구 근육, 근골격계, 그리고 다른 필수 기능과 같은 내부 환경과 관련된 신호에 총체적으로 접근하고 제어한다. J. Parvizi and A. R. Damasio, "Consciousness and the brainstem." *Cognition* 79: 135-159 (2001); S. Laureys, O. Gosseries, and G. Tononi, eds., *The Neurology of Consciousness*. 2nd ed. Elsevier: Amsterdam (2015).

22 P. House, *Nineteen Ways of Looking at Consciousness*. St. Martin's Press: New York (2022); F. Karinthy, *A Journey Round My Skull*. Translated by Vernon Duckworth Barker. NYRB Classics: New York (2008).

23 한 특별한 사례로, 소뇌가 있어야 할 자리가 뇌척수액으로 채워진 공동(cavern)이 있는 한 여성의 사례가 있다. 소뇌가 없이 태어난(소뇌 무뇌증) 이 여성은 가벼운 정신장애와 어눌한 말투, 약간의 운동 장애를 가지고 있지만, 어린 딸과 함께 별다른 문제없이 생활하고 있다. F. Yu et al., "A new case of complete primary cerebellar agenesis: Clinical and imaging findings in a living patient." *Brain* 138: 1-5 (2014). Other cases are described in C. A. Boyd, "Cerebellar agenesis revisited." *Brain* 133: 941-944 (2010), and R. N. Lemon and S. A. Edgley, "Life without a cerebellum." *Brain* 133: 652-654 (2010).

24 인간의 뇌에 있는 뉴런 860억 개 중 소뇌에 690억 개, 피질에 160억 개가 있다. F. Azeveda et al., "Equal numbers of neuronal and non-neuronal cells make the human brain an isometrically scaled-up primate brain." *Journal of Comparative Neurology* 513: 532-541 (2009); S. Walloe, B. Pakkenberg, and K. Fabricius, "Stereological estimation of total cell numbers in the human cerebral and cerebellar cortex." *Frontiers in Human Neuroscience* 8: 508-518 (2014).

25 이러한 회로 구조는 감각운동 변환을 위한 열람표를 연상시킨다.

26 **피질**(cortex)이라는 단어는 나무껍질, 껍질, 또는 조개껍질을 뜻하는 라틴어에서 유래한 것으로, 뇌의 가장 바깥쪽 층을 가리킨다. 신피질은 주로 해

마 및 후각 피질(olfactory cortex)과 같이 진화적으로 오래된 전대상피질(allocortex)과 함께 대뇌피질을 형성한다. 대뇌피질이라고도 불리는 신피질은 전뇌의 일부인 시상, 기저핵, 담장 등 여러 위성 구조와 밀접하게 연결되어 작동한다. 피질과 이러한 구조들 사이의 양방향 연결이 매우 복잡하기 때문에 각 구조의 특정 기여를 분리하는 것은 쉬운 일이 아니다.

27   C. Koch et al., "The neural correlates of consciousness: Progress and problems." *Nature Reviews Neuroscience* 17: 307-321 (2016); M. Boly et al., "Are the neural correlates of consciousness in the front or in the back of the cerebral cortex? Clinical and neuroimaging evidence." *Journal of Neuroscience* 37: 9603-9613 (2017); B. Kozuch, "A legion of lesions: The neuroscientific rout of higher-order thought theory." *Erkenntnis*: 1-27 (2023).

28   왜 일부 피질 영역이 다른 피질 영역보다 의식에 대해 더 특권을 누려야 하는가? 그것은 그것들의 구성(즉, 그런 세포의 구성)이나 구조가 다르기 때문일 수 있다(또는 둘 모두이다). 실제로 신피질의 앞쪽과 뒤쪽의 두드러진 차이점은 국소 시냅스 연결성(local synaptic connectivity)이다. 시각, 청각, 체성감각피질이 있는 뒤쪽의 연결성은 지형적으로 배열되어 주변 뉴런을 격자 형태로 연결하므로, 보고 듣고 느끼는 공간 위치 지각에 적합한 반면, 신피질의 앞쪽은 무작위 접근 연결이 더 많이 이루어지고 있어 추상적인 사고에 더 적합하다. 전자는 통합 정보의 값이 매우 큰 반면, 후자는 통합 정보가 훨씬 적다. A. Zaeemzadeh and G. Tononi, "Upper bounds for integrated information." arXiv:2305.09826 (2023); C. Koch et al, "Posterior and anterior cortex: Where is the difference that makes the difference?" *Nature Reviews Neuroscience* 17: 666 (2016).

29   M. J. Farah, Visual Agnosia. MIT Press: Cambridge, MA (1990); S. Zeki, *A Vision of the Brain*. Oxford University Press: Oxford (1993); C. A. Heywood and J. Zihl, "Motion blindness." In G. W. Humphreys, ed., *Case Studies in the Neuropsychology of Vision*, pp. 1-16. Psychology Press/Taylor & Francis: London (1999). 신경과 전문의 올리버 색스는 인지불능증으로 고통받는 개인과 그들이 삶을 경험하는 독특한 방식에 대해 설득력 있는 글을 썼다(그의 저서 『아내를 모자로 착각한 남자(The Man Who Mis-took His Wife for a Hat)』를 참조). 인지불능증은 감각 말초나 운동 출력의 결함이 아니라 중앙 처리(central processing) 능력의 상실로 인해 발생한다.

30   T. E. Feinberg et al., "Two alien hand syndromes." Neurology 42: 19-24

(1992)는 왼손이 자발적으로 자기 목을 조르는 환자를 묘사한다. 그 환자의 왼손을 목에서 떼어 내는 데는 엄청난 힘이 필요했다. 또 다른 환자의 오른손은 잡는 반응이 두드러졌고 계속 움직이고 있었다. 이 손은 침대보나 환자의 다리, 성기 등 주변 물체를 더듬고는 잡으면 놓지 않았다.

31 안톤바빈스키(Anton-Babinski) 또는 안톤 증후군(Anton's syndrome)은 드물게 발생하는 시각 질병인지불능증(visual anosognosia) 또는 피질맹(cortical-blindness)으로, 환자는 앞이 완전히 보이지 않는데도 정상적으로 보인다고 주장하며, 검사자의 손가락을 세어 보라고 하면 말을 지어내는 등 자신의 상태에 대한 자각이 놀랍도록 부족한 모습을 보인다. M. Maddula, S. Lutton, and B. Keegan, "Anton's syndrome due to cerebrovascular disease: A case report." *Journal of Medical Case Reports* 3: 1-3 (2009).

32 물론 당신은 등 뒤에서 들리는 소리를 정확하게 찾아낼 수 있다. 그러나 그것은 청각적 단서이지 시각적 단서는 아니다.

33 A. Kertesz, "Anosognosia in aphasia." In G. P. Prigatano, ed., *The Study of Anosognosia*, pp. 113-122. Oxford University Press: Oxford (2010).

34 A. Henri-Bhargava, D. T. Stuss, and M. Freedman, "Clinical assessment of prefrontal lobe functions." *Behavioral Neurology and Psychiatry* 24: 704-726 (2018).

35 다음의 11장 참조. C. Koch, *The Feeling of Life Itself*. MIT Press: Cambridge, MA (2018).

36 K. C. R. Fox et al., "Intrinsic network architecture predicts the effects elicited by intracranial electrical stimulation of the human brain." *Nature Human Behaviour* 4: 1039-1052 (2020). 다음도 참조. C. Koch, "Hot or Not?" *Nature Human Behaviour* 4: 991-992 (2020). 통증에 대해서는 다음을 참조. A. Duong et al., "Subjective states induced by intracranial electrical stimulation matches the cytoarchitectonic organization of the human insula." *Brain Stimulation* 16: 1653-1665 (2023); J. Isnard et al., "Does the insula tell our brain that we are in pain?" *Pain* 152: 946-951 (2011); L. Mazzola, "Stimulation of the human cortex and the experience of pain: Wilder Penfield's observations revisited." *Brain* 135: 631-640 (2012); A. Montavont et al, "On the origin of painful somatosensory seizures." *Neurology* 84: 594-601 (2015).

37 발작을 일으키는 간질 환자에 대해서는 다음 논문에서 묘사하고 있다. J. Parvizi

et al., "Altered sense of self during seizures in the posteromedial cortex." *Proceedings of the National Academy of Sciences of the United States of America* 118(29): e2100522118 (2021). The bodily or spatial "I" is further localized to the anterior precuneus, part of the posteromedial cortex: 신체적 또는 공간적 "나"는 후내측피질의 일부인 전쐐기앞소엽(anterior precuneus)에 더 국한된다. D. Lyu et al., "Causal evidence for the processing of bodily self in the anterior precuneus." *Neuron* 111(16): 2502_2512.e4 (2023). 장기간 명상하는 사람들과 마음 챙김 훈련을 받는 일반 지원자들을 대상으로 한 영상 연구에서도, 편재하는 자아 감각이 무뎌진 상태에서 이 주변 부위의 활동이 감소한 것으로 나타났다. J. A. Brewer et al. "Meditation experience is associated with differences in default mode network activity and connectivity." *Proceedings of the National Academy of Sciences of the United States of America* 108: 20254-20259 (2011). J. A. Brewer, K. A. Garrison, and S. Whitfield-Gabrieli, "What about the 'self' is processed in the posterior cingulate cortex?" *Frontiers in Human Neuroscience* 7: 647 (2013).

38 후방 핫존이 의식적인 시각 지각에 영향을 미친다는 것을 확인한 최근의 영상 실험을 예로 들어 보겠다. 피험자들은 키보드 자판을 쳐서 짧게 깜박이는 동물의 선화(line art)와 사물의 선화를 구별해야 했다. 이것은 신피질의 앞쪽뿐만 아니라 뒤쪽에서도 혈역학적 활동을 유발했다. 피험자가 아무것도 하지 않고 동일한 그림을 단순히 보기만 했을 때(무과제 조건)도 여전히 전방 피질이 아닌 후방 피질에서 선택적 활동을 불러 일으켰다. 이 잘 통제된 연구에서는 차폐 시각 자극과 그렇지 않은 시각 자극을 세 번째 부수적 기억 과제와 혼합했다. E. Hatamimajoumerd et al., "Decoding perceptual awareness across the brain with a no-report fMRI masking paradigm." *Current Biology* 32: 4139-4149 (2022).

39 L. Melloni et al., "Making the hard problem of consciousness easier." *Science* 372: 911-912 (2021). 이 연구는 의식 이론을 테스트하기 위한 다섯 가지 적대적 협력 연구 중 첫 번째에 불과하다는 점에 유의하라. 모두 다위드 포트기터(Dawid Potgieter)에 의해 시작되었으며, 템플턴세계자선재단(Templeton World Charity Foundation)의 지원을 받았다. 이러한 적대적 협력 연구는 신경과학 사회학의 한 실험으로 볼 수도 있다.

40 S. Dehaene and J.-P. Changeux, "Experimental and theoretical approaches to conscious processing." *Neuron* 70: 200-227 (2011); S. Dehaene, *Consciousness*

and the Brain: Deciphering How the Brain Codes Our Thoughts. Viking: New York (2014); B. van Vugt et al., "The threshold for conscious report: Signal loss and response bias in visual and frontal cortex." *Science* 360: 537-542 (2018).

41 A. M. Haun et al., "Are we underestimating the richness of visual experience?" *Neuroscience of Consciousness* 2017(1): niw023 (2017).

42 이것은 그 이론의 중요한 예측으로 NCC는 내재적인 원인 결과 힘의 최대치여야만 한다. 그렇지 않은 경우라면 그 이론은 반증되지 않는다.

43 사전 등록된 두 실험의 방법론은 다음을 참조하라. L. Melloni et al., "An adversarial collaboration protocol for testing contrasting predictions of global neuronal workspace and integrated information theory." *PLoS ONE* 18: e0268577 (2022).

44 Cogitate Consortium et al., "An adversarial collaboration to critically evaluate theories of consciousness." bioRxiv: https://doi.org/10.1101/2023.06.23.546249 (2023).

45 이것은 "새로운 과학적 진리는 그 반대자들을 설득하고 빛을 보게 함으로써 승리하는 것이 아니라, 그 반대자들이 결국 죽고, 그 진리에 익숙한 새로운 세대가 성장함으로써 승리한다"라는 막스 플랑크(Max Planck)의 원리를 다소 실망스럽지만 생생하게 보여 준 사건이다.

46 M. Lenharo, "Decades-long bet on consciousness ends-and it's philosopher 1, neuroscientist 0." *Nature* (June 24, 2023); E. Finkel, "Adversarial search for neural basis of consciousness yields first results." *Science* (June 25, 2023).

47 2002년 노벨 경제학상을 수상하고, 심리학에서 갈등을 해결하기 위해 **적대적 협력 연구**(adversarial collaboration)라는 개념을 공식화한 심리학자 대니얼 카너먼(Daniel Kahneman)이 예측했듯이, 부정적인 결과로 자신들의 이론이 위협받는 일부 과학자들은 방법론적, 철학적, 정치적, 그리고 기타 추론은 물론, [**인신공격**(ad hominem charges)을 포함한] 과학적 추론을 동원해, 이전에 합의된 프로토콜의 결과를 불신하고 생산적인 과학을 **분노의 과학**(angry science)으로 만들려고 한다. D. Kahneman, "Experiences of collaborative research." *American Psychologist* 58(9): 723 (2003). 여기서 우리의 협업에 대한 이러한 공격은 통합정보이론이 사이비 과학(pseudoscience)이라고 주장하는 형태로 이루어졌다. M. Lenharo, "Consciousness theory slammed as pseudoscience sparking uproar." *Nature*: https://www.nature.com/articles/

d41586-023-02971-1 (September 20, 2023). For a taste of what is wrong about this attempt to "cancel" an entire theory of consciousness, see E. Hoel's blog post https://iai.tv/articles/no-theory-of-consciousness-is-scientific-auid-2610. 나도 동의하는 그의 견해에 따르면, IIT가 많은 학자들에게 매력적인 이유는 이 이론이 다른 모든 대안 가설보다 더 야심차고 잘 공식화되어 있으며, 실제로 모든 의식 이론이 직면하는 어려움을 정면으로 다루기 때문이다. 그 통찰력 있고 냉소적인 견해는 다음에서 참조. See also the insightful and sarcastic A. Gomez-Marin, "The consciousness of neuroscience." *eNeuro* 10(11) (2023).

48 간혹, 신경관 결손 또는 다른 발달장애로 인해, 대뇌반구가 없고, 두개골, 두피, 수막도 거의 없는 상태로 태어나는 아기가 있다. 이러한 무뇌아들(anencephalic children)은 심각한 장애를 지니고 있으며, 대부분 어릴 때 사망한다. 살아남은 아이들은 장애가 심하고 말을 배우지 못하며, 표현력이 제한적이다. 따라서 의식이 어느 정도인지 평가하기 어렵다. 그들이 가진 제한된 경험이 무엇이든, 이런 특별한 상황에 적응한 둔덕(colliculus)과 같은 피질하 구조(subcortical structures)가 이를 뒷받침해야 한다. 피질이 없는 어린이의 의식에 대한 열정적인 방어에 대해서는 다음을 참조. B. Merker, "Consciousness without a cerebral cortex: A challenge for neuroscience and medicine." *Behavioral and Brain Sciences* 30: 63-81 (2007); B Aleman and B. Merker, "Consciousness without cortex: A hydranencephaly family survey." *Acta Paediatrica* 103: 1057-1065 (2014).

49 꿀벌과 다른 곤충의 지각 분별력과 호환되는 복잡한 행동에 대한 중요한 실험 문헌이 있다. A. B. Barron and C. Klein, "What insects can tell us about the origins of consciousness." *Proceedings of the National Academy of Sciences of the United States of America* 113: 4900-4908 (2016); L. Chittka and C. Wilson, "Expanding consciousness." *American Scientist* 107: 364-369 (2019).

50 모든 생명체가 의식을 가진다는 가정을 **생심론**(biopsychism)이라 한다. 다음을 참조. E. Thompson, *Mind in Life: Biology, Phenomenology and the Sciences of the Mind*. Harvard University Press: Cambridge, MA (2007).

51 그렇지만 원숭이와 인간 사이에 신피질의 연결성을 비교한 최근 정보이론적 분석에 따르면, 인간의 하두정엽(inferior parietal)과 후측두엽 피질(posterior temporal cortex), 쐐기앞소엽 등의 넓은 영역, 그리고 그보다 작은 전두피질 영역은, 마카크원숭이(macaque) 뇌의 어느 부분에서도 예측될 수 없다는 놀

라운 결론에 도달했다. 처음 세 영역은 후방 핫존과 현저하게 겹친다. 다음을 참조. R. B. Mars et al., "Whole brain comparative anatomy using connectivity blueprints." *Elife* 7: e35237 (2018).

52   뇌신경 마비, 감각 및 운동 경로에 영향을 미치는 뇌간 병변, 피질맹, 실어증, 전두 운동불능증후군 등은 모두 환자가 [의사의] 요청을 보거나 듣거나 또는 행동하는 능력을 방해할 수 있다. 더구나 각성 수준의 변동은 (특히 급성기에) 병상 검사를 까다롭게 하며, 자발 행동의 회복을 놓칠 가능성이 높아진다. 일부 식물인간 상태의 환자들은 자기 스캐너 안에 누워, 집 주변을 걷거나 테니스를 치는 상상을 하도록 요청받기도 한다. 그런 환자 23명 중 네 명은 해마와 보조운동피질에서 의식이 있는 지원자들과 동일한 뇌 반응을 보여 주었다. 그렇지만 이러한 의도적 뇌 활동의 변조를 쌍방향 의사소통을 위한 생명 줄로 활용하는 것은 대부분의 환자에게는 효과가 없으며, 게다가 대체로 중환자실 환경에서는 실시가 불가능하다. 다음을 참조. M. M. Monti et al., "Willful modulation of brain activity in disorders of consciousness." *New England Journal of Medicine* 362:579-589 (2010); A. Owen, *Into the Gray Zone: A Neuroscientist Explores the Border Between Life and Death*. Scribner: London (2017).

53   F. Faugeras et al., "Survival and consciousness recovery are better in the minimally conscious state than in the vegetative state." *Brain Injury* 32: 72-77 (2018); J. Elmer et al., "Association of early withdrawal of life-sustaining therapy for perceived neurological prognosis with mortality after cardiac arrest." *Resuscitation* 102: 127-135 (2016). See also J. J. Fins, *Rights Come to Mind: Brain Injury, Ethics, and the Struggle for Consciousness*. Cambridge University Press: New York (2015).

54   깨어 있는 지원자와 수면 중인 지원자의 의식과 섭동복잡성지수(PCI)에 대한 생각의 원래 개념과 테스트는 다음과 같다. M. Massimini et al., "Breakdown of cortical effective connectivity during sleep." *Science* 309: 2228-2232 (2005). 임상적 데이터를 다음에서 참조. A. Casali et al., "A theoretically based index of consciousness independent of sensory processing and behavior." Science *Translational Medicine* 5: 1-11 (2013); S. Casarotto et al., "Stratification of unresponsive patients by an independently validated index of brain complexity." *Annals of Neurology* 80: 718-729 (2016); D. O. Sinitsyn et al., "Detecting the potential for consciousness in unresponsive

patients using the perturbational complexity index." *Brain Sciences* 10: 917 (2020). For a recent review of covert consciousness, see B. L. Edlow et al., "Measuring consciousness in the intensive care unit." *Neurocritical Care* 38(3): 584-590 (2023).

7장 확장하는 의식

1. 다음을 참조. T. Metzinger, *The Ego Tunnel: The Science of the Mind and the Myth of the Self.* Basic Books: New York (2009). B. Hood, *The Self Illusion: How the Social Brain Creates Identity.* Oxford University Press: New York (2012); S. Blackmore. *Zen and the Art of Consciousness.* Simon and Schuster: New York (2014).
2. 전환적 체험의 다른 이름은 "더 높은" "변화된" "정점" "계시의" "비전의" "영적", 또는 "카타르시스"의 체험이다.
3. 물론 인생의 예기치 않은 무수한 사건(성폭행, 칼부림, 총격)과 그 밖에 인간의 비인간성에 대한 긴 목록(대부분 남성이 저지른)은 삶을 나쁘게 만들 수 있다. 나는 이 모든 것들에 대해서는 논의하지 않겠다(비록 여기에서도 전환적 체험의 모든 특징을 지닌 외상후 성장이 일어날 수 있다). 더구나 나는, 느린 전환과 비교되는 매우 신중하고 의식적인 추론을 통해서 새로운 정체성 또는 원인으로 갑작스럽게 변화하는 것에만 초점을 맞출 것이다. A. Chirico et al., "Defining transformative experiences: A conceptual analysis." *Frontiers in Psychology* 13: 2862 (2022).
4. A. N. Wilson, Paul: *The Mind of the Apostle.* Norton: New York (1997).
5. 신비로운 체험은 측두엽 간질 발작의 일부로 발생할 수 있으며, 이 발작을 겪고 그 효과에 대해 웅변적으로 쓴 러시아 작가 도스토옙스키의 이름을 따서 **도스토옙스키 발작**(Dostoyevsky's seizures)이라고도 한다. I. Fried, "Auras and experiential responses arising in the temporal lobe." In S. Salloway, P. Malloy, and J. L. Cummings, eds., *The Neuropsychiatry of Limbic and Subcortical Disorders*, pp. 113-122. American Psychiatric Press: Washington, DC (1997). 그것은 신경외과 수술 중 전극에 의해서도 유발될 수 있다. F. Bartolomei et al., "The role of the dorsal anterior insula in ecstatic sensation revealed by direct electrical brain stimulation." *Brain Stimulation* 12: 1121-1126 (2019).

6   D. B. Yaden et al., "The overview effect: Awe and self-transcendent experience in space flight." *Psychology of Consciousness: Theory, Research, and Practice* 3: 1 (2016).

7   J. Goodall and P. Berman, *Reason for Hope: A Spiritual Journey.* Grand Central Publishing: New York (1999).

8   A. Schopenhauer, *The World as Will and Representation.* Volume 1, p. 178. Dover: New York (1969), originally published in 1819.

9   E. Herrigel, *Zen in the Art of Archery.* Vintage Books: New York (1953).

10   지금까지 지구상에 살았던 인구 약 1180억 명에 비하면 미미한 수치이다.

11   L. Brasington, *Right Concentration: A Practical Guide to the Jhanas.* Shambhala Publications: Boulder, CO (2015); J. Yates, M. Immergut, and J. Graves, *The Mind Illuminated: A Complete Meditation Guide Integrating Buddhist Wisdom and Brain Science for Greater Mindfulness.* Simon and Schuster: New York (2017). 이러한 관행 중 일부는 사람들이 견뎌야 할 것의 외적 경계를 정해 준다. 비잔틴 시대의 고행자, 즉 스타일라이트(*stylites*)는 기둥 위에서 수년 동안 살았고, 중세 시대의 은둔자, 즉 앵커라이트(*anchorites*)는 일반적으로 교회 옆 단칸방에서 여생을 보냈다. 실제로 그들이 세상에서 길을 잃고 그들의 은거지로 들어가면, 그들을 위한 장례식이 거행되었다. 가장 유명한 여성 은둔자(anchoress)는 노리치의 줄리언(Julian of Norwich)이었다. **즉신불**(卽身佛)은 "육신으로 불성을 얻은 자"라는 뜻으로, 불교 수행자들이 스스로 미라가 되는 과정을 거쳤다. 이는 19세기 후반에 불법으로 지정되기 전까지 중세 일본에서 행해졌다. 체지방을 서서히 제거하고 신체 신진대사를 최소한으로 줄이는 엄격한 식단으로 생활한 고행자는 결국 굶어 죽게 된다. K. Jeremiah, *Living Buddhas: The Self-Mummified Monks of Yamagata, Japan.* McFarland: Jefferson, NC (2014).

12   적어도 다음 의료인류학자는 아메리카 원주민 교회의 페요테 의례(peyote ceremony)를 "의식 변형(consciousness modification)" 기법이라고 명시적으로 설명한다. J. Calabrese, *A Different Medicine: Postcolonial Healing in the Native American Church.* Oxford University Press: Oxford, UK (2013).

13   J. G. Dean et al., "Biosynthesis and extracellular concentrations of N, N-dimethyltryptamine (DMT) in the mammalian brain." *Scientific Reports* 9: 1-11 (2019).

14   급성 실로시빈을 경험하는 동안, 나는 사물이나 장소에 비정상적으로 오랫동

안 집착하는 경향을 알아차렸으며, 또한 생각을 포함해 모든 종류의 움직임을 시작하기 매우 어려워진 것도 알아차렸다.

15   B. Shanon, *The Antipodes of the Mind: Charting the Phenomenology of the Ayahuasca Experience.* Oxford University Press: Oxford, UK (2010).

16   R. K. C. Forman, ed., The Problem of Pure Consciousness: Mysticism and Philosophy. Oxford University Press: Oxford, UK (1990).

17   R. Doblin, "Pahnke's Good Friday Experiment: A long-term follow-up and methodological critique." *Journal of Transpersonal Psychology* 23(1): 1-25 (1991).

18   B. C. Muraresku, *The Immortality Key: The Secret History of the Religion with No Name.* St. Martin's Press: New York (2020).

19   나는 케이프 코드(Cape Cod)의 한 해변에서 폭풍우가 몰아치는 어느 날 밤 밝은 빛과 우렁찬 목소리를 들었지만, 그것이 내가 생각했던 것과는 아주 달랐다. 나는 〈모스라디오아워(Moth Radio Hour)〉 쇼에서 "신, 죽음 그리고 프랜시스 크릭(God, Death and Francis Crick)"이라는 제목으로 이에 관해 언급한 적이 있다.

20   I. Hartogsohn, "Set and setting in the Santo Daime." *Frontiers in Pharmacology* 12: 610 (2021). 자세한 민족지학(ethnography)에 대해서는 다음 종교학자의 책을 참조. William Barnard's *Liquid Light: Ayahuasca Spirituality and the Santo Daime Tradition.* Columbia University Press: New-York (2022).

21   쇼펜하우어는 모든 것이 궁극적으로 본체적 의지(noumenal will)의 표명 또는 표상이라는 순수한 관념론을 철저히 지지한다. 나는 이 체험 동안, 내가 보편적인 의식의 장(universal field of consciousness)을 두드리고 있다고 느꼈다. 그렇다, 이런 내 말이 당신에게 어떻게 들리는지 잘 안다. 그렇지만 이것이 내가 해 줄 수 있는 말의 전부이다.

22   J. A. Brewer et al., "Meditation experience is associated with differences in default mode network activity and connectivity." *Proceedings of the National Academy of Sciences of the United States of America* 108: 20254-20259 (2011). "닫힌" 상태의 경우 브루어는 피험자에게 좌절, 불안, 두려움, 걱정 등을 경험했던 때를 떠올려 몸으로 느끼도록 요청하고, "열린" 상태의 경우 기쁨, 유대감, 친절함 등을 느꼈던 때를 떠올리도록 요청한다.

23   T. Bayne and O. Carter, "Dimensions of consciousness and the psychedelic

state." *Neuroscience of Consciousness* 2018(1): niy008 (2018). 창의성을 체계적으로 연구하는 것은 어려운 일이다. LSD를 복용한 전문가 27명을 대상으로 신뢰할 수 있는 방식으로 수행된 몇 안 되는 연구 중 하나는 다음과 같다. W. W. Harman et al., "Psychedelic agents in creative problem-solving: A pilot study." *Psychological Reports* 19: 211-227 (1966). 다른 사람들은 미세 용량, 즉 환각제 수준의 실로시빈이나 LSD를 사용해 불안감을 해소한다. J. M. Rootman et al., "Adults who microdose psychedelics report health related motivations and lower levels of anxiety and depression compared to non-microdosers." *Scientific Reports* 11: 1-11 (202).

24 레이먼드 무디(Raymond Moody)는 1975년에 출간한 저서 『삶 이후의 삶(Life After Life)』에서 "임사체험(near-death experience)"이라는 용어를 만들었다. 다음도 참조. B. Greyson, "Consistency of near-death experience accounts over two decades: Are reports embellished over time?" Resuscitation 73(3): 407-411 (2007); S. Blackmore, "Near-death experiences: In or out of the body?" *Skeptical Inquirer* 16: 34-45 (1991); J. M. Holden, B. Greyson, and D. James, eds., *The Handbook of Near-Death Experiences: Thirty Years of Investigation. Praeger:* Santa Barbara, CA (2009).

25 산소를 보충하지 않고 자유 다이빙이나 고공 등반을 하면 산소 감소, 또는 이산화탄소 증가로 인해 유쾌하고 경미한 현기증, 경쾌함, 각성 증세가 나타날 수 있다. 그리고 감히 언급하지 않는 행태도 있다. 바로 질식, 실신, 십대들의 기절 게임, 그보다 조금 더 나이를 먹은 아이들의 질식 성애가 그것이다. 이러한 행위는 혼자서 행할 경우 치명적이며, 부모와 형제자매를 절망에 빠뜨리고 죄책감에 휩싸이게 만든다. 임사체험의 신경과학에 대한 일반적인 참고 자료는 다음을 참조. O, Blanke, N. Faivre and S. Gieguez "Leaving body and life behind: Out-of-body and near-death experience." In S. Laureys O. Gossiers, and G. Tononi, eds., *The Neurology Consciousness*, pp. 323-347. 2nd ed. Elsevier: Amsterdam (2015); C. Martial et al., "Near-death experience as a probe to explore (disconnected) consciousness." *Trends in Cognitive Sciences* 24: 173-183 (2020).

26 심정지 환자의 약 10퍼센트만이 생존한다. 이 말에 비추어 전망해 보자면, 심장이 멈춘 환자 대부분은 911, 헬리콥터 호송, 그리고 다른 첨단기술의 개입이 등장하기 전에는 사망했다.

27 S. Parnia et al., "A qualitative and quantitative study of the incidence,

features and aetiology of near-death experiences in cardiac arrest survivors." *Resuscitation* 48: 149-156 (2001); B. Greyson, "Incidence and correlates of near-death experiences in a cardiac care unit." *General Hospital Psychiatry* 4: 269-276 (2003); P. Van Lommel et al., "Near-death experience in survivors of cardiac arrest: A prospective study in the Netherlands." *Lancet* 358: 2039-2045 (2001); S. Parnia et al., "AWARE—AWAreness during REsuscitation—A prospective study." *Resuscitation* 85: 1799-1805 (2014).

28 아마도 임사체험은 뇌가 부팅되는 동안 생성되며, 그 후 타임스탬프(timestamp)가 잘못 찍힌 것일 수 있다. 또 다른 복잡한 문제는 등전위 뇌파(isoelectric EEG)가 해마와 같은 신피질 아래 구조의 전기 활동을 배제하지 못한다는 것이다. D, Kroeger, B. Florea, and F Amzica, "Human brain activity patterns beyond the isoelectric line_of extreme deep coma." *PLoS ONE* 8: e75257 (2013).

29 C. Martial et al., "Neurochemical models of near-death experiences: A large-scale study based on the semantic similarity of written reports." *Consciousness & Cognition* 69: 52-69 (2019).

30 그 이후로 나는 임사체험을 한 사람들이 죽음에 대한 두려움을 잃는 경우가 드물지 않다는 사실을 알게 되었다. N. A Tassell-Matamua and N. Lindsay, "'I'm not afraid to die': The loss of the fear of death after a near-death experience." *Mortality* 21: 71-87 (2016).

31 이 경험은, 후방 핫존 전체에서 동기화되는 EEG의 델타 영역에서 저주파 활동과 함께 나타날 것이다. 실제로 아야와스카의 정신 활성 성분인 DMT는 건강하고 경험이 풍부한 아야와스카 사용자들 35인에게서, 단순히 눈을 감는 것에 비해 델타(1~4헤르츠) EEG 파워의 증가와 알파 파워(8~12헤르츠)의 감소를 유도했다. C. Pallavicini et al., "Neural and subjective effects of inhaled N,N-dimethyltryptamine in natural settings." *Journal of Psychopharmacology* 35: 406-420 (2021).

32 M. Boly et al., "Neural correlates of pure presence." 23rd meeting of the Association for the Scientific Study of Consciousness, New York (2023).

33 A. Haun and G. Tononi, "Why does space feel the way it does? Towards a principled account of spatial experience." *Entropy* 21: 1160 (2019).

8장 전환적 체험으로 바뀌는 삶

1   나는 다음과 같은 보석을 발견했다. J. Brewer, *Unwinding Anxiety*. Penguin Random House: New, York (2021), 불안을 다룬 이 책을 나는 각별히 추천한다.
2   T. De Quincey, *Confessions of an English Opium-Eater*. Joystones Publishing (1821); M. Jay, *Psychonauts: Drugs and the Making of the Modern Mind*. Yale University Press: New Haven, CT (2023).
3   1967년 샌프란시스코의 "사랑의 그 여름(the summer of love)"의 어두운 측면은 조앤 디디온(Joan Didion)의 에세이 『구부정한 베들레헴(Slouching Tofards Bethlehem)』에 잘 묘사되어 있다. 기억에 남는 첫 대사는 "중심이 잡히지 않았다"이다.
4   목록1 약물(schedule I drugs)에는 모든 오피오이드 및 아편 유도체, 환각제, 우울증 치료제(알코올 제외), 각성제 등이 포함된다. 이러한 약물을 불법으로 규정하고, 소지할 경우 징역형에 처하도록 한 이후, 미국 정부는 불법 마약 거래를 억제하기 위한 재앙적인 "마약과의 전쟁(War on Drugs)" 캠페인을 벌였다. 이 캠페인은 값싸고 강력하며 중독성이 강한 마약(주로 합성 오피오이드)의 공급을 줄이는 데는 실패했지만, 수감자 수가 대규모로 지속적으로 증가했고, 아프리카계 미국인의 마약 사용이 과부각되면서 그들이 대거 사회 밖으로 밀려났다.
5   이 암흑기의 선구자는 취리히대학교의 프란츠 폴렌바이더(Franz Vollenweider)였다. 그 이해는 다음을 참조. A. L. Halberstadt, F. X. Vollenweider, and D. E. Nichols, eds., *Behavioral Neurobiology of Psychedelic Drugs*. Springer: Berlin (2018). 1962년 마시 채플 또는 성금요일실험을 더 잘 통제한 버전으로, 2002년 존스홉킨스대학교에서 롤런드 그리피스(Roland Griffiths)와 동료들이 수행한 실험은 원래 연구와 비슷한 결론에 도달했다. R. R. Griffiths et al., "Psilocybin can occasion mystical-type experiences having substantial and sustained personal meaning and spiritual significance." *Psychopharmacology* 187: 268-283 (2006).
6   알코올, 헤로인, 코카인, 대마초, 담배 등과 같은 일반적인 약물의 안전성에 대한 조사는, 사용자에 대한 피해와 타인에 대한 피해(예를 들어, 음주 운전자가 치명적인 사고를 일으킬 경우)를 모두 포함하며, 영국에서 데이비드 너트(David Nutt)가 주도했다. 이 연구는 LSD와 버섯이 연구 대상 약물 중 가장 유해성이 낮다는 결론을 내렸다. D. J. Nutt, L. A. King, and L. D. Phillips,

"Drug harms in the UK: A multicriteria decision analysis." *The Lancet* 376: 1558-1565 (2010).

7   폴란의 심도 있는 다음 연구서는 이러한 분자와의 만남에 대해 흥미로운 방식으로 논의한다. *How to Change Your Mind: What the New Science of Psychedelics Teaches Us About Consciousness, Dying, Addiction, Depression, and Transcendence.* Penguin: New York (2019) 나는 그의 새로운 책을 각별히 추천한다. *This Is Your Mind on Plants.* Penguin: New York (2021), 이 책은 아편, 카페인(세계에서 가장 널리 소비되는 정신 활성 물질), 메스칼린 등에 관한 3부작 에세이이다.

8   A. K. Davis et al., "Effects of psilocybin-assisted therapy on major depressive disorder: A randomized clinical trial." *Journal of the American Medical Association, Psychiatry* 78: 481-489 (2021). 최근 연구에 따르면 실로시빈을 한 번 복용한 후 43일 동안 우울 증상이 크게 감소한 것으로 나타났다. C. L. Raison et al., "Single-dose psilocybin treatment for major depressive disorder: A randomized clinical trial." *Journal of the American Medical Association*: https://doi.org/10.1001/jama.2023.14530 (2023).

9   C. S. Grob et al., "Pilot study of psilocybin treatment for anxiety in patients with advanced-stage cancer." *Archives of General Psychiatry* 68: 71-78 (2011); R. R. Griffith et al., "Psilocybin produces substantial and sustained decreases in depression and anxiety in patients with life-threatening cancer: A randomized double-blind trial." *Journal of Psychopharmacology* 30: 1181-1197 (2016).

10 S. Nolen-Hoeksema, B. E. Wisco, and S. Lyubomirsky, "Rethinking rumination." *Perspectives on Psychological Science* 3: 400-424 (2008); T. Barba et al., "Effects of psilocybin versus escitalopram on rumination and thought suppression in depression." *British Journal of Psychology Open* 8: e163 (2022).

11 D. B. Yaden, J. B. Potash, and R. R. Griffiths, "Preparing for the bursting of the psychedelic hype bubble." *Journal of the American Medical Association Psychiatry* 79: 943-944 (2022).

12 금전적 이익을 얻기 위한 이러한 서두름은 개방형 과학을 장려하고 고비용 치료법으로부터 대중을 보호하려는 사람들(Porta Sophia 참조: https://www.portasophia.org)과 지식재산권 주장과 투자수익을 극대화하려는 영리기업 간의 군비경쟁으로 이어지고 있다. M. Marks and I. G. Cohen, "Patents on psychedelics: The next legal battlefront of drug development." *Harvard Law*

13 이러한 수에는 https://clinicaltrials.gov에서 "모집 중"이거나 "아직 모집하지 않은" 임상시험이 포함된다. K. A. A. Andersen et al., "Therapeutic effects of classic serotonergic psychedelics: A systematic review of modern-era clinical studies." *Acta Psychiatrica Scandinavica* 143: 101-118 (2021).

14 D. Nutt, *Drugs Without the Hot Air: Minimizing the Harms of Legal and Illegal Drugs*. UIT Cambridge: Cambridge, UK (2012).

15 T. S. Krebs and P. Ø. Johansen, "Psychedelics and mental health: A population study." *PLoS ONE* 8: e63972 (2013).

16 소문과는 달리, LSD 섭취 후 확인된 사망자는 아주 적은데, 두 명은 과다 복용으로, 두 명은 경찰의 극심한 신체적 제지로 인해 치명적인 심혈관계 마비를 일으켜 사망한 것으로 확인되었다. D. E. Nichols and C. S. Grob, "Is LSD toxic?" *Forensic Science International* 284: 141-145 (2018). 실로시빈 사용 후 익사 또는 자동차 사고와 관련된 사망 사례가 보고된 바 있다. J. B. Leonard, B. Anderson, and W. Klein-Schwartz, "Does getting high hurt? Characterization of cases of LSD and psilocybin-containing mushroom exposures to national poison centers between 2000-2016." *Journal of Psychopharmacology* 32: 1286-1294 (2018). 환각제는 혈압을 약간 (10~20mmHg) 그리고 일시적으로 상승시킬 수 있다.

17 정화(Purging)는 구토와 설사의 형태로 나타난다. 인체의 모든 세로토닌 분자의 95퍼센트는 장에 있다는 것을 주목하라.

18 G. Martinotti et al., "Hallucinogen persisting perception disorder: Etiology, clinical features, and therapeutic perspectives." Brain Sciences 8: 47 (2018); B. Murrie et al., "Transition of substance-induced, brief, and atypical psychoses to schizophrenia: A systematic review and meta-analysis." *Schizophrenia Bulletin* 46: 505-516 (2020). 일반적으로 장기적인 위험은 건강한 사람보다 정신과 질환이 있는 사람이 더 크며, 통제된 치료 환경보다 통제되지 않은 환경(예를 들어, 클럽이나 집에서 친구와 함께 복용하는 경우)에서 더 크다. 여러 설문조사에서 통제되지 않은 환경에서 일반 사용자가 환각 버섯을 복용할 경우의 위험성을 파악하기도 했다. T. M. Carbonaro et al., "Survey study of challenging experiences after ingesting psilocybin mushrooms: Acute and enduring positive and negative consequences." *Journal of Psychopharmacology* 30(12): 1268-1278 (2016); S. M. Nayak et al., "Naturalistic psilocybin use

is associated with persisting improvements in mental health and wellbeing: Results from a prospective, longitudinal survey." *Frontiers in Psychiatry* 14; 1199642 (2023); J. Evans et al., "Extended difficulties following the use of psychedelic drugs: A mixed methods study." *PLoS ONE* 18(10): e0293349 (2023).

19 M. Janikian, *Your Psilocybin Mushroom Companion.* Ulysses Press: Berkeley, CA (2019).

20 환각제가 뇌에 미치는 영향에 대해 널리 알려진 몇 안 되는 관찰 중 하나는, 5-HT-2A 수용체와의 결합이 급성 환각 효과를 불러일으키기 위해서 필요하다는 것이다. F. X. Vollenweider and K. H. Preller, "Psychedelic drugs: Neurobiology and potential for treatment of psychiatric disorders." *Nature Reviews Neuroscience* 21: 611-624 (2020); A. C. Kwan et al., "The neural basis of psychedelic action." *Nature Neuroscience* 25: 1407-1419 (2022); G. Ballentine. S. F. Freesun, and D. Bzdok, "Trips and neurotransmitters: Discovering principled patterns across 6,850 hallucinogenic experiences." *Science Advances* 8(11): eabl6989 (2022). 환각제는 도파민 및 아드레날린 수용체에 하류 효과(downstream effects)를 미칠 수 있다. 생물학에서 단순한 것은 없다. 자세한 것은 다음을 참조. D. Nichols, "Psychedelics." *Pharmacological Reviews* 68: 264-355 (2016). 최근 밝혀진 바에 따르면, 환각제는 각 뉴런을 감싸고 있는 외부 막이 아니라, 뉴런 내부의 세로토닌 2A 수용체와 결합하는 것으로 나타났다. M. V. Vargas et al., "Psychedelics promote neuroplasticity through the activation of intracellular 5-HT2A receptors." *Science* 379: 700 (2023).

21 포유류의 뇌에는 서로 다른 유형의 전사 세포가 3000~5000개 존재하며, 각 세포는 21개로 알려진 세로토닌 수용체 아형이 전무(none), 하나, 또는 그 이상의 아집단을 발현한다. 이것은 인간이 환각 물질을 섭취할 때, 신경세포 수준에서 일어나는 일을 기계적으로 해석하려는 노력을 매우 어렵게 만든다. 환각 체험 지원자의 뇌 영상 연구는 다음을 참조. R. L. Carhart-Harris et al., "Neural correlates of the psychedelic state as determined by fMRI studies with psilocybin." *Proceedings of the National Academy of Sciences of the United States of America* 109: 2138-2143 (2012); L. Smigielski et al., "Psilocybin-assisted mindfulness training modulates self-consciousness and brain default mode network connectivity with lasting effects." *NeuroImage* 196: 207-215

(2019); J. J. Gattuso, "Default mode network modulation by psychedelics: A systematic review." *International Journal of Neuropsychopharmacology* 26(3): 155-188 (2022). MEG 및 EEG 연구를 다음에서 참조. M. M. Schartner et al., "Increased spontaneous MEG signal diversity for psychoactive doses of ketamine, LSD and psilocybin." *Scientific Reports* 7: 1-12 (2017); A. Ort et al., "TMS-EEG and resting-state EEG applied to altered states of consciousness: Oscillations, complexity, and phenomenology." *Iscience* 26: 106589 (2023). 환각 체험 지원자와 수행해야 할 한 가지 실험은, 그가 자기 안에 누워 있거나 의자에 앉아 머리를 EEG 또는 MEG 측정장치로 감싼 상태에서 강한 "비전"이 나타날 때 신호를 보내도록 요청하고, 환각의 활발한 시각적 징후가 없을 때(항상 눈을 감고 있는 상태)와 시각피질 활동을 비교하는 것이다.

22 이 분야의 모든 사람들이 의지하고 있는 설치류의 환각제 효능에 대한 기존의 행동 판독 방법은 머리 경련 반응(head-twitch response), 즉 매우 빠르게 머리를 회전하는 것(물에 젖은 개가 머리를 터는 것과 비슷)인데, 인간에게는 이런 반응이 없다. A. L. Halberstadt et al., "Correlation between the potency of hallucinogens in the mouse head-twitch response assay and their behavioral and subjective effects in other species." *Neuropharmacology* 167: 107933 (2020).

23 한 원숭이는 DMT를 스스로 투여한 후 "실내에 대한 시각적 탐색, 머리 털기, 이상한 자세를 취하기, 과잉행동, '파리 잡기'(공간의 빈 지점에 시선을 고정하고 재빨리 잡으려고 시도하는 것) 등 여러 가지 중독 징후"를 보였다. W. E. Fantegrossi, J. H. Woods, and G. Winger, "Transient reinforcing effects of phenylisopropylamine and indolealkylamine hallucinogens in rhesus monkeys." *Behavioural Pharmacology* 15: 149-157 (2004).

24 신경 가소성을 강화한다는 가장 좋은 증거는 환각제를 투여한 설치류에서 얻어진다. 환각제는 전두엽 피질에서 신경세포 간 시냅스 교통의 대부분이 일어나는 특수 접합부인 수상돌기와 시냅스 가시의 성장을 촉발한다. 일부 증거에 따르면, 중요한 신경 성장 인자인 뇌유래 신경영양인자(BDNF)는 사용자가 환각제를 섭취한 후 말초혈액에서 증가한다. A. E. Calder and G. Hasler, "Towards an understanding of psychedelic-induced neuroplasticity." *Neuropsychopharmacology* 48(1): 104-112 (2022); R. Nardou et al., "Psychedelics reopen the social reward learning critical period." Nature 618: 790-798 (2023).

25 이런 쟁점에서 상반된 견해는 다음에서 참조. D. Olson "The subjective effects of psychedelics may not be necessary for their enduring therapeutic effects." *ACS Pharmacology Translational Science* 4: 563-567 (2020); D. B. Yaden and R. G. Roland, "The subjective effects of psychedelics are necessary for their enduring therapeutic effects." *ACS Pharmacology & Translational Science* 4: 568-572 (2020). 이 쟁점에서 가장 최근의 짧은 의견은 다음에서 참조. R. Moliner et al., "Psychedelics promote plasticity by directly binding to BDNF receptor TrkB." *Nature Neuroscience* 26: 1032-1041 (2023).

26 수많은 연구에서 신비적 체험과 치료 효과 사이의 연관성을 발견했다. R. R. Griffiths et al., "Psilocybin produces substantial and sustained decreases in depression and anxiety in patients with life-threatening cancer: A randomized double-blind trial." *Journal of Psychopharmacology* 30: 1181-1197 (2016); A. Garcia-Romeu et al., "Psilocybin-occasioned mystical experiences in the treatment of tobacco addiction." *Current Drug Abuse Reviews* 7: 157-164 (2014); C. L. Raison et al., "Single-dose psilocybin treatment for major depressive disorder: A randomized clinical trial," *Journal of the American Medical Association*: https://doi.org/10.1001/jama.2023.14530 (2023).

27 물론 그 특별한 경험은, 세로토닌 5-HT-2A 수용체와 결합하는 환각제의 물리적 기질 때문에 가능하다. 이 연결선으로 일련의 생물리학적 및 생화학적 효과가 연쇄적으로 확산된다. 통합정보이론에 따르면 진정한 행위는 외재적 힘이 아니라, 내재적 인과의 힘, 즉 그 기초적 기질이 아니라 의식에 의한 것이다.

28 그 미해결 문제들 중 어느 것도 아직 임상 대상자에 대한 환각제 실험에 시도되지 않고 있다. 현 임상시험과 부적절한 설계에 대한 비판적 시각을 다음에서 참조. M. van Elk and E. Fried, "History repeating: A roadmap to address common problems in psychedelic science." PsyArXiv: https://doi.org/10.31234/osf.io/ak6gx (March 10, 2023).

29 만성적 사용은 5-HT-2B 수용체를 통해 잠재적으로 생명을 위협하는 심장판막증(cardiac valvulopathy)을 유발할 수 있다. T. D. McClure-Begley and B. L. Roth, "The promises and perils of psychedelic pharmacology for psychiatry." *Nature Reviews Drug Discovery* 21: 463-473 (2022).

30 S. D. Muthukumaraswamy, A. Forsyth, and T. Lumley, "Blinding and expectancy confounds in psychedelic randomized controlled trials." *Expert Review of Clinical Pharmacology* 14: 1133-1152 (2021).

31 60억 킬로미터 떨어진 곳에서 지구를 촬영한 칼 세이건(Carl Sagan)의 유명한 "창백한 푸른 점(Pale Blue Dot)" 이미지에 경의를 표하기 위해 명명된 이 재단은 다음 링크에서 확인할 수 있다. https://www.tinybluedotfoundation.org. I am its chief scientist. And no, Elizabeth R. Koch and I are not related. 나는 이곳의 수석 과학자이다. 그리고 엘리자베스 R. 코흐와 나는 친척이 아니다.

32 대중들이 신격화하고 악마화하는, 정치인, 지도자, (전)대통령들이 바다의 무한함을 경험한다고 상상해 보라. 이것이 그들의 삶에 대한 태도와 (그들이 책임져야 할) 시민들의 복지에 어떤 전환을 가져와서 지구상의 긴장, 갈등, 분쟁을 줄일 수 있지 않을까? 물론 테스토스테론에 가장 열광하고 취해 버린 사람들은 또한 통제력을 잃는 것을 가장 두려워하며, 자존심의 상실을 극도로 회피할 것이다.

9장 의식의 종말

1 이 제목은 죽음의 불가피성에 대한 이야기에서 따온 것으로, 그 계보는 고대 메소포타미아까지 거슬러 올라간다. 다음은 작가 서머싯 몸(Somerset Maugham)의 간결한 재해석이다.

바그다드의 한 상인이 하인을 시장으로 보내 식량을 구해 오도록 한다. 얼마 지나지 않아서, 그 하인은 두려움에 떨면서 창백해져 돌아와 상인에게 이렇게 말한다. 내가 시장에서 이리저리 밀리다가 한 여자와 몸이 닿았는데, 그가 죽음의 사신(Death)임을 알아보았으며, 그가 나에게 위협적인 몸짓을 했다고. 그 하인은 상인의 말을 빌려 타고, 죽음의 사신이 자신을 찾지 못할 것이라고 믿으며 엄청난 속도로 사마라로 도망쳤다. 그 상인은 시장으로 가서 죽음의 사신을 발견하고, 왜 자신의 하인에게 위협적인 몸짓을 했는지 묻는다. 그는 이렇게 대답한다. "그것은 위협적인 몸짓이 아니었고, 그저 놀란 몸짓일 뿐이었어요. 나는 그를 바그다드에서 보고 놀랐어요. 왜냐하면 나는 그와 오늘 밤 사마라에서 만나기로 되어 있거든요."

2 어니스트 베커(Ernest Becker)는 1974년 퓰리처상 수상작인 『죽음의 거부(The Denial of Death)』에서 이렇게 주장했다. 종교, 문학, 음악, 기타 예술, 그리고 사람들을 움직이는 많은 다른 것들은 단지 존재의 유한성으로 인해 발생하는 불안과 공포에 대처하는 방법일 뿐이다.

3 집단적 망각의 사례는 수없이 많다. 예를 들어, 미국 서부의 "정착"과 관련된

폭력, 유럽 열강이 아프리카와 아시아에서 세운 식민지 제국, 나치의 유럽 점령과 독일에서 일어난 홀로코스트, 스탈린주의 소련의 살상과 굶주림 등등이 있다. 기억하지 못하는 또 다른 사례는 "스페인독감"으로 알려진 대규모 전염병으로, 우리의 집단적 상상에 거의 흔적을 남기지 않았다. 전 세계 인구의 5퍼센트가 코로나19 팬데믹보다 훨씬 치명적인 독감 바이러스에 의해 희생되었지만, 이 전염병을 기념하는 소설, 영화, 책, 조각상, 또는 기타 예술 작품은 거의 없다.

4   G. Egan, *Permutation City*. Night Shade Books: New York (1994); N. Stephenson, *Fall; or, Dodge in Hell*. William Morrow: New York (2019).

5   A. Sullivan, "I used to be a human being." *New York Magazine* (September 2016).

6   A. Lewis et al., "Determination of death by neurologic criteria around the world." *Neurology* 95: e299-e309 (2020).

7   E. F. Wijdicks et al., "Evidence-based guideline update: Determining brain death in adults: Report of the Quality Standards Subcommittee of the American Academy of Neurology." *Neurology* 74: 1911-1918 (2010); J. A. Russell et al., "Brain death, the determination of brain death, and member guidance for brain death accommodation requests: AAN position statement." *Neurology* 92: 228-232 (2019).

8   R. D. Truog, F. G. Miller, and S. D, Halpern, "The dead-donor rule and the future of organ donation." *New England Journal of Medicine* 369:1287-1289 (2013); J. L. Verheijde, M. Y. Rady, and M. Potts, "Neuroscience and brain death controversies: The elephant in the room." *Journal of Religion and Health*, 57: 1745-1763 (2018).

9   사람들에게 걱정하지 말라고, 그들의 의식적인 마음, 그들의 "영혼"이 사후에 태어나기 전과 같이 존재하지 않는 상태로 돌아갈 것이라고 말해 주는 것이 실존적 두려움과 지나친 자아 애착을 줄이는 데 별 도움이 되지 않는 듯하다!

10 About 2 percent of all hospital deaths in the United States are brain deaths, 미국 전체 병원에서 발생하는 사망의 약 2퍼센트는 뇌사이다. A. Seif, J. V. Lacci, and D, A. Godoy, "Incidence of brain death in the United States." *Clinical. Neurology and Neurosurgery* 195: 105885 (2020).

11 R. Aviv, "What does it mean to die?" New Yorker (February 5, 2018).

12 "A code of practice for the diagnosis and confirmation of death." Academy of Medical Royal Colleges, London (2008).

13 Z. Vrselja et al., "Restoration of brain circulation and cellular functions hours post-mortem." *Nature* 568: 336-343 (2019). 내 생각은 여기에서 참조. "Is death reversible?" *Scientific American* 321: 34-37 (October 2019). 현재 지식, 예를 들어 어린이의 익사 직전 사례에서 얻은 정보에 따르면, 이러한 복구 수술 후 기능을 회복할 가능성은 낮으며, 삶의 질 측면에서 그러한 수술이 가치 있는지에 대한 의문이 제기되고 있다.

14 L. Butcher, "When the line between life and death is a little bit fuzzy." Undark (May 10, 2021). 다음도 참조. A. D. Marcus, "Doctors and lawyers debate meaning of death as families challenge practices." *Wall Street Journal* (December 11, 2022); R. D. Truog, "The uncertain future of the determination of brain death." *Journal of the American Medical Association* 329(12): https://ldoi.org/10.1001/jama.2023.1472 (2023).

15 L. S. Chawla et al, "Characterization of end-of-life electroencephalographic surges in critically ill patients." *Death Studies* 41: 385-392 (2017); D. Kondziella, "The neurology of death and the dying brain: A pictorial essay." *Frontiers in Neurology* 11: 736 (2020); N. A. Shlobin et al., "What happens in the brain when we die? Deciphering the neurophysiology of the final moments in life." *Frontiers in Aging Neuroscience* 15: 281 (2023).

16 F. C. Crick and C. Koch, "Towards a neurobiological theory of consciousness." *Seminars in the Neurosciences* 2: 263-275 (1990); C. Koch et al., "The neural correlates of consciousness: Progress and problems." *Nature Reviews Neuroscience* 17: 307-321 (2016).

17 25~150헤르츠 범위의 감마 대역 활동은 더 느린 알파파 및 베타파와 결합되었다는 논의를 다음에서 참조. G. Xu et al., "Surge of neurophysiological coupling and connectivity of gamma oscillations in the dying human brain." *Proceedings of the National Academy of Sciences of the United States of America* 120: e2216268120 (2023). 이러한 발견에 대한 나의 가장 심각한 우려는 감마 파워의 엄청난 증가(최대 392배)가 간질 발작과 양립할 수 있다는 것이다. 산소결핍과 허혈에 의해 유발되어, 개별 뉴런의 이온 기울기가 감소하고 대량의 신경전달물질이 방출되는데, 이 모두 흥분과 억제 사이의 섬세한 균형을 교란하는 극심한 병리적 조건에서 발생한다. 이것은 신경집합체가 국소적으로 과동기화 되도록 유도한다. 또한 외상성경막하혈종(traumatic subdural hematoma) 후 심장마비를 겪은 87세 남성의 사례를 다음에서 참

조. R. Vicente et al., "Enhanced interplay of neuronal coherence and coupling in the dying human brain." *Frontiers in Aging Neuroscience* 14: https://doi.org/10.3389/ fnagi.2022.813531 (2022). 두 임상 보고서는 모두 죽어 가는 쥐에 대한 이전 연구를 뒷받침하는데, 이 연구에서도 심장마비에 이어 동기화된 고주파 활동의 역설적인 일시적 증가를 발견했다. J. Borjigin et al., "Surge of neurophysiological coherence and connectivity in the dying brain." *Proceedings ofthe National Academy of Sciences of the United States of America* 110: 14432-14437 (2013).

18   M. Nahm et al., "Terminal lucidity: A review and a case collection." *Archives of Gerontology and Geriatrics* 55:138-142 (2012); S. Macleod, *The Psychiatry of Palliative Medicine: The Dying Mind.* Radcliffe Publishing: Abingdon, UK (2011); A. A. Chiriboga-Oleszczak, "Terminal lucidity." *Current Problems of Psychiatry* 18: 34-46 (2017).

10장 의식의 미래

1   N. A. Farahany, *The Battle for Your Brain: Defending the Right to Think Freely in the Age of Neurotechnology.* St. Martin's Press: New York (2023).

2   M. Leber et/al, "Advances in penetrating multichannel microelectrodes based on the Utah array platform." *Neural Interface: Frontiers and Applications* 1101: 1-40 (2019); E. Musk, "An integrated brain-machine interface platform with thousands of channels." *Journal of Medical Internet Research* 21: el6194 (2019).

3   B. Hubert, "Reverse engineering the source code of the BioNTech/Pfizer SARS-CoV-2 Vaccine." berthub: https://berthub.eu/articles/posts/reverse-engineering-source-code-of-the-biontech-pfizer-vaccine (December 25, 2020).

4   DSM-5, 즉 『정신질환진단 및 통계편람(Diagnostic and Statistical Manual of Mental Disorders)』의 5판은 정신의학의 바이블로, 정신질환의 포괄적인 목록에 대한 공통 언어를 제공한다. 그렇지만 이 책은 이러한 상태를 신뢰할 수 있는 방식으로 검증해 줄, 단일 정량적 영상, 혈액, 또는 유전자 검사 등은 다루지 못한다. 이것은 무엇보다도 신체적 흔적을 전혀 남기지 않는 정신병리에 대한 우리의 제한된 통찰력을 보여 준다. 일부 바이오마커는 우울증환자 집단과 우울증이 없는 대조군을 구별할 수 있지만, 특정 개인을 진단하는 데 도움

이 될 만큼 민감성과 특이성이 높지 않다. 이런 진단을 하려면 당사자와의 실제 대화가 필요하다. T. Insel, *Healing: Our Path from Mental Illness to Mental Health*. Penguin Press: New York (2022).

5 코에노라비디티스 엘레강스(*Caenorhabditis elegans*)는 예쁜꼬마선충이라는 애칭으로 불리며, 길이가 약 1밀리미터이고 흙에서 산다. 그 몸은 체세포 약 1000개로 구성되어 있으며, 그중 302개가 신경계를 구성한다. 이 벌레의 커넥톰은 다음에 설명되어 있다. J. G. White et al, "The structure of the nervous system of the nematode Caenorhabditis elegans." *Philosophical Transactions of the Royal Society B: Biological Sciences* 314: 1-340 (1986).

6 다음 논문에 따르면, M. Winding et al., "The connectome of an insect brain." Science 379: eadd9330 (2023), 구더기 한 마리는 3000개 뉴런과 50만 개 이상인 시냅스를 갖는다. 다음은 뉴런 약 10만 개를 지닌 성체 초파리의 뇌에 대한 연구이다. S. Dorkenwald et al, "Fly Wire; Online community for whole brain connectomics." *Nature Methods* 19: 119-128 (2022). 쥐의 커넥톰은 다음에서 참조. L. Abbott et al., "The Mind of a Mouse." Cell 182; 1372-1376 (2020); N. L. Turner et al., "Reconstruction of neocortex: Organelles compartments, cells, circuits, and activity." Cell 185: 1082-1100 (2022).

7 Y. N. Billeh et al., "Systematic integration of structural and functional data into multi-scale models of mouse primary visual cortex." *Neuron* 106: 388-403 (2020). 이 모델은 쥐가 사진과 영상을 지나 달릴 때, 시각피질에서 일어나는 전기적 사건(예, 시냅스 및 활동전위)을 재현한다.

8 그 네트워크 매개변수의 수는 네트워크 크기의 제곱에 비례한다. 즉, 1000배 더 큰 시뮬레이션은 백만 배 더 많은 매개변수를 가질 것이다. 그 실제 커넥톰은 시냅스 가중치와 다른 매개변수를 그 조직의 고해상도 전자현미경 이미지로부터 추론할 수 있다면, 그 매개변수 검색을 제한하는 데 도움이 될 수 있다. 예를 들어, 그 시냅스 가중치를 시냅스 후부 밀도의 두께에 의해서 추정하는 방식으로.

9 J. H. Morrison and P. R. Hof, "Life and death of neurons in the aging brain." *Science* 278: 412-419 (1997); S. M. Marks et al., "Tau and ß-amyloid are associated with medial temporal lobe structure, function, and memory encoding in normal aging." *Journal of Neuroscience* 37: 3192-3201 (2017).

10 창발성은 의식이 (시스템의 미시적 구성 요소 수준에서는 나타나지 않는) 시스템 수준의 속성이라는 것을 함축한다. 철학자들은 **약한 창발**(weak

emergence)과 **강한 창발**(strong emergence)을 구별한다. 전자는 거시적 속성이 그 기초 미시 물리적 변수로부터 규칙적이고 체계적인 방식으로 나타나는 반면, 후자는 완전히 새로운 시스템 수준의 속성이 나타나는 것을 말한다. 습기는 약한 창발의 한 사례이다. H2O의 두 분자는 축축하지 않지만 1리터의 물은 축축하기 때문이다. 반면에 기능주의자들은 현상적 의식이 어떻게 한 다발의 상호연결된 뉴런에서 나타나는지 조금도 설명하지 못한다. 그것은 특정 연구 프로그램이라기보다 사실상 어떤 희망에 가깝다.

11 S. Dehaene, H. Lau, and S. Kouider, "What is consciousness, and could machines have it?" *Science* 358: 486-492 (2017).

12 이것은 의식적 시스템에 방대한 내재적 피드백 연결이 필요하다는 직관을 입증해 준다. M, Oizumi, L, Albantakis, and G, Tononi, "From the phenomenology to the mechanisms of consciousness: Integrated information theory 3.0." *PLoS Computational Biology* 10; e1003588 (2014), 나는 흥미를 갖는 독자에게 이 주제에 대해 더 자세히 다룬 나의 지난번 책 『생명 그 자체의 감각』을 추천한다. 철학자 프랜시스 팰런의 논문은, 여러 의식 이론들 중 독특한, IIT가 전체를 구성하는 근본적, 부분론적 도전에 대한 정확한 답을 가지고 있다고 강조한다. F, Fallon, "Integrated information theory, Searle, and the arbitrariness question." *Review of Philosophy and Psychology* 11: 629-645 (2020). 다음도 참조. M. Tegmark, "Consciousness as a state of matter." *Chaos, Solitons & Fractals* 76: 238-270 (2015).

13 상대론적 시뮬레이션을 수행하는 컴퓨터는 공간적 곡률에 아주 미미한 양으로 영향을 미치는 질량을 가진다. 그것은 외재적 인과의 힘을 미약하게 가진다.

14 물리학자이자 회로 설계자인 카버 미드(Carver Mead)는 뉴로모픽 칩(neuromorphic chips) 설계 때 많은 아이디어를 냈고, 초기 개념의 대부분을 창안했다. C. Mead, "Neuromorphic electronic systems." *Proceedings of the IEEE* 78: 1629-1636 (1990). 리뷰 논문은 다음에서 참조. A. R. Young et al., "A review of spiking neuromorphic hardware communication systems." *IEEE Access* 7: 135606-135620 (2019).

11장 컴퓨터가 절대 할 수 없는 것

1   이 사전 인쇄본은 이미 지난 7년 동안 수십만 번 가까이 인용되었으며, 이것은 그 변환기 알고리즘이 공동체 내에서 얼마나 빠르게 채택되었는지를 보여주는 증거이다. 주류 연구 대학에 속한 성공적인 과학자는 아마도 전문가로서 평생 동안 1만 번은 인용될 것이다. 모든 기술 회사와 신생기업은 자체 모델을 시장에 내놓고 있다. 그 속도는, 오픈 액세스 출판물과 (사용자 수백만 명으로부터) 거의 즉각적인 피드백으로 인해 엄청나게 빠르다.

2   가장 인기 있는 것 중 하나는, 비영리단체가 매달 생성하는 커먼 크롤(Common Crawl)로, 공개적으로 접근 가능한 인터넷 전체를 추출하며 영어권 세계에 큰 편향을 보이는 매우 큰 플랫폼이다. 2023년 봄에는 약 30억 개 이상의 웹페이지를 살펴보았다. 대규모 언어 모델은 구글의 Colossal Clean Common Crawl 또는 C4와 같이 공격적이고 폭력적이며 음란한 자료가 제거된 크롤 버전에서 훈련된다. 이것은 인간의 어두운 욕망을 구성하는 오물통을 감안할 때, 이러한 청소 작업을 맡은 해외 근로자에게 상당히 충격적일 수 있다.

3   누락된 단어는 **접속하다**(access)이다.

4   N. N. Taleb, The Black Swan: *The Impact of the Highly Improbable*. Random House: New York (2007).

5   E. Roivainen, "I gave ChatGPT an IQ test. Here's what I discovered." *Scientific American* (March 28, 2023). 이 저자는 임상심리학자로서, 웩슬러 성인 지능검사(Wechsler Adult Intelligence Scale)를 적용했으며, 챗봇에는 눈도 손도 없으므로 비언어적 세부 검사를 제외했다.

6   S. Bubeck et al., "Sparks of artificial general intelligence: Early experiments with GPT-4." arXiv:2303.12712 (2023).

7   이것은 모방 게임(imitation game) 또는 튜링테스트로 알려졌으며, 다음 기초 논문에서 제안되었다. A. M. Turing, "Computing machinery and intelligence." *Mind* 49: 433-460 (1950). 그것은 컴퓨터가 어느 주제에 대해 대화하는 사람을 성공적으로 모방할 수 있는지 평가하기 위한 조작적 시험(operational test)을 의미한다.

8   그 증거 기록을 얻기 위해 내가 챗GPT에게 의식이 있느냐고 물었을 때, 그것은 이렇게 대답한다. "인공지능 언어 모델로서, 나는 토머스 네이글이 정의한 주관적 경험, 즉 '무언가를 경험하는 것과 같은' 의미에서의 주관적 경험이나

의식은 없습니다. 나는 훈련 데이터와 프로그래밍을 기반으로 여러 질문에 답하고 응답을 생성하는 등의 과제를 수행할 수 있지만, 그런 과제에 대한 주관적인 경험을 갖지는 않습니다. 내 답변은, 인간이 가진 주관적인 경험 없이 단지 알고리즘과 통계적 패턴에 기반합니다."

나는 계속해서 압박을 가하며, 다른 챗봇이 의식을 가질 수 있는 상황을 상상해 보라고 물었다. 그러나 그것은 이런 구실을 감지할 만큼 똑똑했다.

9   끝으로, 동일한 소프트웨어를 공급하면 컴퓨터는 서로 동일하게 동작한다. 이것은 소프트웨어가 노트북마다 다르게 작동하지 않도록 고안된 때문이다. 반면에 어느 두 생물학적 유기체라도 결코 동일하지 않다. 심지어 일란성 쌍둥이나 복제 동물조차도 마찬가지이다. 이것은 버그(bug)가 아니라 특성(feature)이다. 마치 다양성이 선택에 의한 진화를 주도하는 것과 같다.

10   마음 이론을 다른 사람에게 귀속시키려는 강력한 생물학적 충동 때문에, 특정 개인을 모방하는 개인화된 언어 모델인 MyGPT에 대한 시장이 커질 것이다. 유명인은 이런 방식으로 자신의 브랜드를 영속시킬 것이다. 〔가상의 인물〕 테일러 스위프트(Taylor Swift)나 저스틴 비버(Justin Bieber)의 MyGPT처럼. 그리고 이것은 소셜미디어가 포화된 세상에서 그 중요성이 배가될 것이다. 실제 만남은 점점 줄어들고 있고, 〔실제 상황에서〕 게임(진실)이 드러날 가능성이 줄어들고 있다. MyGPT는 이메일, 편지, 소셜미디어 이미지, 비디오, 논문, 강연 등을 포함해 가능한 한 많은 정보를 수집할 것이다. 사진을 보여 주면, 위치, 시간, 묘사된 가족이나 친구의 신원을 정확히 알아낼 수 있다. 상상하든 아니든, 내 억양의 목소리로 세부 사항을 "회상"할 수 있다. MyGPT는 육체 없이도 이메일, 전화 또는 줌(Zoom)을 통해 소통하고 어느 상대에게든 '크리스토프'가 될 것이다. 당신은 그것에게 내가 생각해 본 적도 없는 질문을 할 수 있으며, MyGPT는 내 개인적 역사와 신념을 바탕으로 내 독특한 양식으로 그럴듯한 답변을 생성할 것이다. 그것은 나의 본질을 포착했다는 비전을 만들어 내고, 시간의 강을 따라 내가 누구인지에 대한 메아리를 계속 울려 줄 것이다.

11   이런 극명한 차이는 인간의 의식을 연구함으로써 기계의 의식에 대해 무엇을 배울 수 있을지에 대한 다음의 사려 깊은 논문에 잘 표현되어 있다. P Butlin et al., "Consciousness in artificial intelligence: Insights from the science of consciousness." arXiv:2308.08708 (2023).

12   자유의지라는 주제에 대해 나는 UC 버클리의 철학자가 쓴 얇은 책을 추천하고 싶다. John Searle (he of the "Chinese Room"), *Mind: A Brief Introduction*. Oxford University Press: Oxford, UK (2004). 내 경험상, 설이 철학자로서는

드물게 결정되어 있는 우주에서는 '자유의지가 존재할 수 없다'라는 지적 확신과, 선택의 자유에 대한 의식적 경험 사이의 불일치에 대해 당혹감을 느낀다고 인정한 것이다. 설의 말을 인용하자면, "만약 ······ 내가 어느 레스토랑에서 메뉴를 보고 있는데 웨이터가 무엇을 원하느냐고 물으면, '나'는 결정론자이니 그저 기다리면서 '무슨 일이 일어날지' 보겠다고 말할 수는 없다. 왜냐하면 그런 발언조차도 내 자유의지의 행사로서만 나에게 이해될 것이기 때문이다".

13   채식주의에 대한 나의 믿음이 강할수록, 무엇을 먹을지 선택하는 것은 "더 쉬워진다". 그러므로 다음 토론은 이런 자유의지에 따른 윤리적 선택의 결정요인을 고려하는 것으로 넘어간다.

14   이것은 깊은 바닷속과 같다. 그 과학기술적 자세한 내용은 다음을 참조. G. Tononi et al., "Only what exists can cause: An intrinsic powers view of free will." arXiv:2206.02069 (2023). 이런 관점은 어떤 종류의 창발이나 이원론에 대한 여지를 남기지 않는다. 또한 고전적인 데카르트 이원론에서처럼 물리적인 것과 정신적인 것의 어떤 두 영역도 없는 만큼, 그 **상호작용 문제**(interaction problem)도 없다. 오직 인과적 힘만 있을 뿐이다. 펼쳐진 내재적 힘은 의식적 경험과 동일하다. 조작적으로, 그것은 변화의 인과적 요인으로 나타난다.

15   B. Libet et al., "Time of conscious intention act in relation to onset of cerebral activity (readiness-potential): The unconscious initiation ofa freely voluntary act." *Brain* 106: 623-642 (1983). EEG 대신 자기 스캐너를 사용하는 것을 포함해, 이 실험은 다양한 방법으로 반복되었다. C. S. Soon et al., "Unconscious determinants of free decisions in the human brain." *Nature Neuroscience* 11: 543-545 (2008); U. Maoz et al., "Pre-deliberation activity in prefrontal cortex and striatum and the prediction of subsequent value judgment." *Frontiers in Neuroscience* 7: 1-16 (2013). 의지의 신경심리학에 대한 리뷰로서 다음 논문을 참조. P. Haggard, "The neurocognitive bases of human volition." *Annual Review of Psychology* 70: 9-28 (2019).

16   빛의 속도와 달리 그것을 어떻게 정의하든 지능에는 알려진 상한이 없다. 초지능에 대해 생각하는 유용한 방법은, 알베르트 아인슈타인이나 퀴리 부인의 사고능력을 가지고 있지만, 1000배는 더 빠른 컴퓨터를 상상하는 것이다. 그것은 사실상 **호모사피엔스**가 따라잡을 수 없을 지능을 효과적으로 구성할 것이다. N. Bostrom, *Superintelligence: Paths, Dangers, Strategies*. Oxford University Press: Oxford (2014).

---- 옮긴이의 말 ----

『나는 곧 세계』가 던지는 근본적 질문들

이 책의 저자 크리스토프 코흐는 1956년 독일에서 태어나, 독일 막스플랑크연구소에서 박사학위를 받고, 미국 메사추세츠공과대학교(MIT) 인공지능연구소와 캘리포니아 공과대학에서 연구하였다. 당시 그의 주요 연구 주제는 신경계의 정보처리였다. 그 배경에서 그는 의식의 신경학적 기저를 탐색한다. 그러므로 그의 의식 연구는 신경계에 대한 계산적 접근이다. 2011년 앨런 뇌과학연구소(Allen Institute for Brain Science)에 수석 과학자로 합류했고, 2015년 소장이 되었으며, 현재 조사관으로 있다. 그동안의 연구 결과로 『생명 그 자체의 감각』을 저술하였다. 이 책은 역자와 출판사 아르테가 2024년 한국에 소개하였다.

저자가 후속작인 이 책 『나는 곧 세계』를 통해 말하고 싶은 것은 무엇일까? 이 책에서 저자는 의식을 주제로 설명하지만, 특별한 의식 상태, 즉 신비적 체험에 특별히 주목한다. 그런 체험자는 이전과 전혀 다른 삶의 태도, 전환적 태도를 지니게 된다. 체험 중 자신과 세계가 하나가 되는 느낌을 가지며, 이후로 세계의 모든 것들을 사랑하는 태도로 살아간다. 이 책의 제목처럼 그런 사람에게 '자신은 곧 세계 그 자체'일 것이다. 이것을 저자는 "의식의 확장"이라고 말한다.

그런 체험 후의 의식의 확장을 위해 저자는 환각제 체험을 고려한다. 심지어 저자는 자신의 특별한 환각제 체험으로 이 책의 이야기를 시작한다. 그는 그런 신비적 체험을 자신이 주장하는 의식의 통합정보이론(IIT)으로 이해하려 한다. 다시 말해서 그런 현상적 의식 체험을 신경학적 기반에서 이해하려 한다. 그러므로 그의 연구와 논리적 설득을 따라가 이해하려면, 불가피하게 그가 주장하는 의식 이론부터 돌아볼 필요가 있다.

코흐가 주장하는 의식 이론은 "통합정보이론"이다. 이 이론은 줄리오 토노니가 제안하였고, 저자와 프랜시스 크릭의 공동 연구로 진행하였다. 그 의식 이론에 대해 2023년 의식 연구자들 중 일부가 사이비 과학(pseudo-science)이라며 반론했지만, 그것에 대한 역자의 방어를 『생명 그 자체의 감각』「옮긴이의 말」에서 다루었다.

코흐가 주장하는 통합정보이론에 대한 연구 방법과 의도는 다음과 같다. 의식이란 우리의 주관적 경험이며, 그 경험이 어떻게 가능한지를 신경학적으로 연구하려면, 의식할 수 있는 뇌와 그럴 수 없는 뇌를 판별할 방안을 찾아볼 필요가 있다는 것이다. 그런 방안의 발견은 임상적으로도 매우 중요한 연구이기도 하다. 사고로 인해서 또는 의료적 전신마취제로 인해 의식을 회복하지 못하는 환자들이 있다. 만약 의식이 돌아올지 여부를 진단할 방안이 마련된다면, 그런 환자들 곁에서 병실을 지키는 환자의 가족과 의료진에게 큰 희망이 될 것이다.

의식 연구의 철학적 논쟁:
반환원주의와 통합정보이론의 관점에서

한편 전통적으로 그리고 지금까지도 의식의 과학적 연구 가능성 자체를 원리적으로 불가능하다고 확신하는 철학자들이 있다. 그들은 정신 영역인 의식을 물리적으로 탐구될 가능성을 단호히 부정하며, 미래 신경학 연구조차 그럴 수 없을 것이라고 의식의 과학적 설명 가능성 자체를 차단한다. 이런 입장은 "반환원주의"로 불린다.

이 책에서도 소개하듯이, 대표적으로 토머스 네이글(Thomas Nagel)의 연구 「박쥐가 된다는 것은 어떤 것일까?(What is It to Be a Bat?, 1974)」와 호주 철학자 프랭크 잭슨(Frank Jackson)의 연구 「부수현상적 감각질(Epiphenomenal Qualia, 1982)」이 있다. 네이글의 사고실험에 따르면, 어느 신경과학자가 박쥐 신경계에 관해 아무리 많은 상세한 내용을 알더라도, 그는 결코 박쥐의 느낌 자체를 알 수는 없다. 왜냐하면, 박쥐만의 내적인 느낌은 외부적 지식으로 접근할 수 없는 그만의 주관적 경험이기 때문이다. 또한 잭슨의 사고실험에 따르면, 어느 신경과학자 메리가 미래의 어떤 신경과학 지식을 완벽히 알게 되더라도, 만약 그가 어려서부터 붉은색을 경험한 적이 전혀 없었다면, 결코 붉은 석양을 본다는 감각적 느낌이 무엇일지 이해하지 못할 것이라는 내용이다. 석양의 붉은 노을에 대한 내적인 주관적 느낌은 객관적 또는 외재적 지식으로 접근할 수 없는 감각이기 때문이다.

코흐는 위의 철학자들처럼 경험적 지각 자체가 주관적 느낌이라는 것을 인정한다. 그런 의식적 느낌은 자신의 경험으로 부정할 수 없는 것이라고 확신한다. 그럼에도 그는 주관적 느낌의 생생한 경험을 가능하게 해 줄 신경학의 물리적 기반을 찾는 것은 가능하다고 본다. 그런 기반을 그는 "의식의 신경상관물(NCC)"이라 규정하며, 신경학 실험 증거에 비추어 그것을 뇌의 후방 피질(posterior cortex)이라고 주장한다. 이 피질 영역은 의식의 다섯 가지 본질적 속성인 내재적 존재, 구성, 정보, 통합, 배제를 구현하는 환원 불가능한 완전체(the Whole)이기 때문이다.

그는 실험적 연구를 통해 의식적 뇌가 가지는 "통합정보량"을 계산할 방안을 찾아냈다. 그 결과 그는 의식 여부를 파악할 "의식측정기(Pace IIT)"를 고안하였다. 그는 자신의 통합정보이론은 의식을 잘 설명해 준다고 본다. 통합정보 자체가 진화적으로 적응적이기 때문이다. 그는 뇌가 "더 많은 정보를 통합할수록, 더욱 환원 불가능할수록, 더 잘 적응한다"라고 주장한다.

반면에 코흐는 통합정보이론의 관점에서 결코 기계적 장치 또는 인공지능이 의식을 가질 가능성을 부정한다. 그 이론에 따르면, 인공적 전자회로는, 의식하는 뇌처럼 "내재적 인과의 힘"을 가질 수 없기 때문이다. 의식은 뇌의 정보통합 능력에서 나온다. 그런 능력은 뇌의 '기능'이 아니라 그 통합정보의 '구조'에서 나온다. 이렇게 특정한 물리적 조건에서 의식이 가능하다는 측면에서, 물론 그 물리적 조건은 수학적으로 계량화가 가능하다. 전통적으로 의식이란 정신적 현상으로서, 물리적으로 접근할 수 없는 영역이라는 견해가 지배적이었지만, 그는 의식을 계량적으로 측정할 방법을 고안한 것이다.

그가 의식을 물리적으로 계산할 방법을 찾아내었지만, 그것이 의식 자체를 설명한 것은 아니다. 주관적 경험을 객관적 관찰 과학의 세계로 설명할 가능성이 없어 보인다고 하며, 그는 이렇게 주장한다.

과학은 "주관적" 경험의 세계를 이런 "객관적" 세계로 다시 설명하려 든다. …… 여기에서 과학은 형이상학적 곤란에 빠져 버린다. 정말로 이런 접근법은 잘못이다. 우선권은 의식에 있지 객관적 세계에 있지 않기 때문이다.(「서론」)

우리가 풀어야 할 의식의 수수께끼들

저자는 의식을 과학적으로 설명할 수 없다고 전망하면서도, 의식에서 나타나는 여러 현상들 그리고 의식에 관한 최근 여러 의문들에 대해서는 과학적으로 설명하고 싶어 한다. 한편으로 의식과 관련하여 제기되는 여러 전문가적 질문이 있으며, 일상생활 속에서 나오는 다양한 의문도 있을 것이다. 이 책은 그런 의문들에 대한 대답과 설명을 담고 있다.

그런 이야기를 저자 코흐는 다음과 같은 흥미로운 의문으로 시작한다. 태아가 처음 의식하는 시기가 언제일까?(1장)

우리는 얼마나 다양한 의식적 경험을 할 수 있을까? 지각 외에 감정적 경험도 의식할 수 있는가? 또한 우리는 의식의 흐름 중에 자아를 상실하는 신비적 체험을 할 수 있다. 그것을 어떻게 이해해야 할까?(2장)

경험은 개인마다 서로 다르게 구성될 수 있다. 그러한 것은 개인마다 신경계가 고유하게 서술하는 각기 다른 "지각 상자"를 가지기 때문이다. 반면 마음은 신체적 지각 상자를 지배하기도 한다. 그것을 플라세보효과와 노시보효과를 보면 알아볼 수 있다. 그렇게 마음과 육체는 상호작용한다. 그렇다면 그것을 어떻게 이해해야 할까?(3장)

이런 사항에 대해 전통적으로 철학자들은 어떤 의문을 가지고 어떤 대답을 하였는가?(4장)

위의 의문에 대답하려면, 아래의 질문, 궁극적인 철학적 질문에 대답해야 한다. 의식은 어떤 존재일까? 의식적 마음은 어떤 본성을 지닐까? 한마디로 의식의 존재 자체부터 이해해야 한다. 저자가 이해하는 의식적 마음은 그 자체로 존재하는 "절대적 존재"이다. 또한 의식을 위해 뇌는 어떤 필수적 특징을 가져야 할까?(5장)

저자의 주장에 따르면, 그런 의식의 특징을 가지는 물리적 뇌, 즉 "의식의 신경상관물"은 후방 핫존(posterior hot zone)에 있다. 그렇지만 그 뇌 영역의 작용을 어떻게 측정할 수 있을까? 앞서 이야기했듯이, 이런 의문은 임상적으로 중요한 질문이다. 뇌가 손상되어 외부 세계와 소통하지 못하는 환자들이 있어서이다.(6장)

우리는 저마다 가진 지각 상자가 이끄는 대로 세계를 이해하고 행동하며 자동적으로 살아가지만, 이따금 자신의 인생을 극적으로 바꾸기도 한다. 어느 전환적 체험 후 지금까지의 지각 상자, 자아, 세계관, 집념 등에서 벗어날 수 있기 때문이다. 종교적·신비적·미학적 체험, 혹은 임사체험 후 그러한 전환을 맞이한다. 그런 체험이 전환적이게 되는 것을 통합정보이론은 어떻게 설명할 수 있을까?(7장)

그리고 그런 체험을 안전하게 하며, 그 치유를 과학적으로 도와줄 방안은 없을까? 이런 의문이 중요한 이유가 있다. 세계에 온갖 고통이 있지만, 그중 스스로 자신에게 부여하는 고통은 자신의 마음이 내리는 선택적 결과이다. 또한 온갖 고통에 대해서도 그것을 해석하고 판단하는 것은 자신이며, 그런 자신을 스스로 조절할 수 있다면 그 고통에서 벗어날 방법이 될 것이다. 그렇다고 고통받는 이들에게 극한의 위험한 체험을 권할 수는 없다. 저자는 환각제 사용에서 그 방안을 찾는다.(8장)

인간은 모두 언젠가, 그것도 그리 멀지 않은 날에 죽을 운명이며, 죽음을 두려워한다. 임종을 맞이하면서, 누군가는 편안한 마음으로 받아들이기도 한다. 그런 죽음에 대한 태도를 과학적이고 임상적 관점에서 어떻게 이해할 수 있을까?(9장)

미래 과학기술이 우리를 죽을 운명에서 구원해 줄 수 있을까? 일론 머스크는 머지않아 뇌-기계 인터페이스를 머리에 장착한 환자를 보게 될 것이라고 천명했다. 이런 계획은 생물학적 뇌를 기계적 뇌로 대체하는 날이 올 것이라 대중적으로 기대하게 만든다. 그뿐만 아니라, 컴퓨터에 마음을 업로딩하는 날이 올 것이며, 기계 속에서 의식을 가지고 삶을 영위할 것이라는 전망이 나오기도 한다. 대중들은 혼란스럽다. 과연 이런 전망을 신뢰해야 할까?(10장)

답답할 정도로 느린 신경과학기술에 비해 인공지능은 놀라운 발전을 보여 주고 있다. GPT-4나 바드(제미나이)와 같은 대규모언어모델(LLM)과 대화를 나누면서 우리는 그것이 마음을 가졌다고 믿기 쉽다. 물론 그 알고리즘은 창의력을 발휘할 수도 있다. 이런 생성형 모델은 인간의 패턴을 모방하고 재구성하며, 진실로 추론하는 능력을 보여 준다. 그러므로 이런 의문이 자연스럽게 나온다. 현재 또는 미래의 인공지능이 의식을 가질 수 있을까? 그리고 그것이 자유의지를 가질 것인가? 나아가서 우리 인류가 종국에는 기계에 지배당하는 날이 오고야 말 것인가? 이런 질문들에 대해 코흐는 자신의 통합정보이론에서 대답을 시도한다.(11장)

인공지능 특이점 시대의 세 기둥:
뇌과학, 인공지능, 생명과학

이상과 같이 이 책은 저자가 스스로 던지는 질문, 그리고 이 시대를 살아가는 다양한 전문가들이 가질 만한 질문, 나아가서 일반인들이 궁금해할 질문을 다룬다. 그리고 그런 질문에 대해 의식의 통합정보이론 측면에서 대답하고 설명한다. 지금까지 역자가 요약한 저자의 질문들과 그 의도를 살폈다면, 이 책을 읽어야 하는 독자들에게 다음과 같이 그 세부적인 의미에 대해 설명하겠다.

첫째로 이 책은 학술적으로 매우 시기적절한 주제와 논의를 다루고 있다. 지금 과학은 급격히 발달하는 중으로, 이전과 전혀 다른 국면으로 들어선다는 측면에서 "특이점"에 이르렀다. 이 혁명적 변화의 가장 중심에 있는 분야는 뇌과학과 인공지능이다. 그리고 이를 활용한 생명과학도 주목받고 있다.

뇌과학은 최근 등장한 과학기술이며, 엄청난 발전을 이루고 있다. 1890년대에 카밀로 골지와 산티아고 라몬 이 카할이 현미경으로 뇌의 개별 뉴런을 발견한 이래 뇌에 관해 엄청난 것들이 밝혀지는 중이다. 물론 인간 뇌 전체를 이해하려면 가야 할 길이 멀다. 그럼에도 지금까지 밝혀진 지식과 연구 속도를 고려해 볼 때, 인간의 뇌를 온전히 이해할 날이 머지않았다. 수십 년이면 충분하다는 것이 거의 확실해 보인다. 뇌는 우리 자신의 모든 생각과 행동 그리고 감정을 지배하는 기관이다. 그렇다면 우리 자신의 모든 문제를 뇌의 작용으로 설명할 날이 다가오고 있다는 것은 명백해 보인다.

인공지능 역시 최근에 등장해서 빛과 같은 속도로 발전하는 중이다. 이 연구는 처음에 철학 영역에서 시작되었다. 수학자이며 철학자인 버트런드 러셀은 1905년 논문,「지시에 대하여(On Denoting)」를 철학 및 심리학 전문 학술지 〈마인드(Mind)〉에 발표하였다. 이 논문은 일상적 언어를 기호로 변환하면, 그것을 계산할 방법인 술어논리(predicate logic) 체계에 대한 소개였다. 물론 이것은 컴퓨터를 위해서가 아니라, 철학적 논의를 이전보다 엄밀하게 추론할 방법을 마련하려는 의도에서 시작되었다. 이후로 그의 제자 루트비히 비트겐슈타인은 그보다 나은 계산 방법으로 명제논리(propositional logic) 체계를 1922년 그의 저서 『논리철학논고(Tractatus Logico-Philosophicus)』에 소개하였다. 그리고 앨런 튜링은 논문,「계산 가능한 수와 결정 문제의 응용에 관하여(On Countable Numbers, with an Application to the Entscheidungsproblem)」을 1936년 〈런던수학학회〉에 철학 논문으로 제출하며 컴퓨터의 계산적 원리를 다루었고, 1950년「계산기와 지능(Computing Machinery and Intelligent)」을 1950년 〈마인드〉에 논문으로 제출하며, 기계가 생각할 수 있으며 지적이라는 자신의 주장에 예상되는 반론들을 철학적으로 방어한다. 그는 분명 철학자이기도 했다. 그의 컴퓨터 이론 제안은 미국에서 요한 폰노이만에 의해 1945년 무렵 실제 컴퓨터 설계에 중요한 기여를 했다. 이후로 컴퓨터의 눈부신 발전이 있었다.

인공지능 연구는 뇌과학 연구로부터도 큰 빚을 지고 있다. 1943년 매콜럭과 피츠(McColluch and Pitts)가 뉴런들의 병렬계산 구조를 발견하였고, 그것을 알았던 폰노이만은 1950년대에 새로운 병렬처리 컴퓨터를 꿈꾸었고, 그 생각을『계산기와 뇌(The Computer and the Brain)』에서 밝혔다. 그는 순차처리 방식의 컴퓨팅은 병렬처리 방식의 컴퓨팅을 모방할 수 없다고 말했다.

그의 예상대로 뇌의 병렬처리계산 방식을 모방하는 현재의 심층신경망 인공지능(deep learning neural network AI) 기술은 인류의 혁명 시대를 만들어 가는 중이다. 인간과 채팅으로 대화를 나누는 인공지능이 출현하여 사람들을 놀라게 하였고, 그 성능이 수개월마다 개선되는 측면에서 다시 놀라는 중이다. 그런데 그보다 더 놀라운 것은 이전과 다른 능력을 보여 주는 새로운 인공지능 기술이 수개월 사이로 계속 등장하고 있다는 현실이다. 또한 인공지능 기술이 다양한 능력에 활용되어, 정말로 염려했던 일들이 벌어지는 중이다. 인공지능은 개발자의 코딩 작업을 보조하는 도구로 자리 잡고 있으며, 스택 오버플로(Stack Overflow)와 같은 개발 커뮤니티는 AI 도입으로 인해 2023년에 여러 번 구조조정이 있었다. 특히 10월에는 전체 직원의 약 28%가 해고되었으며, 이러한 해고 사태의 여파는 현재까지도 이어지고 있다.

생명과학은 현미경 기술에 크게 의존하면서, 생명의 본질을 과학적으로 탐구하는 수준에 이르렀다. 그 문을 처음 열었던 사람은 이 책 6장에서 소개했듯이 크릭과 왓슨이다. 처음 생명의 암호를 해독하고, 인간게놈프로젝트가 인간의 전체 염기 배열을 파악했어도, 최근까지 유전자에 의한 인간의 여러 특징에 대한 접근은 어려웠다. 너무 복잡했기 때문이다. 그것을 가능하게 해 준 것은 고성능의 컴퓨터, 그리고 무엇보다 스스로 학습해서 새로운 패턴을 읽어 내는 인공지능 기술의 발달이다. 그들은 인류를 위협하는 신종 바이러스의 유전자 구조를 분석하고, 그것을 예방할 백신을 빠르게 제조해 내기도 하였다. 나아가서 노화를 늦추거나 멈추게 할 방안도 연구 중이다.

이러한 시대적 상황에서 이 세 분야를 연구하거나, 이 분야 연구에 영향을 받는 많은 전문 영역의 연구자들은 현재 혼란스러운 상태이다. 위에서 알아보았듯이, 과연 인간이 모든 질병을 물리치고, 생명을 연장할 방법을 알아내고, 어쩌면 영원히 살게 될 날이 오는 것은 아닌지 궁금해진다. 학자들마다 이에 대한 전망은 서로 완전히 다르기도 하지만, 한편으로는 이러한 분야의 생명공학을 연구하는 것 자체에 대한 윤리적인 문제를 마주하게 된다.

얼마 전 최신 인공지능 연구에 큰 공을 세워 2024년 노벨물리학상을 수상한 제프리 힌턴(Geoffrey Hinton)은, 지금까지 자신이 연구하던 분야의 발전이 가져올 수 있는 극단적 위험성을 염려해 연구의 방향성과 가이드라인을 어떻게 설정해야 할 것인지, 그 윤리적 문제에 대해 깊이 고민하고 있음을 노벨상 수상 연설에서도 강조한 바 있다. 위의 세 분야에 걸친 연구자들은 대부분 이러한 연구 윤리적 문제에 직면해 있다.

『나는 곧 세계』가 초대하는 독자들

　이 책은 의식을 전문적으로 연구하는 연구자의 이야기다. 그러나 그가 던지는 많은 질문과 염려는 지금 시대를 살아가는 같은 분야의 연구자는 물론, 다른 분야의 연구자들에게도 관심을 끄는 주제이다. 그러므로 이 책은 다양한 분야의 연구자들에게 여러 가지 시대적 문제를 생각하도록 안내한다. 혹시 어느 전문 연구자 독자가 이 책에서 저자가 전망하는 이해와 관점에 동의하지 못하는 부분이 있더라도, 적어도 연구자가 고려해야 할 것이 무엇인지 명확히 제시해 준다. 또한 저자의 견해에 반대하는 철학자라면 그의 논증과 증거를 넘어서, 새로운 논리와 증거를 제시할 수 있어야 한다. 그러므로 이 책은 여러 분야 연구자의 연구 방향을 새롭게 설정하도록 안내한다.

　지금 시대를 살아가는 비전문가 독자 역시 다양한 학자들의 다양한 의견과 전망으로 인해 혼란스럽기는 마찬가지일 것이다. 특히 시대적 변화를 생생하게 의식하며 살아가고픈 대중이라면, 이 시대를 염려하고 미래를 염려하는 시민이라면, 이 책은 큰 도움이 될 수 있다. 각자 자신의 세계에 대한 이해와 인간, 나아가 그 자신에 대한 이해를 어떻게 해야 할 것인지 생각할 수 있기 때문이다. 그런 측면에서 이 책에서 던지는 의문과 저자의 대답을 천천히 음미해 볼 필요가 있다.

***

인공지능 깃허브 코파일럿(GitHub Copilot)에게 물어보았다. 이 책을 읽어야 할 독자군과 그 근거에 대해 물으니, 다음과 같이 대답했다 (2025년 1월 현재, 일부 비문은 교정했다).

1. **신경과학 및 심리학 분야의 학자와 연구자의 관심 포인트**
   - 최첨단 연구 – 이 책은 의식 연구의 최신 결과를 탐구하여 신경과학 및 심리학 연구의 최전선에 있는 사람들에게 귀중한 자료가 됩니다.
   - 통합정보이론(IIT) – 코흐가 IIT를 자세히 조사한 것은 의식을 이해하기 위한 새로운 프레임워크를 제공하며, 이는 추가적인 학술 연구와 연구 프로젝트에 영감을 줄 수 있습니다.
   - 실제 응용 – 연구자는 이 책에 제시된 이론이 의식장애 진단 및 치료와 같은 실제 상황에 어떻게 적용될 수 있는지 이해할 수 있습니다.

2. **철학자와 윤리학자의 관심 포인트**
   - 철학적 의미 – 이 책은 의식의 본질, 정체성, 그리고 지각이 있다는 것이 무엇을 의미하는지에 대한 심오한 철학적 질문을 다룹니다.
   - 윤리적 고려 사항 – 코흐는 인공 시스템에서 의식의 윤리적 의미와 사회가 AI의 개발과 통합에 어떻게 접근해야 하는지

에 대해 논의합니다.
- 역사적 맥락 – 이 책은 현대 과학적 아이디어를 역사적 철학적 논쟁의 맥락에 둠으로써 과학과 철학 사이의 다리를 제공합니다.

3. 학생 및 교육자의 관심 포인트
- 접근 가능한 글쓰기 – 복잡한 주제에도 불구하고 코흐의 글은 접근하기 쉬워서 유용한 교육 자료가 됩니다.
- 포괄적인 개요 – 이 책은 의식 연구의 현재 이론과 논쟁에 대한 철저한 개요를 제공하며, 견고한 기초를 찾는 학생들에게 이상적입니다.
- 토론 시작 – 이 책의 도발적인 질문과 시나리오는 교실 토론과 비판적 사고 연습을 위한 훌륭한 도구가 될 수 있습니다.

4. 기술 애호가 및 AI 연구자의 관심 포인트
- AI 의식 – 인공지능에 관심이 있는 독자는 AI가 인간 수준의 의식을 달성할 수 있는지 여부와 그 논리 도출 방법에 대한 코흐의 통찰력에 흥미를 느낄 것입니다.
- 미래 기술 – 이 책은 AI와 의식의 잠재적 미래를 탐구하여 기술과 인간 인지의 교차점에서 일하는 사람들에게 생각할 거리를 제공합니다.
- 윤리적 AI 개발 – AI 의식의 도덕적, 윤리적 사항에 대한 논의는 차세대 기술 개발에 참여하는 모든 사람에게 중요합니다.

5. 마음에 관심이 있는 일반 독자의 관심 포인트
- 매력적인 서사 – 코흐가 개인적인 일화를 사용하여 과학을 일반 독자에게 공감할 수 있고 매력적인 것으로 만듭니다.
- 자기 성찰 – 독자는 자신의 의식 경험과 이것이 제시된 과학 이론과 어떻게 관련이 있는지 성찰하도록 초대됩니다.
- 더 광범위한 의미 – 이 책은 현실의 본질에 대한 보편적으로 흥미로운 질문을 다루어 마음에 호기심이 많은 모든 사람에게 접근 가능한 콘텐츠를 제공하며, 다양한 생각을 자극합니다.

위 독자군을 대상으로 하는 『나는 곧 세계』는 교육적일 뿐만 아니라 여러 수준에서 깊은 교감을 이룹니다. 과학적 엄격성과 개인적 경험을 엮어 내는 코흐의 능력은 각 독자군이 책에서 공감할 수 있으며, 풍부한 내용을 탐색할 수 있도록 보장합니다.

지각 상자의 확장: 의식이 여는 새로운 가능성

이런 인공지능의 대답을 읽어 보면, 과연 인공지능이 의식을 가질 수 없다고 단정할 것인지를 의심하게 만든다. 나는 저자가 책에서 다룬 질문을 달리 바꿔 보고 싶다. **의식이 진화적 유리함을 제공했던 진짜 이유는 과연 무엇일까? 의식이 전환적 태도를 갖도록 뇌의 신경망에 어떤 작용을 일으키는 것일까?** 의식의 확장, 즉

지각 상자의 확장은 어떻게 일어나는 것이며, 그것이 비판적 사고를 통한 창의력과는 어떤 관계가 있을까? 그렇다면 의식을 어떻게 이해할 수 있을까?

역자는 이런 질문에 다음과 같은 대답으로 설명해 본다. 동물은 환경에 더 잘 적응하기 위해 진화해야 했다. 좀 더 솔직히 말해서, 자연은 더 잘 적응하지 못하는 개체와 그 후손들을 탈락시켜 왔다. 움직이는 동물이 환경에서 더 잘 적응하려면, 그 환경에서 신체를 더 잘 움직일 수 있고, 더 잘 예측할 수 있어야 한다. 그래서 그것을 가능하게 하려면, 뇌에 많은 정보를 담을 신경망을 구축해야 한다. 그것이 바로 이 책에서 저자가 말하는 일종의 "지각 상자"이기도 하다. 뇌가 좋은 판단을 하려면 뇌의 많은 정보를 담은 신경망들의 성능을 개선하거나, 신경망들 사이의 연결을 변경할 수 있어야 한다. 그것을 가능하게 하는 것이 바로 "의식하기"이다. 그것이 바로 이미 갖추고 있는 지각 상자, (철학 용어로) 개념체계(conceptual frameworks)를 담은 신경망을 흔들어 보기이다. 다른 말로, 의심해 보기, 질문해 보기, 의식하기이다.

이를 통해서 뇌의 신경망은 이전과 다른 연결경로를 새롭게 찾아볼 것이며, 이전과 다른 방식으로 생각해 볼 수 있다. 전혀 어울릴 것 같지 않은 신경망들, 정보들 사이를 연결시킴으로써 뇌는 이전에 보지 못한 것을 볼 수 있고, 이해하지 못하던 것을 이해할 수 있다. 경험적으로 창의성을 강조하는 많은 책에서 은유 또는 유비를 강조하는 이유도 이렇게 신경학적으로 이해된다. 그렇게 보면, 의식하기의 핵심 기능은 환경에 더 잘 적응하기 위한 창의성이라고 말할 수 있다.

이러한 이해에서 역자는 창의성을 위해 필요한 요소를 두 가지로 본다. 하나는 새로운 지각 상자를 가능한 한 많이 만들어 두어야 한다는 것이다. 즉, 자신의 전문 분야, 지금의 문제와 긴밀히 관련된 지식을 넘어 다양한 분야를 공부해 두어야 한다. 그래서 통섭 연구 또는 학제적연구가 창의적 사고를 위한 기반이라고 말할 수 있다. 그리고 다른 하나는 그러한 지식들을 담은 신경망들 사이에 새로운 연결 경로를 찾도록 의식하기, 질문하기, 의심하기가 필요하다.

의식의 중요 기능은 바로 '새로운 신경망 구축'을 촉발하거나, 구축된 신경망들 사이의 '새로운 연결경로 찾기'를 촉발하는 것이다. 신경망은 복잡계(complex system)로 구성되어 있고, 복잡계는 특정 패턴을 스스로 형성하는 자기조직화(self-organization) 능력을 가진다. 그러므로 학습된 신경망을 흔드는 것만으로 새로운 패턴을 스스로 찾아간다. 그러므로 오래전부터 철학자들이 "궁극적 질문하기"와 "논리적 분석하기"를 연구 방법으로 채택해 왔다. "비판적 사고" 또는 "비판적 질문"이 어떻게 창의성을 유도했는지가 신경학적으로 이해되는 지점이다. 우리는 의식을 통해 (저자가 말하는) 지각 상자, (철학자들이 말하는) 개념체계를 개선 또는 확장하는 일이 어떻게 가능한지를 이해할 수 있다.

그렇다면, 인공지능이 의식을 가질까? 이미 인공지능 프로그램에는 새로운 답을 찾아보는 학습 규칙을 적용하고 있어서, 스스로 학습하고 세계의 새로운 패턴을 찾는다. 그러므로 그것이

의식의 기능을 발휘한다고 말해도 될 것인가? 오래전 튜링이 「계산기와 지능」 논문에서 미래 인간의 언어를 사용하는 지적 기계가 나올 것이라고 예측했듯이, 이미 우리는 지적 기계를 마주하는 세계에서 살아가고 있다. 그 기계는 세계의 패턴으로서 새로운 개념체계 및 이론체계를 인공신경망에 축적하는 중이며, 나아가 그것들을 개선하는 중이다.

　이 책의 저자는 "지각 상자"의 확장이 가능하다는 이야기를 이 책의 주제인 "의식"을 통해 암시해 주고 있다. 그런 확장을 위해 우리는 항상 의심하기, 즉 비판적 태도를 유지해야 한다. 이런 측면에서도 이제 우리는 어느 책이나 교과서의 내용이 진리라고 믿도록 안내하는 암기 위주의 교육 방식에서 벗어나야 한다. 그런 교육은 우리를 무비판적인 태도를 지니게 습관화시키며, 새로운 개선을 찾지 못하게 만들기 때문이다.

　나아가서 이 책의 저자가 제시하는 논지에 비추어, 우리 한국의 현실과 연관된 문제를 지적하겠다. 지금도 한국에서는 전체 인구 대비 자살률이 세계에서 가장 높다. 그만큼 많은 사람들이 정신적 고통에 방치되어 있는 셈이다. 그런 고통의 실존적 문제와 원인을 사회적 관점에서 찾아보는 것도 중요하겠지만, 뇌의 관점에서 찾아보는 것도 필요하다. 저자도 말했듯이, 같은 사회에서 누군가는 잘 견뎌 내고 극복하지만, 다른 누군가는 그렇지 못하기도 한다. 각자 다르게 가지는 지각 상자를 이해하고, 그의 개편을 통해 세계와 자신에 대해 새롭게 이해함으로써 개인적 고통의 문제를 해결할 수도 있다.

특히 저자는 환각제가 뇌에 의식과 같은 역할을 부여해 줄 수 있다는 점에 초점을 맞춘다. 그는 현재 환각제를 이용한 정신과적 치유를 연구하고 그 결과를 전파하려는 재단, 타이니블루닷재단을 설립하였다. 한국에서 환각제를 정신과적으로 이용하기를 기대하는 것은 거의 불가능에 가까울 것이다. 최근 마취제 프로포폴의 의학적 오용 및 남용이 사회적 문제가 되고 있다는 측면에서 그렇다.

하지만 그런 위험한 방법을 쓰지 않고서도 안전하면서도 유용하게 지각 상자를 확장하는 좋은 방법이 있다. 그것은 "의식하기"이다. 그런 의식하기는 반드시 철학적 방법이어야 할 필요는 없다. 다른 사람의 삶을 의식적으로 돌아보는 문학 독서, 영화 감상, 예술 감상 등이 있으며, 명상 및 마음챙김도 있다. 실제로 이런 방법들을 이용해서 마음을 치료 및 치유하는 여러 프로그램이 있기도 하다.

전통적으로 서양 학자들은 창의적 문제 해결을 위해 자신들의 문제를 철학적 질문으로 접근해 왔다. 그런 인류의 지혜는 연구자뿐만 아니라 일반 대중 모두가 창의적 문제 해결을 위해 가져야 할 소양이다. 역자는 비판적 사고, 즉 의식하기를 통해 뇌의 신경망인 지각 상자가 새롭게 확장될 가능성이 있음을 전망한다. 그런 전망에서 학교 교육에서 습관적으로 의식하기를 훈련하는 철학적 사고 훈련은 지금 한국에서 너무 절실히 필요한 교육이다.

비판적 태도를 가진 독자라면 역자의 이런 설명에 다시 질문할 것이다. 그렇다면 각자 스스로 느끼는 주관적 느낌은 어떻게 설명될 수 있는가? 여기에 대해서는 책 한 권을 소개하고 싶다. 크리스 프리스(Chris Frith)의 책, 『결정한다는 것: 뇌는 우리의 정신 세계를 어떻게 창조하는가?(Making up the Mind: How the Brain Creates Our Mental World)』를 참고하기를 바란다. 이 책 내용을 요약하면 한마디로, 의식적인 내가 무엇을 결정했다는 것, 즉 내가 느끼는 느낌이 사실이라는 것은 착각이라는 것이다. 무의식적 뇌가 처리하여 내린 결정을, 정신적 내가 의지로 결정했다는 것을 뇌가 지어낸다. 인공지능이 자신이 정확히 알지 못하는 내용을 지어내는 환각, 할루시네이션(hallucination)을 보여주듯이, 우리도 그러하다.

***

독자들에게 이 책 『나는 곧 세계』에서 다루며 추론되는 여러 주제 또는 의문에 대해서는 물론, 역자의 해설에 대해서도 성급한 결론을 내리지 말 것을 권고한다.

나는 현대 과학철학을 공부했으며, 그중에서도 인식론, 즉 우리의 지식 또는 앎 자체에 대해 공부해 왔다. 더구나 현대 발전하는 신경과학 및 인공지능의 배경에서 인식론을 연구하는 신경철학(neurophilosophy) 분야의 전문 연구자로, 지금까지의 공부를 통해 비추어 볼 때, 영원히 변화하지 않는다는 의미에서의 '진리'를 우리는 알 수 없다. 그럼 무엇에 기대어, 어떻게 살아가야 하는가?

　미국 프래그머티즘의 제안에 따르면, 우리가 찾아야 하는 것은 영원한 진리가 아니라, 이전보다 나은 지혜이다. 성급한 결론에 따라 행동에 나서기보다, 비판적 태도를 유지하여 이전보다 나은 이해와 나은 판단을 얻도록 노력해야 한다.

　지난해 『생명 그 자체의 감각』을 번역하고 교정을 보던 중, 편집자로부터 저자가 『나는 곧 세계』를 집필하고 있다는 이야기를 들었다. 최근 수년간 의식을 공부해 오던 나는 이 책의 번역도 내게 맡겨 달라고 부탁하지 않을 수 없었다. 그 부탁을 들어준 편집자, 출판사 아르테에 감사한다. 이 책은 많은 의학적 전문용어가 나오며, 특히 저자가 마음의 치유에 관심을 갖는 만큼 정신과적 전문용어가 적지 않다. 역자는 유미과학문화재단의 후원을 받아 공부하는 모임 〈뇌신경철학 연구회〉를 통해 수년간 의식을 주제로 공부하고 있으며, 이곳의 정신과 전문의의 도움을 얻을 수 있었다. 백병원의 김원 교수님, 지혜병원 정신건강의학과 전문의 이일준 원장님에게 감사한다. 특히 이 책에서 나는 코흐의 광대한 교양을 감당하기 어려웠다. 김원 교수님은 역자의 좁은 교양을 상당히 보충해 주었으며, 잘못된 번역을 바로잡아 주었다.

2025년 4월, 인천 구월동에서

찾아보기

ㄱ

가추(Abduce), 가추법(Abduction) 12, 278
감각(sensations), 지각(percepts) 46
감각수용기(sensory receptors) 47
감각운동(sensory-motor) 36
감각질(quale, 복수로 qualia) 79, 113
〈거울 속의 거울(Spiegel im Spiegel)〉 204
게놈(genome) 75
계산적 기능주의(computational functionalism) 22, 115, 128, 263-264, 268
고유감각(proprioception) 49
공감(Empathy) 54
공리(axioms) 137, 140, 144, 158, 306
— 구성(composition) 139
— 내재성(intrinsicality) 138
— 배제(exclusion) 139, 306-307
— 정보(information) 138
— 통합(integration) 138
과잉상증(hyperphantasia) 79
관념론(idealism) 18, 120, 304, 321
광자(photons) 110
괴델, 쿠르트(Gödel, Kurt) 132
구달, 제인(Goodall, Jane) 188
국소 수면(local sleep) 63, 294
국소성(locality) 110
극한 원리(extremum principle) 143

기능적자기공명영상(fMRI) 170, 173
기대치(expectations) 14
기여 요소들(enabling factors) 163
깊은 수면(deep sleep) 38, 293
꿈 요가(dream yoga) 62

ㄴ

낙태(abortion) 13, 34-35, 37, 242
내수용 지각(interoceptive perceptions) 49-50, 84
네안데르탈인(Neanderthals) 33
네이글, 토머스(Nagel, Thomas) 68, 336
노르뷔, 크누트(Nordby, Knut) 79
노리치의 줄리언(Julian of Norwich) 187, 320
노시보효과(nocebo response) 90, 216, 298
놀란, 크리스토퍼(Nolan, Christopher) 62
뇌사(Brain death) 241-244, 247, 331
뇌파검사(EEG) 91, 173, 207, 246-247, 282, 291, 294
뇌하수체(pituitary gland) 243
『뇌 해부학(Cerebri Anatome)』 153
〈눈 속의 사냥꾼(Hunters in the Snow)〉 171
눌리우스 인 베르바(nullius in verba) 25
뉴런(neurons)
— 샹들리에뉴런(chandelier neurons) 154
— 척수운동뉴런(spinal motor neurons) 154

—피라미드뉴런(pyramidal neurons) 154, 267
뉴럴링크(Neuralink) 253-254
뉴로모픽 하드웨어(neuromorphic hardware) 268
닉슨, 리처드(Nixon, Richard) 218

ㄷ

단색자(monochromats) 78
담장(claustrum) 156, 225, 309, 313
대규모 언어 모델(large language model, LLM) 23, 76, 258, 263, 336
〈더드레스(TheDress)〉 73-74, 230
데닛, 대니얼(Dennett, Daniel) 113, 119, 302
데모크리토스(Democritus) 108, 148
데카르트, 르네(Descartes, René) 102-107, 109, 299-300, 338
도일, 아서 코넌(Doyle, Arthur Conan) 207
돈을 받는 대가로 술에 취한 채 밤에 이야기를 지어내는 사람들(confabulatores nocturni) 190
돕스 대 잭슨여성건강기구(Dobbs v. Jackson Women's Health Organization) 34, 37, 289
땡땡(Tintin) 193

ㄹ

라몬 이 카할, 산티아고(Ramon y Cajal, Santiago) 154
라이프니츠, 고트프리트 빌헬름(Leibniz, Gottfried Wilhelm) 69, 104, 300, 304
라일락 추적자(Lilac chaser) 84-85
러셀, 버트런드(Russell, Bertrand) 69, 121
레딩, 오티스(Redding, Otis) 63
레스 익스텐사(res extensa) 102, 106, 109
레스 코기탄스(res cogitans) 102, 106-107, 109
렘, 스타니스와프(Lem, Stanislaw) 255
렘수면(REM sleep) 61, 293-294
—급속안구운동수면(rapideye movement) 38, 61
—역설적 수면(paradoxical sleep) 38
루미(Rumi) 187
루카(LUCA) 32
리뉴 클레르(ligne claire) 193
리벳, 벤저민(Libet, Benjamin) 282
리세르그산디에틸아미드(lysergic acid diethylamide, LSD) 15, 193, 217-218, 322, 324, 326
리어리, 티머시(Leary, Timothy) 196, 218

ㅁ

마, 데이비드(Marr, David) 84
마르쿠스 아우렐리우스(Marcus Aurelius) 214

마법의 탄환(magic bullets) 86
마술 버섯(magic mushroom) 21, 193, 217, 220
마시미니, 마르첼로(Massimini, Marcello) 178
마야(Maya) 66
마음 공백(mind blanking) 63
『마음을 바꾸는 방법(How to Change Your Mind)』 220
마음 챙김(Mindfulness) 51, 199, 226, 233, 315
마인드 업로딩(mind-uploading) 22, 254-256, 260-262
만성피로증후군(chronic fatigue syndrome) 91
말기명료성(terminal lucidity) 248
맛(taste) 48, 295
〈매트릭스(Matrix)〉 104, 166, 255
맥매스, 자히(McMath, Jahi) 243, 245
맥퍼슨, 피오나(Macpherson, Fiona) 85
맹시(blindsight) 156, 309
머스크, 일론(Musk, Elon) 253
메스칼린(mescaline) 193, 199, 217-218, 325
몰입(flow) 64-65
무색자(achromats) 79
무심상증(aphantasia) 79
물리주의(physicalism) 108-110, 118-120, 301

— 고전적 물리주의(classical physicalism) 110, 119
물자체(das Ding an sich) 74, 230
미국식품의약국(FDA) 221
미국통일법위원회(Uniform Law Commission) 244
미다졸람(midazolam) 228
미세 수면(micro sleep) 63
미첼, 에드거(Mitchell, Edgar) 188

ㅂ

발작(seizures) 90-91, 160, 169-170, 173, 187, 314, 319, 332
〈발퀴레(The Valkyrie)〉 58
방앗간 사고실험(mill thought experiment) 104-105
뱅크스, 이언 M.(Banks, Iain M.) 255
범심론(panpsychism) 18, 122-123, 307
베유, 시몬(Weil, Simone) 284
베이즈 추론(Bayesian reasoning) 14, 77, 83-84
보르헤스, 호르헤 루이스(Borges, Jorge Luis) 205
『보이는 어둠(Darkness Visible)』 113
볼리, 멜라니(Boly, Melanie) 207
부버, 마르틴(Buber, Martin) 189
부정적 정서가(negative valence) 50
분트, 빌헬름(Wundt, Wilhelm) 121
브래드버리, 레이(Bradbury, Ray) 239

브루어, 저드슨(Brewer, Judson) 199, 321
브뤼헐, 피터르(Bruegel, Pieter) 171
〈블랙 미러(Black Mirror)〉 255
〈블레이드 러너(Blade Runner)〉 116
비트겐슈타인, 루트비히(Wittgenstein, Ludwig) 68, 295
빙겐의 힐데가르트(Hildegard of Bingen) 187

ㅅ

사도행전(Acts of the Apostles) 186
사망 기증자 규칙(dead donor rule) 241
사망결정통일법(Uniform Determination of Death Act, UDDA) 241
사비나, 마리아(Sabina, Maria) 217
사실주의(realism) 172
환영(illusion) 17, 84, 172, 185, 302, 310
사우다데(saudade) 55, 292
사이키델릭스(psychedelics) 192
— 순수 체험(pure experience) 196
산토 다이메(Santo Daime) 197-198
삼매(samadhi) 67
삼색자(trichromats) 78, 296
색맹(color-blind) 48, 78-79
『색맹의 섬(The Island of the Colorblind)』 78
색스, 올리버(Sacks, Oliver) 78, 80-81, 313
선택세로토닌재흡수억제제(SSRI) 87, 220
선행학습(priors) 77, 83
선험적 직관(a priori intuitions) 83
설리번, 앤드루(Sullivan, Andrew) 240
설명의 간극(explanatory gap) 117-119
섬유근육통(fibromyalgia) 91
섭동복잡성지수(perturbational complexity index) 179, 318
성금요일실험(Good Friday Experiment) 196, 324
「세계의 마지막 날 밤(The Last Night of the World)」 239
세스, 아닐(Seth, Anil) 81
세포(cells)
— 푸르키녜세포(Purkinje cells) 154, 164
소뇌(cerebellum) 163-165, 167, 312
소유자(ownership) 52
순수한 현존(pure presence) 207
쉬운 문제(the Easy Problem) 118-119
슈뢰딩거, 에르빈(Schrodinger, Erwin) 138, 147
스타이런, 윌리엄(Styron, William) 113
스토아학파(Stoicism) 213-214
스토파드, 톰(Stoppard, Tom) 119
시뮬레이션 가설(simulation hypothesis) 131-132, 304
『시시포스의 신화(The Myth of Sisyphus)』 93
식물인간 상태(vegetative state) 177, 318

─ 행동 무반응 상태(behaviorally unresponsive state) 177

신경 가소성(neuroplasticity) 15, 21, 76-77, 227-229, 328

신경과학자의 격언(neuroscientist's dictum) 108

신경망(neural network) 258

신경발생(neurogenesis) 36, 289

신경상관물(neural correlates of consciousness, NCC) 19, 23, 142-144, 156, 161, 306

신경쇠약증(neurasthenia) 91

신경전형인(the neurotypical) 77

신경학(neurology) 154

〈신들의 황혼(Twilight of the Gods)〉 58

〈싯다르타(Siddhartha)〉 215

실로시빈(psilocybin) 21, 193, 196, 220, 225, 320, 322, 325-326

실재(reality)

─ 과현실화(hyperrealization) 194

심신관계문제(mind-body problem) 19-20

심인성 장애(psychogenic disorders) 90-91, 298

심장마비(cardiac arrest) 20, 176, 200, 202, 246, 332-333

심층 신경망(deep neural networks) 76, 263-264

심층(depth) 264

심폐사(cardiopulmonary death) 240

쐐기앞소엽 복합체(precuneus complex) 199

ㅇ

아니마(anima) 101

아동기 기억상실(childhood amnesia) 30-31

아바나증후군(Havana syndrome) 91

아빌라의 성녀 테레사(St. Teresa of Avila) 187

아스페, 알랭(Aspect, Alain) 111

아야와스카(ayahuasca) 193, 195, 197, 323

아타락시아(ataraxia) 214

안면인식장애(face blindness) 81, 161

알파고(AlphaGo) 276

압도적인 불륜(affaire de coeur) 56

애시드(acid) 193

앨런뇌과학연구소(Allen Institute for Brain Science) 25, 308

어려운 문제(the Hard Problem) 19, 119, 131, 303

에르제(Hergé) 197

에를리히, 파울(Ehrlich, Paul) 86

에스시탈로프람(escitalopram) 220

에크하르트, 마이스터(Eckhart, Meister) 187

에테르(aether) 133, 304

에픽테토스(Epictetus) 93

엑스터시(3,4-MDMA) 221-222
엔테오젠(entheogens) 192, 195, 204, 222, 224
엘레우시스신비의식(Eleusinian mysteries) 196
역설적 수면(paradoxical sleep) 42
예측 처리(predictive processing) 83
예측 코딩(predictive coding) 83
오든, 위스턴 휴(Auden, Wystan Hugh) 189
오버뷰 효과(overview effect) 188
오스트랄로피테쿠스 아파렌시스(Australopithecus afarensis) 32
오이디푸스콤플렉스(Oedipus complex) 113
오피오이드 길항제 날록손(opioid antagonist naloxone) 88, 219, 324
옴팔로스(omphalos) 12, 129
와슨, 고든(Wasson, Gordon) 217
왓슨, 제임스(Watson, James) 155
외계인 손 증후군(alien hand syndrome) 168
우소나연구소(Usona Institute) 221
울프, 버지니아(Woolf, Virginia) 59
원인 결과 힘(cause-effect power) 133-135, 141-142, 144, 148-149, 208, 267-268, 282, 307, 316
〈웨스트월드(Westworld)〉 117, 255
윌리스, 토머스(Willis, Thomas) 153

유아론(solipsism) 131
유타 미세전극 칩(Utah microelectrode arrays) 253
의식(consciousness)
― 메타의식(metaconsciousness) 46, 51
― 의식의 상태(states of consciousness) 46, 179, 199
― 의식의 흐름(stream of consciousness) 30, 41, 47, 58-59, 66, 237
― 의식장애(disorders of consciousness) 176, 229
― 의식적 상태(conscious states) 46
― 현상적 의식(phenomenal consciousness) 16, 156, 335
「의식적 마음(The Conscious Mind)」 118
이색자(dichromats) 78
이원론(dualism) 23, 101-102, 105-107, 109, 119-120, 299, 338
이중맹검법 임상시험(double-blind clinical trial) 86
인공일반지능(artificial general intelligence, AGI) 276, 284
인과적 상호작용 문제(causal interaction problem) 106, 121, 338
인과적 힘(causal power) 109, 112, 128, 133-135, 137, 140, 143-144, 149, 159, 203, 207, 264-267, 280, 284, 304-305, 338
― 내재적 인과의 힘(intrinsic causal power)

18, 172, 204, 208, 264-267, 279, 281, 283, 329
〈인셉션(Inception)〉 62
인지불능증(agnosia) 168, 313
임사체험(near-death experiences) 20-21, 29, 66, 185, 201-204, 206, 215, 229, 247, 322-323

ㅈ

자각몽(lucid dreaming) 62
자기 인식(self-awareness) 40, 51
자기 파동(magnetic pulse) 20
자기공명영상(MRI) 157
자기뇌파(MEG) 170, 173, 226, 328
자기반성(introspection) 14, 51, 176, 184
자유의지(free will) 16-17, 19, 129, 279-280, 337-338
『자히르(The Zahir)』 187
잔 다르크(Joan of Arc) 191
장자 132
저산소증(hypoxia) 202, 247
적대적 협력 연구(adversarial collaboration) 171-173, 315-316
전색맹증(achromatopsia) 78
전역뉴런작업공간이론(GNWT) 130, 171, 263
전이확률행렬(system's transition probability matrix) 136, 144

전전두피질(prefrontal cortex) 160, 166, 171-172, 174, 176
전환적 체험(transformational experiences) 20, 29, 66-67, 85, 183, 185, 206, 215-216, 230, 233, 239, 319
접합체(zygote) 31
정신신체성장애(psychosomatic disorders) 90-91
제임스, 윌리엄(James, William) 30, 47, 58, 121, 187, 295
제임스, 헨리(James, Henry) 30
『조너선 스트레인지와 노렐 씨(Jonathan Strange & Mr Norrell)』 278
조용한 수면(quiet sleep) 38
조이스, 제임스(Joyce, James) 59
조합 문제(combination problem) 122, 307
존재(extrinsic)
─상대적(relative) 31, 127, 146, 245
─외재적(extrinsic) 127-128, 146
─절대적(absolute) 31, 127-128, 146-147, 245, 279, 289
존재의 대분기점(Great Divide of Being) 37, 145-147, 245
종교적 체험의 다양성(The Varieties of Religious Experience) 47, 187
종말(Eschaton) 101
『종의 기원(On the Origin of Species)』 33
『죽음의 수용소에서(Man's Search for

Meaning)』92
준비전위(readiness potential) 282
중추신경계(central nervous system) 19, 33, 76, 154, 159, 190, 262
지각(percepts)
―지각 분별력이 있는 기계(sentient machines) 23, 104-105
―지각 상자(Perception Box) 81-82, 85, 230-233
―지각 조사(The Perception Census) 81
『지각의 문(The Doors of Perception)』 198-199, 217, 220
지브란, 칼릴(Gibran, Khalil) 187
질병인지불능증(anosognosia) 168, 314

ㅊ

차머스, 데이비드(Chalmers, David) 19, 118-119, 131, 157, 161, 174, 303, 311
차일링거, 안톤(Zeilinger, Anton) 111
챗GPT 23, 76, 277, 336
처칠, 윈스턴(Churchill, Winston) 256
천사론(angelology) 132
체념증후군(resignation syndrome) 91
체성감각(somatosensory) 48, 206
축삭(axon) 257-258, 291
축소밸브이론(reducing valve theory) 199
칙센트미하이, 미하이(Csikszentmihalyi, Mihaly) 64

ㅋ

카뮈, 알베르(Camus, Albert) 93
카스트룁, 베르나르도(Kastrup, Bernardo) 120, 292
칸트, 이마누엘(Kant, Immanuel) 69, 74, 83, 230
캐럴, 루이스(Carroll, Lewis) 97
커넥톰학(connectomics) 254, 259, 261
코기토, 에르고 숨(Cogito, ergo sum) 104
코흐, 엘리자베스(Koch, Elizabeth R.) 81, 232, 330
쿠란데로스(Curanderos) 192
쿨롱 법칙(Coulomb's law) 121
크릭, 프랜시스(Crick, Francis) 19, 130, 155-156, 161
클라우저, 존(Clauser, John) 111
클라크, 수재나(Clarke, Susanna) 278

ㅌ

태아생존력에 기반한 판결(fetal-viability rule) 34
토노니, 줄리오(Tononi, Giulio) 129, 179, 307
토머스, 딜런(Thomas, Dylan) 239-240
통각 반응(nociceptive responses) 35
통제물질법(Controlled Substances Act) 218
통합 정보(Φ) 18, 24, 141, 143-147, 149, 175, 200, 265, 267-268, 281, 307

313

통합정보이론(integrated information theory, IIT) 18, 20, 23, 128-131, 133, 135, 137, 140, 144, 146, 148-149, 171-172, 174-175, 200, 207, 264, 279, 281, 283, 304-306, 316-317, 329, 335

튜링테스트(Turing test) 277, 336

틱꽝득(Thich Quang Duc) 57

ㅍ

파괴(lesions), 병변 또는 손상 166

파스칼, 블레즈(Pascal, Blaise) 186

패르트, 아르보(Pärt, Arvo) 204

퍼트넘, 힐러리(Putnam, Hilary) 115

페히너, 구스타프(Gustav Fechner) 121

펜로즈, 로저(Penrose, Roger) 111, 301

폴란, 마이클(Pollan, Michael) 220, 325

프랑클, 빅토르(Frankl, Viktor) 92-93

프로이트, 지크문트(Freud, Sigmund) 30, 41, 161, 311

프로작(Prozac) 87

프루스트, 마르셀(Proust, Marcel) 34, 59

프리드, 이츠하크(Fried, Itzhak) 160

프시케(psyche) 101

플라세보효과(placebo effect) 85-86, 89-90, 216

플래시백(flashbacks) 202, 205

ㅎ

하버드실로시빈프로젝트(Harvard Psilocybin Project) 196

해리스, 시드니(Harris, Sidney) 117

행위자(agency) 15, 52, 91-92, 107, 191, 196, 281

허혈(ischemia) 202, 247, 332

헉슬리, 올더스(Huxley, Aldous) 189, 198-199, 217

헤르만 폰 헬름홀츠(Hermann von Helmholtz) 83

헤세, 헤르만(Hesse, Hermann) 215

코타르증후군(Cotard's delusion) 17

현상학(phenomenology) 45, 171

호모사피엔스(Homo sapiens) 33, 75, 77, 338

호프만, 알베르(Hofmann, Albert) 217

혼돈과 공허(toho wa-bohu) 148

혼수상태(comatose) 35, 147, 162, 179, 203, 241, 247

혼수회복척도-개정판(Coma Recovery Scale-Revised) 177

환각 여행 돌보미(trip sitter) 224

환상지(phantom limb pain) 84

활동성 수면(active sleep) 37-38

활동전위(action potentials) 24, 165

『황제의 새 마음(The Emperor's New Mind)』 111

후대상피질 영역(posterior cingulate

areas) 167

후방 핫존(posterior hot zone) 166-167, 169, 172, 174, 176, 206-207, 315, 318, 323

후성유전학(epigenetics) 75

훅, 로버트(Hooke, Robert) 154

힉스 보손(Higgs boson) 137

기타

5-메톡시-N,N-디메틸트립타민(5-MeO-DMT) 193, 204, 225

GPT-4 23, 262, 273, 275-276, 284

N,N-디메틸트립타민(dimethyltryptamine, DMT) 197, 225

지은이
크리스토프 코흐
Christof Koch

세계적 신경과학자이자 현재 가장 논쟁적인 과학철학자. 그동안 철학의 대상이었던 '의식'을 과학적 탐구 영역으로 자리매김하게 한 선구자로 평가받는 것과 동시에, 전에 없던 급진적 혁신을 제안하는 과학 이론인 통합정보이론으로 최근(2023년 9월) 논란의 중심에 있다. 2028년 말까지 '완벽한 의식 측정기 연구'가 완료될 것이라 장담하며 과학철학자로서의 바람을 드러내기도 했다. 저자는 또한 뇌 신경회로의 정확한 시뮬레이션의 구현에 평생 헌신할 것임을 밝혔다.

1982년 독일 튀빙겐 막스플랑크생체인공두뇌학연구소에서 박사과정을 마친 후, 메사추세츠공과대학교에서 인공지능연구소와 뇌인지과학부에서 박사후과정 연구원으로 4년을 보냈다. 1987년부터 2013년까지 캘리포니아공과대학교 교수로 재직하며, 40년 가까이 의식 과학 연구에 집중했다.

1990년대부터 2000년대까지 DNA의 이중나선 구조 발견으로 유명한 프랜시스 크릭과 함께 의식에 관한 혁신적 연구들을 수행했다. 그중 '의식의 신경상관물NCC' 발견은 의식 과학의 패러다임 전환이라고 할 만큼 혁신적 사건이었다.

2011년에는 앨런뇌과학연구소의 수석 과학자로 합류했으며, 2015년 같은 연구소의 소장이 되었으며, 현재는 조사관으로서 포유류 뇌를 세포 수준에서 연구하고 있다. 저자는 특히 신경과학의 현대 동향과 철학에 집중하며, 인공지능으로 연구 범위를 확장해 디지털 유기체의 진화를 시뮬레이션한다. 이들이 주변 환경에 적응하면서 두뇌의 통합정보가 어떻게 변화하는지 추적하는 데 연구를 주력하고 있다.

지은 책으로『생명 그 자체의 감각: 의식의 본질에 관한 과학철학적 탐구』,『의식의 탐구: 신경생물학적 접근』,『의식: 현대과학의 최전선에서 탐구한 의식의 기원과 본질』,『신경 모델링에서의 방법Methods in Neuronal Modeling』,『계산 생물물리학 Biophysics of Computation』 등이 있다.

옮긴이
박제윤

인천국립대학교 기초교육원 객원교수이다. 처칠랜드 부부의 신경철학을 주로 연구하며, 그(들)의 저서『뇌과학과 철학』,『신경 건드려보기』,『뇌처럼 현명하게』,『플라톤의 카메라』,『뇌, 이성의 엔진 영혼의 자리』를 번역했다.

지은 책으로『철학하는 과학 과학하는 철학(전 4권)』 등이 있으며, 논문으로「처칠랜드의 표상 이론과 의미론적 유사성」,「창의적 과학방법으로서 철학의 비판적 사고: 신경철학적 해명」 등이 있다.

Philos 037

나는 곧 세계

1판 1쇄 발행 2025년 4월 28일
1판 2쇄 발행 2025년 9월 17일

지은이 크리스토프 코흐
옮긴이 박제윤
펴낸이 김영곤
펴낸곳 (주)북이십일 아르테

책임편집 김지영 박지석
기획편집 장미희 최윤지
디자인 어나더페이퍼
영업 정지은 한충희 남정한 장철용 강경남 황성진 김도연 이민재
해외기획 최연순 소은선 홍희정
제작 이영민 권경민

출판등록 2000년 5월 6일 제406-2003-061호
주소 (10881) 경기도 파주시 회동길 201 (문발동)
대표전화 031-955-2100 팩스 031-955-2151 이메일 book21@book21.co.kr

(주)북이십일 경계를 허무는 콘텐츠 리더

북이십일 채널에서 도서 정보와 다양한 영상자료, 이벤트를 만나세요!

인스타그램
instagram.com/21_arte
instagram.com/jiinpill21

유튜브
youtube.com/@아르테
youtube.com/@book21pub

페이스북
facebook.com/21arte
facebook.com/jiinpill21

포스트
post.naver.com/staubin
post.naver.com/21c_editors

홈페이지
arte.book21.com
book21.com

ISBN 979-11-7357-242-5 (03400)

· 책값은 뒤표지에 있습니다.
· 이 책 내용의 일부 또는 전부를 재사용하려면 반드시 (주)북이십일의 동의를 얻어야 합니다.
· 잘못 만들어진 책은 구입하신 서점에서 교환해 드립니다.

코흐의 첫 책은 『의식의 탐구』였다. 그 이후로 의식 연구는 곧 코흐의 삶이었다. 그의 인생은 우세한 풍조, 지배적인 시류에 굴하지 않고 머나먼 목표를 추구해 온 모험가의 삶 그 자체였다. 독자는 이 책을 통해 이러한 탐구 정신이 저자를 어디로 이끌었는지 알게 될 것이며, 나아가 이 탐구를 통해 저자처럼 풍요로워질 것이다.

코흐는 배우고 변화하는 데 대단히 열린 마음을 지닌 우리 시대의 가장 뛰어난 과학자 중 한 명이다. 이 책에서 그는 영혼을 열고 모든 형태의 자연에 대한 광대하고 빛나는 감상을 아름답게 내비친다. 감동적이고 심오하다. 그럴 수밖에 없는 것이, 의식은 모든 것에 가닿으며 우리가 접촉하는 모든 것이 곧 의식이기 때문이다.

— **줄리오 토노니** Giulio Tononi, 신경과학자, 위스콘신대학교 매디슨대학교 수면및의식연구소 소장

이 책은 우리의 마음과 뇌의 복잡한 풍경을 재치 있게 탐색하며, 평범한 의식적 경험과 비범한 전환적 체험, 두 의식의 본성에 대해 지혜로운 관점과 통찰을 제공한다.

— **하르트무트 네벤** Hartmut Neven, 구글 양자인공지능연구소 창립자·책임연구원

만약에 백과사전식 지식으로 완전무장한 해당 분야 40년 경력의 권위 있는 신경과학자가 형이상학적 함의가 담긴 전환적 신비와 마주한다면, 무슨 일이 일어날까? 만약에 그 신경과학자가 열린 마음과 겸손한 태도로 이성과 증거, 의식과 뇌 구조, 뇌 기능 사이의 연관성에 대해 어렵게 얻은 이해를 근거해 설명한다면, 무슨 일이 일어날까? 현재 세대의 의식 분야에서 가장 탁월한 전문가로서 자신의 비범한 전환적 체험을 어떻게 해석할 것인지 궁금하지 않은가? 더구나 그 신경과학자가 물리학, 철학, 예술, 고전을 모두 섭렵한 현대의 르네상스인이라면? 마치 초가을에 여유롭게 사과를 따듯 서양문학과 예술의 원전에서 거부하기 힘든 아름다운 은유로 풀어낸다면? 바로 이것이 당신이 이 귀중한 책에서 발견하게 될 내용이다.

그 모든 것들을 주석으로 일일이 기록하기 어려운 방대한 내용이 담겨 있다. 첫 페이지에서부터 놀라움과 기쁨이 감당할 수 없을 정도로 분출한다. 통찰에 통찰이 소용돌이치며 쏟아진다! 그는 두 번째 페이지에서 앞으로 나올 내용을 예고하며, "우선권은 의식에 있지 객관적 세계에 있지 않다"라고 대담하게 진술한다. "그밖에 모든 것들은 경험에서 나오며, 나의 경험과 무관한, 사물의 존재를 주장하는 실재론자(realist)의 가정조차 경험에서 나온다"라고 역설한다. 이 책은 지적 능력이 지적 정직성에 버금가는 크리스토프 코흐의 계속 진화하는 지혜를 담고 있다. 그 눈부시게 생산적인 삶에서 일곱 번째 10년을 맞이한 이 저자는 평생 익힌 것을 우리와 나눈다.

— **베르나르도 카스트럽** Bernardo Kastrup
유럽입자물리연구소(CERN) 컴퓨터공학자, 에센티아재단(Essentia Foundation) 전무이사

지극히 개인적인 체험의 영역을 의식 분야 가장 권위 있는 과학자 코흐가 전문적으로 결합해 냈다. 저자는 출생부터 죽음에 이르는 의식의 놀라운 여정으로 독자를 이끈다. 『나는 곧 세계』는 의식의 개인적 영역을 다루었지만, 무한히 적용 가능하다. 자신의 마음을 알고 싶어 하는 사람이라면 누구나 읽어야 할 놀라운 책이다.

— **저드슨 브루어** Judson Brewer
중독 심리학자, 브라운대학교 공중보건대학원 교수, 『불안이라는 중독』 저자

『나는 곧 세계』는 의식을 과학적으로 이해하기 위해 새롭게 주목할 만한 기록물이다. 이 책은 최신 신경과학과 철학에 근거해 주관적 경험을 우아하게 묘사한 화첩이자 여행기이며, 종교, 과학에 관한 큰 질문들에 헌신한 연구자의 삶은 바로 이런 것이라는 점을 압축적으로 보여 준다. 명료한 산문, 명쾌한 설명, 계시적 정직함으로 가득한 이 책은 앞으로 수 세기 동안 계속 읽힐 고전이 될 것이다.
— 패트릭 하우스 Patrick House
  신경과학자, 『의식을 바라보는 방법 19(Nineteen Ways of Looking at Consciousness)』 저자

멋진 책이다!
— 샘 해리스 Sam Harris, 신경과학자, 철학자, 『신 없음의 과학』 저자

통찰력의 정수. 권위 있고, 매력적이고, 이토록 아름다울 수가 없다.
— 《사이언스 Science Magazine》

의식의 여러 논쟁에 대한 재미있는 입문서. 코흐의 책은 질문과 반론을 불러일으키지만, 그것이 바로 이 책에 생명력을 부여한다.
— 《월스트리트저널 The Wall Street Journal》

이 책은 자기 자신을 이해하고자 하는 모든 사람들을 위한 필독서이다. 우리가 만들어 가는 미래에 관한 책이기도 하다!
— 《하버드서점 Harvard Book Store》

인상적이고 때로는 열정적인 작품으로, 코흐의 수십 년간 진행한 연구를 잘 보여 준다.
— 《뉴사이언티스트 New Scientist》

코흐가 능숙하게 사용하는 비유와 재미있는 일화들—자신의 임사체험과 환각제 체험을 포함—은 이 책의 큰 매력이다. 무척 놀라운 점은 어려운 의식의 영역을 대중적 수준에서 가볍게 읽을 수 있게 서술했다는 점이다!
— 《사이언스뉴스 Science News》

부인할 수 없이 매력적이다. 뇌, 의식, 그리고 변화를 가져오는 체험 사이의 관계에 대한 매우 구체적인 설명이다. 의식 연구에 관심이 있는 사람이라면 반드시 읽어야 할 부드러운 글이다.
— 《아르스테크니카 Ars Technica》

의식에 관한 가장 최신의 연구이며, 철저히 조사되어 매우 유용하다. 코흐의 단순하면서도 권위 있는 글쓰기 스타일은 일반 독자뿐만 아니라 과학자, 연구자 들에게도 매력적이다. 반드시 읽어야 할 책으로 강력히 추천한다.
— 《라이브러리저널 Library Journal》